纺织高等教育“十一五”部委级规划教材
纺织服装经济与管理系列高等教材

纺织服装外贸跟单

倪武帆　主　编
梁建芳　周　利　副主编

中国纺织出版社

内 容 提 要

本书结合纺织服装产品贸易的实际需要，注重国际贸易经济学科与纺织服装工程学科的交叉，注重理论与实践的结合，在简要介绍纺织服装生产跟单基本知识、基本理论的基础上，着重介绍了纺织服装企业外贸跟单的基本理论、基本方法与适用技巧。全书内容按跟单流程主线编排，主要内容包括：跟单工作基本业务程序、接单与审单、质量跟单、包装跟单、运输及运输保险跟单、结算跟单、通关跟单、外包跟单等。

本教材既可作为普通本科和高职高专的国际贸易、市场营销、物流管理、纺织工程、服装工程等专业的教材，也可作为纺织企业、纺织外贸企业内部员工培训的教材；同时，可适应全国跟单员资格考试培训所需或供相关从业人员查阅参考。

图书在版编目（CIP）数据

纺织服装外贸跟单/倪武帆主编.—北京：中国纺织出版社，2008.6（2024.8重印）
纺织高等教育“十一五”部委级规划教材
ISBN 978-7-5064-5144-4
Ⅰ.纺… Ⅱ.倪… Ⅲ.①纺织品—对外贸易—高等学校—教材②服装—对外贸易—高等学校—教材 Ⅳ.TS941 F746.81
中国版本图书馆CIP数据核字（2008）第059733号

策划编辑：崔俊芳　责任编辑：魏　萌　特约编辑：宋　蕊
责任校对：余静雯　责任设计：李　然　责任印制：何　艳

中国纺织出版社出版发行
地址：北京市朝阳区百子湾东里A407号楼　邮政编码：100124
销售电话：010—67004422　传真：010—87155801
http://www.c-textilep.com
中国纺织出版社天猫旗舰店
官方微博 http://weibo.com/2119887771
北京虎彩文化传播有限公司印刷　各地新华书店经销
2008年6月第1版　2024年8月第8次印刷
开本：787×1092　1/16　印张：15.25
字数：307千字　定价：40.00元

出版者的话

全面推进素质教育，着力培养基础扎实、知识面宽、能力强、素质高的人才，已成为当今本科教育的主题。教材建设作为教学的重要组成部分，如何适应新形势下我国教学改革要求，与时俱进，编写出高质量的教材，在人才培养中发挥作用，成为院校和出版人共同努力的目标。2005年1月，教育部颁发了教高[2005]1号文件"教育部关于印发《关于进一步加强高等学校本科教学工作的若干意见》"（以下简称《意见》），明确指出我国本科教学工作要着眼于国家现代化建设和人的全面发展需要，着力提高大学生的学习能力、实践能力和创新能力。《意见》提出要推进课程改革，不断优化学科专业结构，加强新设置专业建设和管理，把拓宽专业口径与灵活设置专业方向有机结合。要继续推进课程体系、教学内容、教学方法和手段的改革，构建新的课程结构，加大选修课程开设比例，积极推进弹性学习制度建设。要切实改变课堂讲授所占学时过多的状况，为学生提供更多的自主学习的时间和空间。大力加强实践教学，切实提高大学生的实践能力。区别不同学科对实践教学的要求，合理制定实践教学方案，完善实践教学体系。《意见》强调要加强教材建设，大力锤炼精品教材，并把精品教材作为教材选用的主要目标。对发展迅速和应用性强的课程，要不断更新教材内容，积极开发新教材，并使高质量的新版教材成为教材选用的主体。

随着《意见》出台，教育部组织制订了普通高等教育"十一五"国家级教材规划，并于2006年8月10日正式下发了教材规划，确定了9716种"十一五"国家级教材规划选题，我社共有103种教材被纳入国家级教材规划。在此基础上，中国纺织服装教育学会与我社共同组织各院校制订出"十一五"部委级教材规划。为在"十一五"期间切实做好国家级及部委级本科教材的出版工作，我社主动进行了教材创新型模式的深入策划，力求使教材出版与教学改革和课程建设发展相适应，充分体现教材的适用性、科学性、系统性和新颖性，使教材内容具有以下三个特点：

（1）围绕一个核心——育人目标。根据教育规律和课程设置特点，从提高学生分析问题、解决问题的能力入手，教材附有课程设置指导，并于章首介绍本章知识点、重点、难点及专业技能，增加相关学科的最新研究理论、研究热点或历史背景，章后附形式多样的思考题等，提高教材的可读性，增加学生学习兴趣和自学能力，提升学生科技素养和人文素养。

(2)突出一个环节——实践环节。教材出版突出应用性学科的特点，注重理论与生产实践的结合，有针对性地设置教材内容，增加实践、实验内容。

(3)实现一个立体——多媒体教材资源包。充分利用现代教育技术手段，将授课知识点制作成教学课件，以直观的形式、丰富的表达充分展现教学内容。

教材出版是教育发展中的重要组成部分，为出版高质量的教材，出版社严格甄选作者，组织专家评审，并对出版全过程进行过程跟踪，及时了解教材编写进度、编写质量，力求做到作者权威，编辑专业，审读严格，精品出版。我们愿与院校一起，共同探讨、完善教材出版，不断推出精品教材，以适应我国高等教育的发展要求。

中国纺织出版社

教材出版中心

纺织服装经济与管理系列高等教材

编写委员会

（按姓氏笔画排序）

Foreword

前　言

目前，我国正处于实现从“贸易大国”向“贸易强国”转变的重要转折过程中，不断丰富的贸易实践需要大量的既了解外贸基础知识、又通晓外贸实际操作的专业人才。在我国的贸易实践中，纺织外贸无疑是具有很大优势的重要领域。加入WTO后，我国有更多的纺织企业直接进入国际市场参与国际贸易和国际竞争，对纺织贸易专门人才提出了更高要求：既要熟悉外贸操作，又要了解纺织生产等相关知识。

任何一个企业的外贸业务都离不开跟单员。因为“企业以订单为主线，生产以客户为中心，管理以跟单为核心”；跟单员既是基础操作员，又是业务管理者；跟单员工作贯穿于外贸业务的始终。外贸跟单员是企业的重要人才，是连接企业与客户的纽带，是外贸企业做大做强的中坚力量。“想做老板，从业务员做起；想做总经理，从跟单员做起。”——是对跟单员的最中肯的评价，也从一个侧面体现了跟单工作的重要性。鉴于此，跟单员的教育和培训工作犹显重要和迫切。在此前提下，我们组织编写了本教材，以应纺织外贸跟单员培训之需。

本书编者将自己源自纺织企业的实践经验与高校教学的相关研究相结合，总结纺织外贸跟单的理论与实务，完成该规划教材。本书注重理论性、实践性和可操作性。

本教材由倪武帆担任主编并负责全书的统稿与审定。参加编写的人员主要有：

梁建芳（西安工程大学）负责第三章、第四章、第十章的编写；

李红（大连理工大学）负责第五章、第十一章的编写；

王秋月（北京服装学院）负责第六章、第七章和第三章第五节的编写；

周利（武汉工业职业技术学院）负责第六章第四节、第七章第三节、附录等部分的编写，并全程参与本教材大纲的讨论与拟定；

倪武帆（武汉科技学院）负责第一章、第二章、第八章、第九章、第十二章的编写，并负责统稿，在统稿过程中对其他章节内容作了适当调整和增删修改。

在教材编写过程中，曾得到许多专家学者的有益指导和建议，在此要特别感谢西安交通大学管理学院的周宜波博士、武汉科技学院的常亚平教授等。

鉴于编者水平有限，书中遗漏与不足一定不少，敬请该书的使用者和其他专家学者批评指正。

编　者

2008年春于武汉

课程设置指导

本课程设置意义 本课程的设置有利于帮助外经贸专业(经管类学科)学生掌握纺织服装产品的跟单基本理论与知识,也有利于帮助纺织、服装专业(工程或艺术学科)学生在了解外贸基本知识的基础上掌握跟单技巧。有利于让学生树立“企业以订单为主线,生产以客户为中心,管理以跟单为核心”的思想,为学生自己的个人发展打下坚实基础,并能为所服务的纺织企业的发展提供动力。

本课程教学建议 “纺织服装外贸跟单”课程作为边缘交叉学科,是国际贸易、物流管理、市场营销等经管类专业和纺织工程、服装设计与工程等专业方向的实用专业课程。经管类专业开设此课程的学时建议为36课时,每课时讲授字数建议控制在6000字左右,教学内容包括本书全部内容,但第三章、第八章、第九章、第十章可根据先修课程情况略作删减;纺织、服装类专业开设此课程的学时建议为48课时,教学内容包括本书全部内容。

本课程教学目的 通过本课程的学习,学生应了解跟单工作及其岗位的重要性,熟悉生产跟单和外贸跟单的基本业务流程及它们的关键节点和区别,掌握外贸跟单的基本理论与知识,以及跟单业务的基本方法与技巧,并能熟练加以运用。除此之外,通过本课程的教学、案例分析和分组讨论,学生还应掌握对跟单作业过程中的“危机事件”的处理方法。

Contents

目 录

第一章　跟单概述

本章知识点

1. 跟单员的概念。
2. 跟单员的角色定位及与其他相关岗位的关系。
3. 跟单员的工作范围及主要任务。
4. 跟单员的职业素质要求。

第一节　跟单与跟单员

一、跟单与跟单员的概念

(一)跟单的概念及性质

企业运作的主生命线是订单,业务员及管理者的核心能力是跟单。简言之,“跟单”就是跟进、跟随、追踪订单。企业生产经营过程中往往实行订单生产,企业为确保各部门能按计划开展工作并最终完成某项订单,需要对各个环节采取一系列跟催措施,这些采取跟催措施的过程就是跟单。

跟单工作细致而复杂,就其性质来看,它首先是外经贸行业一个细分的从业岗位,其主要职责是从业人员围绕订单并跟踪订单,安排生产加工、装运、保险、报关、结汇等实际工作。其次,跟单也是企业管理的一种行为,跟单不仅是跟单员的具体业务和工作的体现,同时还具有较强的协作性、敦促性、系统性,从某种意义上说,企业管理的灵魂就是跟单。最后,跟单还是一种经济现象,在企业中,跟单工作不是简单地存在于某个人或某个职位上,而是具有较强的广泛性,如外销员、业务员、报关员、经理、厂长,甚至老板等都会不同程度地、直接或间接地参与跟单,每一个企业的运营也离不开跟单,因此跟单是既广泛又有特点的经济现象。

(二)跟单员的概念

跟单员是指外贸企业或具有进出口经营权的生产企业中,从事寻找客户、合同磋商与签订、货物跟踪、单证制作等工作的专任从业人员。香港企业界将跟单员解释为“Merchandiser”(商人、买家),内地也有学者解释为“Order Supervisor”、“Quality Controller”等,这些说法都能从一个侧面反映出跟单员工作的任务、性质、特点,但综合来看,将跟单员解释为“Order Manager”更全面,因为跟单员的核心任务就是跟进、跟随、追踪订单,所以,跟单员就是“订单管理员”、“订单经理”,鉴于此,可将跟单员简称为“OM”。

二、跟单员的角色认知

跟单员是企业与市场的接口,是企业与市场、业务员以及客户之间联系的纽带和桥梁,是企业的“窗口”和“门户”。跟单员的工作几乎涉及企业的每一个环节,从物料管理、生产、销售到财务等都会有跟单员的身影出现,跟单员的工作是重要的、烦琐的、全方位的。因为跟单员所扮演的角色丰富多彩,其任务功能也多种多样,所以,从对外及对内两个方面来看,跟单员可以被称为“企业的特殊代表”。

一般来说,从业务区位上来看,跟单员的工作呈现出“以线带点、展开为面”的特点。左图可直观地看出跟单员的角色精髓,报检员、报关员、单证员、货代员等都是外贸业务中的“点对点”工作,而外销员、业务员等所承担的是外贸业务中的“面”上工作,真正起到“穿针引线”作用的是跟单员。

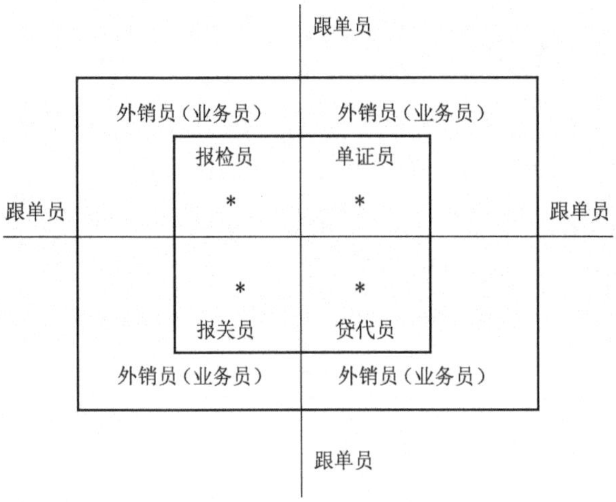

跟单员角色认知图

(一)跟单员是企业各部门的协调员

“跟单”是跟进、跟随、追踪订单,订单是流动的,它会流向企业生产、仓储、运输、销售、财务等部门,对此有人形象地将跟单员称为企业内部的“邮递员”或“邮差”。为完成订单交货义务、保证合同顺利履行,企业内部各部门必须通力合作、加强配合,此时跟单员就必须随订单跟进到上述各部门,责成并协调各部门按订单要求完成各自的任务。作为协调员的跟单员就是要为履行合同保驾护航。

(二)跟单员是外贸业务员——外销员的助手

跟单员不是被动地跟进订单,有时还要主动地进行业务开拓、对准客户实施推销推进,帮助外销员寻找客户。外销员的业务范围较为宽泛,其职责范围可参见第二章内容。跟单员在跟单过程中,经常与客户联系合作,有机会了解客户的需求,为寻找准客户、新客户奠定了基础。因此,跟单员完全有可能成为外销员的助手,在跟单的同时以多签单为目标,共同做好企业的销售工作。而部分或阶段性地履行外销员职责的即是业务员,所以跟单员还可能直接扮演业务员的角色。事实上,在一些中小型企业里,跟单员与业务员往往是“二合一”的。

(三)跟单员是单证员

跟单员在跟进订单时,需要将订单中的不同任务分解落实到不同的部门来完成,每个部门接受任务、执行任务、完成任务的过程中需要借助许多“单据”来办理交接。这些单据种类繁多、格式内容多样、作用有别、使用范围不同、制作方法和技巧各异,这就要求跟单员必须熟悉单据缮制技巧和方法，在协调各部门工作时扮演好单证员角色。

（四）跟单员是不可或缺的"管理者"

跟单员的工作任务是跟进、跟随、追踪订单，所以，跟单员是"订单管理员"或"订单经理"，他不仅是执行者，更是管理者。跟单员必须"跟单"，这是他的本职工作，而跟单就必须"管好人"、"管好事"、"管好物"，没有跟单员的协调、跟踪、监控、管理，合同不能顺利履行。所以，"位卑不敢忘管理"是跟单员的"座右铭"。

（五）跟单员是后备的报检员、报关员、货代员

跟单员跟单过程中还涉及商品检验、报关通关、租船订舱、交单议付等业务流程，因此，跟单员必须对报检、报关、货代等业务非常熟悉。尽管相关业务可以由专任的报检员、报关员、货代员等来完成，但跟单员一方面可以作为他们的助手，协助他们完成相关任务，另一方面跟单员自身也可担当此任。

第二节　跟单工作的特点

跟单员角色的多样性和工作范围的广泛性，决定了跟单的工作特点。

一、岗位不可或缺

跟单员岗位在国外早已普遍、长期存在，不论是大型企业、中小型企业，还是生产企业、贸易公司，都十分重视跟单员岗位的设置，都有完善的岗前教育培训、岗中考核、激励提拔等机制。在纺织行业，由于产品种类繁多（生活用纺织品和工业用纺织品等）、生产线较长（纺纱—织造—印染—成衣—后整理—包装等）、交货批次差异大，因此，跟单员岗位显得尤为重要。

二、工作重心在于沟通协调

跟单员的工作是跟踪"订单"，订单到哪里，跟单员就"跟"到哪里。因此，跟单员就必须跟随订单与客户、生产部门、销售部门、财务部门、仓储保管部门等打交道，通过沟通协调以促成各有关部门完成订单中所要求的任务或工作。

三、跟单工作是综合性的

由于跟单员的工作涉及企业多个部门，因此其工作是综合性的。对外，跟单员要面对客户（包括原材料供应商和产品购买者），要执行采购员、外销员的职责；对内，跟单员要协调各部门工作，要执行管理者职责。因此，跟单员工作必须具有非常强的综合性。

四、跟单工作责任大而权力小

订单是企业的生命，完成好订单任务是企业的最基本目标和任务。大多纺织企业都实行订单生产，因此跟单员的跟单工作直接关系到纺织企业的经营生产活动的开展，跟单工作做得好，纺织企业的经营目标就能得以实现；反之，则会使纺织企业失去订单，甚至危及企业的生存，由此可见跟单员的责任之重大。但同时，跟单员的权利却又非常小，甚至可以说毫无职权，只是一个负责与各部门协调沟通的办事员，一旦遇上某一部门或某一员工不配合，则其工作的阻力就会非常大。

五、工作节奏快而多变

跟单员跟单时要与许多部门接洽，为保证工作顺利完成，跟单员必须高效率地开展工作，每一步跟单必须打“提前量”，否则很难保证及时交货。同时，因订单、客户来源不同，各个客户的工作方式、作息时间与工作节奏是不同的，各订单交货品种、交货时间、交货数量、交货方式也可能有差异，这就要求跟单员跟单时应因客户而异、因订单而异，因此，工作节奏也应该是多变的。

六、业绩考核具有特殊性

跟单员的工作是直观的。跟单工作的综合性和特殊性决定了这么一个显著特点：跟单员总是“要求”别人做事，那么订单完成后成绩“自然”是他人（做出来的）的；订单未完成则责任“当然”是自己（来扛）的。在纺织企业，对跟单工作进行客观有效评价是困难的，必须采用非常规的方法进行评估和考核。

七、跟单工作具有涉外性和保密性

外贸跟单员的跟单工作因业务性质而带有明显的涉外性，且跟单过程中，涉及客户、市场信息、商品信息、价格信息、工艺、技术等信息资料均属于企业的商业秘密，跟单员必须忠诚于企业、忠诚于本职工作，遵守保密原则。

综上所述，跟单员角色的多样性决定了跟单工作的特殊性。跟单员在实际跟单工作中，作为企业的特殊代表，其特殊性还包括：所授的权力总是觉得不够；常常有“先斩后奏”的行为发生，有时甚至会“冒险”去代表最高管理层或管理者；而有时又会隐没自己的真实身份；“官”虽然很小，但有时“权力”却又很大，而且跟单员的权利完全是靠做事做出来的；工作主要靠沟通、协调完成，有时也需要亲力亲为，等等。在不同行业企业中，跟单员的工作还呈现出其他不同的特征，在此不一一赘述。

第三节　跟单员的素质要求

由于跟单员工作范围涉及面非常广泛，因此，对其素质也有一定的基本要求：不仅需要有很强的业务技能，而且还需要良好的职业素质、能力素质和知识素质。

一、职业素质

职业素质是劳动者对社会职业了解与适应能力的一种综合体现，通常表现为职业兴趣、职业个性和职业道德素养等。影响和制约职业素质的因素较多,主要有:受教育程度、实践经验、社会环境、工作经历以及自身基本情况。

二、能力素质

能力是指跟单员认识、改造客观世界和主观世界的本领,是跟单员胜任跟单工作的自身条件。能力素质主要包括:

(1)分析能力。能分析客户的特点、市场特点以及商品的价格构成,以利于对外报价或审核内部报价。

(2)市场调研与预测能力。能运用市场营销学基本理论与方法分析市场变化与需求动态,能运用收集的市场信息资料分析、预测行情动态和客户需求状况,能提出高效适用的营销建议。

(3)推销能力。能主动寻找市场机会,注意把握客户心理,能运用各种方式方法进行企业和产品宣传,注重树立品牌意识,善于与客户建立长期的、良好的、稳定的业务关系,能充分运用各种渠道强力推销产品。

(4)表达能力。善于用文字和口头与客户沟通和交流,基本掌握一门外语,能用外文起草贸易合同、信函和单据。

(5)社交公关能力。熟悉社交礼仪,较好地处理与客户、上级、同事以及企业外部人员的关系,能灵活运用正确恰当的交际方法与手段,广交朋友。

(6)管理能力。管理能力是跟单员的核心能力。跟单员必须具备一定的组织、协调、控制、服务、决策的能力,只有具备先进的跟单管理理念才能提高跟单管理的水平。

三、知识素质

知识素质是指跟单员做好本职工作所必需的基础知识和专业知识。跟单员必须具备的专业知识主要有:

(1)商品学知识。熟悉所经营产品的品质、规格、标准、性能、包装、用途、生产工艺和所用原材料基本情况等知识。

(2)外贸知识。了解有关国家外贸政策、措施,了解基本外贸理论知识,熟悉外贸实务操作。

(3)物流知识。了解仓储、运输、装卸搬运、保管、配送等相关知识。

(4)法律知识。了解合同法、票据法、经济法等与跟单工作有关的法律知识,做到知法、懂法、守法、用法。

(5)金融外汇知识。了解汇率常识,能分析汇率变动对外贸结算的影响。

思考题

1. 什么是跟单?跟单员的角色如何认定?

2. 跟单员与单证员、外销员、业务员、报关员、报检员、货代员等岗位(角色)有何关联或异同点？

3. 跟单员工作有何具体特点？
4. 做好跟单员必须具备哪些专业知识？
5. 如何理解跟单员在外贸业务中所起到的“穿针引线”的作用？
6. 讨论：如何做好跟单员？

第二章　跟单工作基本业务流程

本章知识点

1. 跟单的分类标准及分类方法。
2. 生产跟单与外贸跟单的概念及其区别。
3. 生产跟单的基本流程及关键节点。
4. 外贸跟单的基本流程及关键节点。

第一节　跟单的分类

一、按业务进程分类

跟单过程是一个复杂而长期的过程，涉及的部门、环节很多，表 2－1 即显示出跟单的全过程，它既包括生产跟单过程，也包括外贸跟单过程。按业务进程分，可分为前程跟单、中程跟单和全程跟单。

表 2－1　跟单过程示意表

<table>
<tr><td colspan="11">各工种业务职责</td></tr>
<tr><td colspan="2" rowspan="3"></td><td colspan="8">跟单员＊全程跟单</td><td></td></tr>
<tr><td colspan="7">跟单员＊中程跟单</td><td colspan="2"></td></tr>
<tr><td colspan="6">跟单员＊前程跟单</td><td colspan="3"></td></tr>
<tr><td>建立业务关系</td><td>洽谈业务</td><td>签订合同</td><td>审证</td><td>备货</td><td>商检</td><td>出口仓库</td><td>报关</td><td>出运</td><td>交单议付</td><td>退税</td></tr>
<tr><td></td><td></td><td></td><td></td><td></td><td>报检员</td><td></td><td>报关员</td><td>货代员</td><td>单证员</td><td></td></tr>
<tr><td colspan="11">←—— 外销员 ——→</td></tr>
</table>

（一）前程跟单

前程跟单是指“跟”到出口货物交到指定储运仓库为止，一般该过程由生产跟单员来完成，当然外贸跟单员也能胜任此工作。

(二)中程跟单

中程跟单是指“跟”到货物装船清关为止,该过程一般由外贸跟单员来完成,但需要生产跟单员的配合和支持。

(三)全程跟单

全程跟单是指“跟”到货款到账、合同(或订单)履行完毕为止。该过程涉及部门、环节较多,一般由生产跟单员与外贸跟单员共同来完成,他们需要互相配合、彼此协调和支持。

二、按跟单对象分类

(一)生产跟单

生产跟单就是生产过程跟单,其任务是跟进或跟踪已接订单的生产过程,即确保材料采购、生产进度、质量监控、包装储运等事务能如期完成,为后续的外贸跟单工作做好准备。

生产跟单员的工作内容主要包括:原料订购跟单、生产进度跟单、产品包装跟单、产品质量跟单、产品库存管理跟单、外包加工跟单、货物运输跟单及客户接待与管理等。

生产跟单实质上是生产型企业的内部跟单,其跟单工作基本流程如图 2-1 所示。

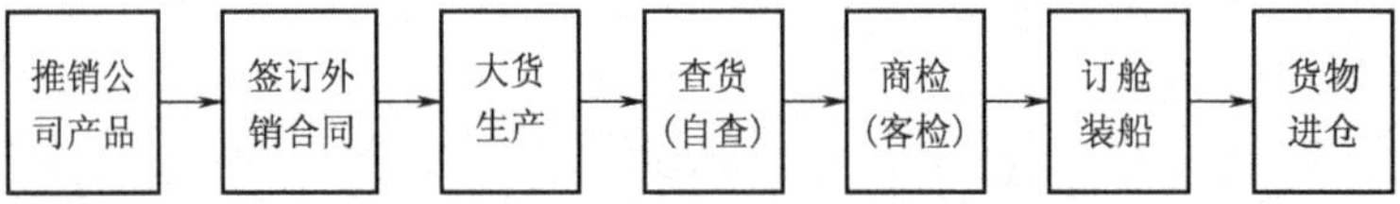

图 2-1　生产跟单的基本流程

(二)外贸跟单

外贸跟单又称业务跟单,也就是业务跟进,其主要职责是:找准客户进行专项跟进,以促成相关业务合同的签订;将合同分解成订单,跟踪订单到各职能部门,协助并敦促各职能部门完成订单中的交货任务;跟踪安排运输、保险、报关、结汇、出口退税等环节工作;单据文档保存与管理,等等。

外贸跟单既是外贸公司的基本跟单,又是生产型企业的外部跟单。其工作内容主要包括:接单与审单、外贸运输跟单、外贸保险跟单、结算跟单、出口退税跟单等。外贸跟单的基本流程如图 2-2 所示。

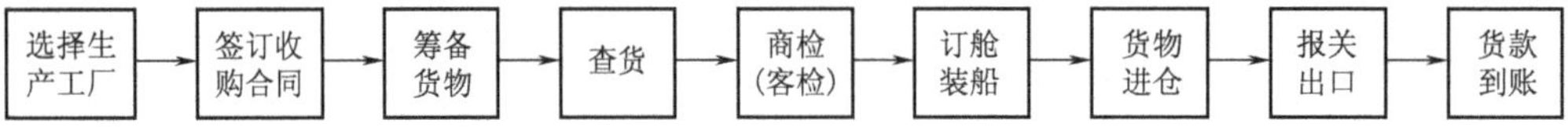

图 2-2　外贸跟单的基本流程

(三)生产跟单与外贸跟单的比较

(1)相同之处主要有以下四个方面:

①从跟单目标来看,都以订单(国内贸易或国外贸易)为中心,进行生产进度、产品质量和数量的跟踪,以保证订单项下的货物能够按时、按质、按量到达合同或信用证要求的目的地。

②从跟单人员的知识构成来看，所需要的专业知识准备基本相同。不仅都需要商品知识、外贸知识、海关知识、商检知识、物流运输知识、保险知识，还需要较好的协调沟通能力和一定的计算机应用能力。

③从跟单的范围来看，都涉及前程跟单、中程跟单和全程跟单，而且外贸跟单与生产跟单在跟单过程中有许多环节是交叉重合的。

④从跟单的要领来看，不论是生产跟单员还是外贸跟单员，都必须兼顾"协调员"、"业务员"、"管理者"等角色。合格的跟单员必须紧跟订单，协调、安排生产、储运进度，妥善处理商品质量问题，统筹安排各部门、各环节的任务，以满足和达到订单或客户的全部要求。

（2）不同之处主要体现在以下四个方面：

①从工作性质上看，他们所处的企业性质或企业内部部门分工是不同的。生产跟单一般多存在于生产企业或综合企业的生产部门，而外贸跟单一般多存在于贸易公司或综合企业的销售部门。

②从跟单内容和跟单工作的侧重点来看，生产跟单主要跟踪"生产过程"，它以生产过程中产品质量和数量的跟踪为主，而外贸跟单主要跟踪"物流过程"或"贸易流程"，它以跟踪运输、保险、报关、结汇、退税等环节为主。

③从跟单整体流程来看，尽管生产跟单与外贸跟单有许多环节交叉或重合，但工作推进仍然有先后次序之分。首先外贸跟单是基础，没有外贸跟单就是"单"无所生，必然就没有生产跟单，但企业有了订单后，实际的跟单过程却是生产跟单在前、外贸跟单在后。

④从对跟单员的素质技能要求来看，他们的差异也是明显的。生产跟单员对生产知识、产品知识、工艺质量、商品包装知识等方面要求较高，而外贸跟单员对外贸知识、物流知识等方面要求较高。

不过，无论是生产跟单还是外贸跟单，不同的企业都存在一定的工作差异，有的企业分工很细，既设置生产跟单员岗位，又设置外贸跟单员岗位，他们各司其职、互相配合；有的企业综合性较强，一个跟单员岗位既负责生产跟单，也负责外贸跟单，尽管分工是模糊的，但跟单的目标依然是明确的。

三、按货物流向分类

外贸业务根据货物的流向可分为进口业务和出口业务，那么外贸跟单又可以分为进口跟单和出口跟单。顾名思义，进口跟单就是在进口业务中跟踪业务单据、跟踪订单在对方的履行情况，以保证进口货物的质量、数量等符合本方的要求；出口跟单就是前文所述的外贸跟单。

四、按跟单业务范围分类

按跟单业务的范围分，可分为外部跟单和内部跟单。跟单员跟单时，如果其主要任务是跟踪产品的生产制造、监控产品质量、保证交货进度等，这些工作主要在企业内部进行，因此将这种跟单移为内部跟单；如果跟单员跟单时，其任务是与客户沟通交流、跟踪运输保险、监管包装储运、跟踪银行结算、协助办理退税以及原材料采购、产品外包等，这些工作多发生在企业外部，跟单时常常需要与外单位打交道，因此将这种跟单称为外部跟单。一般地，生产跟单多属于内部跟单，尽管其中也不乏外部跟单的内容；外贸跟单多属于外部跟单，尽管其许多工作必须在企业内完成，也必须企业内部各部门配合来完成，但就其工作重心、性质来看，其"外部性"更突出。

五、按跟单工作分派方式分类

按跟单工作分派方式的不同，可分为拉动式跟单、推动式跟单、贯穿式跟单和分阶段式跟单。

（一）拉动式跟单

拉动式跟单是以出货计划为依据，针对所要出货产品的数量、时间等进行的反作业流程跟单。这种跟单模式类似于 JIT（Just In Time）生产过程的拉动式作业。在跟单操作中，跟单员工作岗位一般属于物料部门等具体实施出货的部门，跟单的主要依据是出货计划。其特点是跟单效果明显，主动性较强，同时跟单期限较短（一般为 1～3 周）。该跟单业务方式多使用在不接触顾客原订单的生产型企业。

（二）推动式跟单

与拉动式跟单相反，推动式跟单是以生产计划为依据，按生产计划安排顺序流程跟进生产。因为整个过程主要是在计划的推动下实施的，所以称推动式跟单。这种情形类似于 ERP（Enterprise Resource Planning）生产中的推动式作业。在跟单操作中，跟单员工作岗位一般属于业务部或生产管理部等制订计划的部门，跟单的主要依据是生产计划。其特点为：跟单方法适用广泛，几乎不受条件限制；对跟单员的策划水平要求较高。该跟单业务方式比较关注顾客的订单要求。

（三）贯穿式跟单

贯穿式跟单就是将相关的跟单任务从接单开始，直到最后出货、交货的整个过程分包给专门的跟单员，并让他们分别全程跟进。这种跟单方式适用于订单事物比较简单、流程短且顾客数量比较多的情况。

贯穿式跟单按分包产品的形式不同可分为"按顾客类别跟单"和"按产品类别跟单"两种。

当顾客数量比较多（如多于 10 个）时，一般采用按顾客类别跟单方式，此时，需要优先识别那些重要的和潜在重要的顾客，并把他们的订单分派给有经验的跟单员去跟进；当产品类别的数量较多（如多于 20 种）时，一般采用按产品类别跟单方式，将产品按序列进行分类，以便于让熟手跟单员跟进自己熟悉的单。

（四）分段式跟单

分段式跟单就是将相关的跟单任务按业务流程所处的阶段分派给不同的跟单员，让他们统一跟进，每一位跟单员只负责跟进其所熟悉阶段的业务。这种跟单方式适用于订单事物较复杂、流程烦琐且产品型号较多的情况。

第二节　生产跟单业务流程

生产跟单实质上是企业生产经营活动中的内部跟单，生产跟单员的工作内容主要有：原料订购跟单、生产进度跟单、产品包装跟单、产品质量跟单、外包加工跟单、货物运输跟单及客户接待与管理等。

一、原料订购跟单

原料订购跟单是整个跟单工作的起点，做好原料订购跟单工作是保证后续跟单工作的基础和保证。

（一）制作订单

（1）接单、审单。

（2）拟订订单计划书和订单说明书。

（3）制作《采购申请单》。《采购申请单》一般由采购部门或需用车间发出，该单的发出往往是原料采购跟单的起点，《采购申请单》样式见表2-2。跟单员必须对照合同或订单对此《采购申请单》进行逐项审查。

表2-2　采购申请单

<table>
<tr><td>采购部门</td><td colspan="2"></td><td>采购日期</td><td colspan="2">____年____月____日</td><td>需要日期</td><td colspan="2">____年____月____日</td></tr>
<tr><td>制造单号</td><td colspan="2"></td><td>采购编号</td><td colspan="2"></td><td>承办人</td><td colspan="2"></td></tr>
<tr><td>序号</td><td>商品名称</td><td>商品代号</td><td>型号规格</td><td>数量</td><td>单价</td><td>入库时间</td><td>总价</td><td>使用时间</td></tr>
<tr><td></td><td></td><td></td><td></td><td></td><td></td><td></td><td></td><td></td></tr>
<tr><td></td><td></td><td></td><td></td><td></td><td></td><td></td><td></td><td></td></tr>
<tr><td></td><td></td><td></td><td></td><td></td><td></td><td></td><td></td><td></td></tr>
<tr><td></td><td></td><td></td><td></td><td></td><td></td><td></td><td></td><td></td></tr>
<tr><td>预算金额</td><td colspan="2">元</td><td colspan="2">总价合计</td><td colspan="4"></td></tr>
<tr><td colspan="9">一、采购原因简述：____________
二、供货企业名称、地址或电话：1. ________ 2. ________ 3. ________
三、以前曾有类似的采购？□否 □是（请写采购编号____________）
四、是否需要指定品牌：□否 □是 理由如下：____________
五、需维护服务？□否 □是
六、交货地点：____________
七、质量要求：____________
八、验收时间须超7天以上？□否 □是
九、资金准备：□有 □无 □不足，缺少________元
十、审核批准签字：</td></tr>
<tr><td colspan="2">申请部门领导签字</td><td colspan="2"></td><td colspan="3">复核人签字</td><td colspan="2"></td></tr>
<tr><td colspan="2">财务部负责人签字</td><td colspan="2"></td><td colspan="3">批准人签字</td><td colspan="2"></td></tr>
</table>

(4)制作《采购单》。制作《采购单》是跟单员的基本工作,采购单是原材料采购跟单的重要依据之一,是交货、验收、付款的重要依据。《采购单》(表2-3)的内容侧重交易条件、交货时间、交货方式、价格条件、付款方式等。

表2-3 采购单

供应商:____________　　　　采购单编号:________

供应商地址(联系方式):____________　　　　____年____月____日

型号	商品名称	商品规格	单位	数量	单价	总价	备注
预算金额	元	总价合计					

1. 交货日期:____________
   分批交货安排:________
2. 交货地点:____________
3. 交货数量:____________
4. 包装条件:____________
5. 付款方式:____________
6. 商检条款:____________
7. 违约与索赔:__________
8. 其他:______________

供应商(签章):　　　　采购单位(签章):

(二)选择供应商

选择合适的供应商或生产企业,是原料采购跟单的中心任务。在选择供应商或生产企业时,须注重考察和审核供应商或生产企业的资信资格、是否具有生产能力、能否保证质量、能否保证按期交货等问题。

(三)签订采购合同

(1)采购合同制作。

(2)与供应商签订合同。

(四)采购合同跟踪

(1)确认供应商工艺技术状态。跟踪采购合同首先必须到供应商现场进一步考核其工艺技术状态,以确保供应商提供的产品或原料能符合合同规定。

(2)跟踪监控生产进度。跟单员必须适时跟踪监控供应商的生产进度,以确保供应商交货时间符合合同规定。

(3)做好采购统计与记录工作。

(五)采购物料的检验

(1)与供应商确认检验日期和地点。采购的原料检验既可以在供应商处进行,也可在本企业仓库或生产车间进行。对于性能相对稳定的物料如纽扣、衬里布、包装盒等可直接约定在供应商处检验,而对面料、部分染化料等可安排在本企业仓库或生产使用的车间里进行。

(2)原料检验。跟单员与车间技术员、检验员接洽,共同完成所采购的物料的检验,并做好记录。

(3)检验问题处理。采购物料检验合格报仓库保管员或车间主管后准备入库,检验不合格及时向供应商提出更换或索赔。

(六)采购物料的交收与入库

(1)跟踪包装入库。从供应商处采购的各种物料经简单包装后分别入库,与仓库保管员办理入库手续,对不合格物品及时处理并办理好交接手续。原料入库单见表2-4。

表2-4　原料入库单

品　名	规　格	数　量	单　价	金　额	批　号	入库时间	供应商
合计(大写):							
会计:			跟单员:		保管员:		

(2)与原材料存储部门协调,办理入库手续,签发入库单。

(3)供应商供货适时跟踪。

(4)仓储进货跟踪。跟单员必须对物料采购量、采购计划、采购进度和库存量做到心中有数,经常参与仓储盘存过程,以确保物应其用、物尽其用,避免出现停工待料或物料浪费。

(七)付款操作

(1)查实采购物料入库信息,核实入库单。

(2)准备付款单。

(3)主管审批。

(4)向供应商付款。

(八)供应评估

(1)参与制订供应评估计划。

(2)订单部门绩效评估。

(3)订单角色绩效评估。

(4)供应商供应绩效评估。

(5)建议调整采购方案。

二、生产进度跟单

生产进度跟单主要是掌握企业的生产进度能否达到订单的交货期,产品能否按订单保质、保量生产。为此,跟单员应深入企业纺纱、织造、印染、成衣、后整理、包装等车间或工段,掌握各车间或工段的产能情况,确定合理的生产顺序,合理分配各车间任务及负荷,检查、跟踪、监控或调整生产进度,发现问题及时进行协调处理。

为做好生产进度跟单、保证按时交货,跟单员要做到以下几点:加强与生产管理人员的联系,明确生产、交货的权责;减少或尽可能消除临时、随意的变更,规范设计、技术变更要求;掌握生产进度,督促生产部门按进度生产;加强产品质量、不合格产品、外协产品的管理;及时妥善处理生产异常事务等。

(一)根据订单制作并发放生产计划单

生产计划是企业生产工作安排的依据,他的制订及实施关系到生产及交货的成败,关系到订单能否如期履行,跟单员必须敦促并协助生产管理人员及时制订完备的生产计划。生产计划主要依据订单要求、前期生产记录、计划调度以及产能分析来制订,其计划的内容主要有各月份、各品种、各规格、设备及销售类别的生产数量,并且一般每月都应进行修订。生产计划单样式见表2-5~表2-8。

表2-5 作业日程安排表

产品名称:__________ 订单号:__________

天数 / 内容	7月								8月																
	24	25	26	27	28	29	30	31	1	2	3	4	5	6	7	8	9	10	11	12	13	14	15	16	17
产品设计、试织	—	—	—	—	—	—	—																		
用料分析								—																	
材料采购、运输									—	—	—	—													
材料检验													—												
备料及机动														—											
生产时间															—	—	—	—	—	—	—	—	—	—	
出货																									—
累计	1	2	3	4	5	6	7	8	9	10	11	12	13	14	15	16	17	18	19	20	21	22	23	24	25

表 2－6 第（ ）周生产计划表

本周工作天数：__________ 日期：______年______月______日～______月______日

部门	产品类别	星期						
		一	二	三	四	五	六	日
车间甲	客户名称							
	指定编号							
	品名							
	数量							
	质检要求							
	备注							
车间乙	客户名称							
	指定编号							
	品名							
	数量							
	质检要求							
	备注							

表 2－7 （____月份）月度生产计划表

本月工作天数：__________ 日期：______年______月______日

序号	批号	产品名称	数量	金额	生产单位	生产日期		出货日期	备注
						开工	完工		
厂长：			生产主管：			制表：			

表 2－8 （ 月～ 月）季度生产计划表

日期：______年______月______日

序号	批号	产品名称	规格	______月		______月		______月	
				批量	数量	批量	数量	批量	数量
厂长：			生产主管：			制表：			

（二）根据订单、生产计划制作并发放生产通知单

跟单员接到订单后，须及时与生产部门协调，共同对订单内容进行逐一分解，结合生产计划单安排将其转化为企业下达生产任务的生产通知单。在制作生产通知单时应明确客户所订产品的名称、规格型号、数量、包装、交货时间等要求。生产通知单的样式见表 2－9。

表 2－9　生产通知单

日期：_____年_____月_____日

<table>
<tr><td colspan="18">生产部门：</td></tr>
<tr><td colspan="3">订单编号</td><td colspan="3"></td><td colspan="3">订货客户</td><td colspan="3"></td><td colspan="3">通知日期</td><td colspan="3"></td></tr>
<tr><td colspan="3">产品名称</td><td colspan="3"></td><td colspan="3">交货方式</td><td colspan="3"></td><td colspan="3">生产日期</td><td colspan="3"></td></tr>
<tr><td colspan="3">规格型号</td><td colspan="3"></td><td colspan="3">交货期限</td><td colspan="3"></td><td colspan="3">完工日期</td><td colspan="3"></td></tr>
<tr><td colspan="3">生产数量</td><td colspan="3"></td><td colspan="3">特别规定事项</td><td colspan="9"></td></tr>
<tr><td colspan="3">工艺要求</td><td colspan="15"></td></tr>
<tr><td colspan="3">质检要求</td><td colspan="15"></td></tr>
<tr><td colspan="3">包装要求</td><td colspan="15"></td></tr>
<tr><td colspan="18">使 用 材 料</td></tr>
<tr><td colspan="2">序号</td><td colspan="2">料号</td><td colspan="2">品名</td><td colspan="2">规 格</td><td colspan="2">单位</td><td colspan="2">单位用量</td><td colspan="2">标准用量</td><td colspan="2">损耗率</td><td colspan="2">备注</td></tr>
<tr><td colspan="2"></td><td colspan="2"></td><td colspan="2"></td><td colspan="2"></td><td colspan="2"></td><td colspan="2"></td><td colspan="2"></td><td colspan="2"></td><td colspan="2"></td></tr>
<tr><td colspan="2"></td><td colspan="2"></td><td colspan="2"></td><td colspan="2"></td><td colspan="2"></td><td colspan="2"></td><td colspan="2"></td><td colspan="2"></td><td colspan="2"></td></tr>
<tr><td colspan="2"></td><td colspan="2"></td><td colspan="2"></td><td colspan="2"></td><td colspan="2"></td><td colspan="2"></td><td colspan="2"></td><td colspan="2"></td><td colspan="2"></td></tr>
<tr><td colspan="2"></td><td colspan="2"></td><td colspan="2"></td><td colspan="2"></td><td colspan="2"></td><td colspan="2"></td><td colspan="2"></td><td colspan="2"></td><td colspan="2"></td></tr>
<tr><td colspan="2"></td><td colspan="2"></td><td colspan="2"></td><td colspan="2"></td><td colspan="2"></td><td colspan="2"></td><td colspan="2"></td><td colspan="2"></td><td colspan="2"></td></tr>
<tr><td colspan="18">生产方式：</td></tr>
<tr><td colspan="18">附件：</td></tr>
<tr><td colspan="6">厂长（经理）：</td><td colspan="6">生产主管：</td><td colspan="6">审核：</td></tr>
</table>

（1）根据订单制作并发放产品材料耗用明细表。

（2）根据订单制作仓库发料通知单。

（3）协助生产管理员进行产能分析。

（4）协助生产管理员安排生产。

（5）协助生产管理员组织生产。

（6）统计、跟踪并监控每日的生产日报表。生产日报表是跟单员进行生产进度跟单时最直观、最有效的监控单据，通过统计、跟踪并监控每日的生产日报表，可以清楚地知道生产部门每天的成品数量及累计完成的成品数量，就能准确把握生产进度，以确保能按订单要求准时交货。

（7）适时掌握生产差异并及时处理补救。

三、产品包装跟单

（1）内包装跟单。

(2)外包装跟单。

(3)刷唛跟单。

注:本部分内容将在第七章中详细讲述。

四、产品质量跟单

(1)进料质量跟单。

(2)加工产品质量跟单。

(3)制造过程质量跟踪与控制。

(4)成品质量跟踪与控制。

注:本部分内容将在第六章中详细讲述。

五、外包加工跟单

(1)外包厂商调研。

(2)外包价格磋商。

(3)外包合同签订。

(4)外包合同跟踪。

(5)外包交货进度敦促与跟踪。

(6)外包产品质量跟踪。

(7)外包结算跟踪。

(8)外包厂商绩效评价。

(9)外包资料整理与归档。

注:本部分内容将在第十二章中详细讲述。

六、企业内部运输跟单

(1)联系运输部门。

(2)制作装箱单。

(3)选择货柜种类并计算货柜数量。

(4)清点货数量。

(5)协助安排装货、出货。

(6)制作提货单。

注:本部分内容将在第八章中详细讲述。

七、客户接待与管理

(1)熟悉客户资料。

(2)客户接待。

(3)客户资料管理。

第三节　外贸跟单业务流程

一、招单

招单即合同磋商。合同磋商的过程主要包括以下几方面：

(1)接待客户。

(2)制作并提供报价单。

(3)洽谈业务。

(4)合同磋商与签订。

二、接单

(1)合同任务分配。跟单员拿到外销员转来的销售合同后，必须将合同的内容进行分解，根据合同履行程序将履行合同的不同任务分别分配给本企业的不同部门。

(2)制作订单。根据合同内容制作订单。

(3)订单交接。结合订单任务分配情况，将订单下发到各个履约部门。

三、订单评审

订单的评审就是把接来的客户订单进行检查、评价和确认。

订单评审内容为与企业生产关联的人、机、料和法(方法)四个方面。具体每个部门的评审内容见表2-10。

表2-10　订单评审内容

部　门	评　审　内　容
业务部	价格是否合理，运输、保险、报验报关等各项要求能否满足
开发部	通过对坯布的组织结构及原料分析，判断企业的产品设计开发能力能否满足产品的要求
工程部	产品生产所需设备、工艺是否满足要求
质检部	坯布产品的品质能否满足订单要求
采购部	产品所要使用的材料能否及时供应
仓储部	原材料和成品的储存能否保证产品的质量要求
制造部	产品生产时的人员配置、组织形式是否满足要求
财务部	结算方式能否满足要求，利润能否达到预期目标
行政人事部	企业现有人员技术培训是否满足产品的设计生产要求

订单评审一般采用会议式和文件传阅式两种方式。文件传阅式即业务部门制作好评审表，分发给各相关部门，由其自己评审。各部门评审完成后签名。交回业务部门的跟单员处进行汇总，综合出来的结果就是评审结果。会议式即由业务部门组织各相关部门开会，就订单的内容在会议上讨论，最后的决议即为评审结果，由跟单员制作填写产品评审结果表，部

门领导签字。订单评审表见表2-11。订单审核的实质还是合同审核,因为订单的内容与合同的内容是一致的,在审核时也是参照合同条款来核对订单内容的。

表2-11 订单评审表

客户名称			合同类型	
订货日期			交货日期	
订单编号	产品名称	规 格	数 量	备 注
要求:				
部 门	评审意见(签名)			
业务部				
开发部				
工程部				
质检部				
采购部				
仓储部				
生产部				
财务部				
行 政 人事部				
总经理				
结论:				
跟单员(签章):				年 月 日

四、签收信用证

(1)审核信用证。

(2)修改信用证。

(3)签收信用证。

五、制作并下达交货任务书

(1)制订并下达生产计划。

(2)生产流程设计。

(3)原料采购跟单。

(4)工程设置跟踪。

上节中已有详细介绍,在此不再赘述。

六、样品寄送与保管

(1)制作或挑选样品。挑选样品应注意随机性和代表性,如同制作样品一样,都应体现出企业合理的平均生产技术水平,即样品不能是精品、更不能是次品,跟单员要准确把握。样品卡见表2-12。

(2)寄送样品,客户确认。跟单员寄送样品时应注明样品编号,核实样品寄送日期,并选择恰当的寄送方式,适时地送达客户手中。送样通知单见表2-13。

表2-12　样品卡

<table>
<tr><td>客户</td><td></td><td rowspan="6">(贴样品处)</td></tr>
<tr><td>订单号</td><td></td></tr>
<tr><td>品种</td><td></td></tr>
<tr><td>规格</td><td></td></tr>
<tr><td>原料</td><td></td></tr>
<tr><td>组织
结构</td><td></td></tr>
<tr><td colspan="3">跟单员:　　　　　　　　　　　　　　　　　　　　　年　月　日</td></tr>
</table>

表2-13　送样通知单

客　户:________________　　送样时间:________________

订单号:________________　　编　　号:________________

地　址:____

兹将下列样品送交贵公司,请批复!

编号	品名	规格	颜色	数量	客户评审意见	备注

跟单员:　　　　　　　　　　　　　　　　　　　　　年　月　日

(3)样品封存管理。跟单员寄送出样品后,必须留存"复样",并将"复样"封存保管,以便以后履约时作为交货依据或做检验核对之用。纺织品贸易中表示品质规格的方法多以"凭样品买卖"为主,业务中来样加工、看样订货等业务方式的比重很大,加上纺织品本身各批次货品差异较大,因此纺织外贸跟单中尤其要注意样品封存保管问题,特别要保证封存的样品不能损坏、变质。

七、生产跟单

生产跟单主要包括产品制造(进度)跟单、产品质量跟单、产品包装跟单、产品储运跟单等内容,前文有详细阐述,在此不再赘述。

八、外贸运输跟单

(1)选定货运代理(货代)。

(2)选定运输代理(船代)。

(3)签订运输合同。

(4)制作包装单。

(5)制作装货单。

(6)制作装船通知。

(7)支付运输费用。

(8)取得运输单据。

九、保险跟单

(1)制作投保单。

(2)缴纳保险费。

(3)取得保险单。

(4)保险索赔跟单。

十、报关跟单

(1)准备合同、商业发票、装货单(俗称关单)。

(2)制作报关单。

(3)协助报关。

十一、结算跟单

(1)准备各类货运单据。

(2)到银行交单议付。

(3)货款财务入账。

(4)单据不符点的处理。

十二、出口退税处理跟单

(1)制作出口退税核销单。

(2)办理出口退税。

十三、商检跟单

(1)申请商品检验。

(2)缴纳商检费用。

(3)取得商检证书。

十四、索赔理赔跟单

(1)制作索赔文书向责任方索赔。

(2)对对方提出的索赔进行处理。

思考题

1. 什么是生产跟单？简要说明生产跟单的基本业务流程。
2. 什么是外贸跟单？简要说明外贸跟单的基本业务流程。
3. 什么是前程跟单、中程跟单和全程跟单？结合它们的任务特点说明跟单员的角色特点。
4. 根据跟单工作分派方式，跟单可分哪几类？
5. 比较拉动式跟单、推动式跟单、贯穿式跟单和分阶段式跟单的特点与差异。

第三章　纺织服装外贸跟单基础

本章知识点

1. 外贸业务方式的种类及特点。
2. 换汇成本、出口盈亏率、外汇增值率等基本概念。
3. 进出口合同的履行程序。
4. 外贸争议的诱发因素及处理方法。
5. 客户关系管理的概念、内容及作用。
6. 处理客户投诉的主要方法。

第一节　外贸业务方式的分类及特点

贸易方式是指买卖双方在进行交易时所采取的具体方式。在纺织品国际贸易中最常见、最简单的是单边出口或单边进口方式，在这种情况下，交易双方需要就各项交易条件进行磋商，在对各条件达成一致后签订合同，并严格按照合同的规定履行自己的义务。但在实际业务中，由于商品间存在差异，市场也各有特点，所以对不同的商品、不同的市场往往采取不同的贸易方式。针对纺织服装商品，除单边的进出口贸易方式外，目前比较常见的还有经销、代理、加工贸易等。

一、经销

经销(Distribution)是国际贸易中常见的一种出口推销方式。一个出口商要想将自己的商品销售到国外市场，必须通过适当的渠道，才能及时有效地销售自己的商品，在当地市场上站稳脚跟，巩固并不断扩大市场份额。要达到这一目的，他可以选择一个或几个适当的客户，通过订立经销协议与该客户建立一种长期稳定的购销关系，利用国外经销商的销售渠道和促销手段来推销商品，以促进其产品的出口。

(一)经销的含义和类型

经销是指经销商(Distributor)与生产厂家或供货商(Supplier)达成书面协议，在规定的期限和地域内购销指定商品的一种贸易方式。经销又称分销，就是说，产品从生产厂家到消费者手中至少要有一家中间商介入。中间商从生产商处购得货物，再利用其销售渠道分散销售给其他商家或消费者。

经销是相对于直销而言的。在直销方式下，生产商或供货商将产品直接卖给消费者，而没有中间商的介入。这可以采取由生产商设立门市部、零售商店的方式，直接面对消费者；也可以采取邮购方式、网上交易等方式，如生产商在广播、电视、报纸杂志或互联网上做广告，宣传自己的商品，消费者如有意购买，可通过电话、传真、E-mail 等手段进行订购，再由生产商送货上门。在国际贸易中，经销主要有独家经销和一般经销两种方式。

1. 独家经销 独家经销（Sole Distribution），亦称包销（Exclusive Sale），是指经销商在协议规定的期限和地域内，对指定的商品享有独家专营权的一种经销方式。采用独家经销方式时，在经销协议的期限内和指定的经销区域内，供货商只能指定一家经销商经营指定的商品。也就是说，这种经销商（包销商）享有排他性的经营权。

2. 一般经销 一般经销是指供货商可在经销协议的期限内，在同一经销区域内委派一个以上的经销商来经营同类商品。在这种经销方式下，经销商与国外供货商之间的关系同一般进口商和出口商之间的关系并无本质区别，即都是买卖关系。所不同的是，在经销方式下，经销商和供货商之间确立了相对长期和稳固的购销关系，而在一般的进出口贸易中，进口商和出口商之间往往是逐笔售定的关系。当一笔交易结束后，双方之间就不存在法律上的必然联系。

（二）经销协议

经销协议是供货商和经销商为规定双方的权利和义务而订立的确立双方法律关系的契约。在服装贸易业务中，许多经销协议只原则性地规定双方当事人的权利、义务和一般交易条件，以后每批货物的交付依据经销协议再订立具体买卖合同，明确价格、数量、交货期以及支付方式等具体交易条件，或供货商根据经销商发出的订单来交付货物。经销协议的具体内容将在第四章的第一节中详细介绍。

二、代理和特许经营

（一）代理

1. 代理的含义 代理（Agency）是指代理人（Agent）按照委托人（Principal）的授权，代表委托人与第三人订立合同或进行其他法律行为，而由委托人直接负责由此产生的权利和义务。《中华人民共和国民法通则》规定：“代理人在代理权限内，以被代理人的名义实施民事法律行为，被代理人对代理人的代理行为，承担民事责任。”

在国际纺织服装贸易中，代理是指货主或生产商（委托人）授权代理人代表他在规定的地区和期限内，向第三人招揽生意、订立合同或办理合同交易及其他有关事宜，同时向代理人支付佣金作为报酬的一种贸易方式。代理人和委托人是一种委托与被委托的关系，不是买卖关系。

2. 代理的种类

（1）按照委托人授权范围的大小来划分，代理可分为总代理（General Agency）、独家代理（Exclusive Agency；Sole Agency）和一般代理（Agency）：

①总代理。总代理人是委托人在指定地区的全权代表，他除了有权代表委托人从事代理协议规定的一般商务活动外，还有权在当地指派若干分代理人。分代理人与总代理人的

业务关系可以在代理合同中具体规定。一般来讲，总代理人有权分享分代理人的佣金。

②独家代理。独家代理是指代理人在约定的地区和一定期限内，单独代表委托人从事代理协议中规定的有关业务。委托人在该地区和协议期限内，不得再委派第二人代理同样的业务。

③一般代理。与独家代理相比，一般代理不享有独家专营权，同总代理相比，一般代理无权设立分代理，不能分享分代理的佣金。在一般代理中，委托人可以在同一地区、相同的时间内委托几个一般代理为他服务，推销同类产品。在这种方式下，委托人自己直接同第三方达成交易时，也不必付给一般代理人佣金。

(2)按照行业性质和代理的职责来划分，代理可以分为销售代理(Selling Agency)、购货代理(Purchasing Agency)、运输代理(Shipping Agency)、保险代理(Insurance Agency)等：

①销售代理。销售代理是指被代理人或委托人授予代理商以“销售代理权”，在代理权限内为委托人收集订单、介绍客户，或者代表委托人与客户谈判，甚至代表委托人签订合同，以及办理与商品销售有关的其他事务。

②购货代理。购货代理是代理人按照代理协议的规定，为委托人在其所在地采购商品、原材料或者其他物资而服务。这种代理人与国外委托人之间是一种委托代理关系，而他同当地出口人之间的关系，则取决于他在购货合同中以什么身份出现。

③运输代理。运输代理包括货运代理和船方代理。前者是以托运人的受托人身份为货主办理租船订舱、检验、仓储、报关等项业务。后者是作为承运人的受托人，为船方兜揽运输以及办理其他相关事项。

④保险代理。国际保险业务中的代理主要有两大类，一类是为保险人兜揽业务并提供各种辅助服务的代理人；另一类是代表被保险人的利益，为保险双方当事人穿针引线的代理人，又称保险经纪人(Insurance Broker)。

3.代理的特点　代理业务中的两个基本当事人——委托人和代理人之间存在着一种契约关系，但这种契约关系不是买卖关系，而是通过订立代理协议或合同建立的委托代理关系。

4.代理协议　代埋协议乂称代埋合同，是用以确立委托人和代理人之间的权利和义务的法律文件。协议的内容由双方当事人按照契约自由的原则，根据双方达成的一致意见加以规定。代理的种类不同，其协议的形式和内容也有区别。业务中常见的销售代理协议主要包括代理的商品和区域、委托人的权利与义务、佣金的支付等，具体内容详见第四章的第一节。

(二)特许经营

特许经营(Franchise)是指特许者将自己所拥有的商标、品牌、商号、产品、经营模式等以特许经营合同的形式授予被特许者使用，被特许者按合同规定在特许者统一的业务模式下从事的经营活动。一般的，被特许者必须向服装品牌特许者申请购买加盟权，加盟费是一次交齐，还是采用分期方式及加盟费由服装特许者来决定，不同的品牌其操作方式不同。被特许者使用特许者经营权所有的统一的商标、店名和服装品种。许多服装品牌都采用这种经营方式。

特许经营加盟协议的内容与代理协议基本相同,详见第四章第一节。

高档服装或品牌服装采用代理和加盟的形式较多,而中低档服装则采用包销和经销形式的较多。

三、加工贸易

加工贸易是我国实施对外开放政策的产物,是相对于一般贸易的一种贸易方式。这种方式尽管获利较低,但目前仍然是一种重要的贸易方式。

纺织服装加工贸易主要包括来料加工和进料加工两类。

(一)来料加工贸易

纺织服装来料加工贸易(Processing with Supplied Materials)指由外商提供全部或部分原材料(主料)、辅配套件和包装物料,必要时还提供设备,由我方纺织服装加工企业按外商的要求进行加工,成品由外商自行在境外市场销售,按照双方议定的费用标准,我方收取工缴费。对于外商提供的作价设备价款,我方用工缴费偿还。

1. 来料加工特点 来料加工是一种委托加工方式。原材料及成品所有权均由外商控制,它属于劳务贸易的一种形式,是以纺织品服装为载体的劳务出口形式,是"两头在外"的加工贸易方式。一般情况下,来料加工贸易创汇率较低,但是对承接方而言,却可以弥补本国生产力过剩的矛盾,为国家创汇;可以增加就业机会,繁荣地方经济;有利于引进国外先进技术经验,促进外向型经济发展。

实际操作中,来料加工可以就结汇问题采取灵活的做法。比如我方与同一外商同时签订原辅料进口合同和成品出口合同,我方加工企业按外商要求进行加工,进口原辅料和出口成品各作各价,但进口原辅料我方不付外商价款,当成品返销外商后,我方收取成品出口值与外商来料进口值之间的差价,这种方式不动用外汇,也不对开信用证(对开信用证的进口合同,视为动用外汇,按进料加工对待),这种方式称为"各作各价对口合同"来料加工。

来料加工贸易的核心问题是工缴费。而工缴费应考虑加工人员的工资、企业生产费用、折旧费、税金及其他管理费、手续费、企业登记费或商标登记费等来确定。

2. 成交方式

(1)由外贸公司和从事加工业务的纺织服装加工厂联合对外签约。加工厂负责办理原料进口、组织生产、办理成品交货。外贸公司负责结收工缴费。

(2)外贸公司与外商签订加工合同,将外商提供的原材料交其所联系的服装加工厂加工,加工后的成品再交回外贸公司,由外贸公司负责交货,并收取工缴费。外贸公司另行支付服装工厂加工费用。

(3)外贸公司替加工厂洽谈、签订加工合同,加工厂负责加工产品,收取工缴费。外贸公司向服装工厂收取服务费(佣金)。

(4)有外贸经营权的加工厂直接与外商签订合同,并办理加工业务全过程,自行负责全部手续和费用。

（二）进料加工贸易

纺织服装进料加工是指我国的外贸公司或企业自行进口原辅料，根据国际市场要求，或自己的销售意图，加工或制造纺织服装产品销往国外市场，赚取销售成品与进口原料之间的差价，使外汇增值。进料加工是指进口料件由经营企业付汇进口，制成品由经营企业外销出口的加工贸易。

（三）进料加工与来料加工的比较

1. 原材料、零部件和产品的所有权不同　来料加工是由外商提供原材料、零部件、元器件，并要按外商的要求进行加工装配，生产出来的产品所有权归外商所有，由外商支配。而外贸公司或企业开展进料加工，是用自己的外汇进口原材料、零部件，并将生产加工出来的产品出口，即以进养出，外贸企业对原辅料及加工出来的成品拥有所有权，完全根据自己的意图对外销售。

2. 我国外贸公司或企业所处的地位不同　在来料加工贸易中，外商与我国承接订单的公司或企业是委托与被委托关系；而在进料加工业务中，我国的外贸公司或企业完全是自主经营，与销售料件的外商和购买我国成品的外商均是买卖关系。

3. 两者的贸易性质不同　顾名思义，对外承接的来料加工业务就是为提供料件的国外客商加工装配产品，纯属加工贸易性质；而进料加工则是我国外贸公司或企业独立的对外的进口和出口业务，属于一般国际贸易的性质。

4. 产品的销售方式不同　在来料加工业务中，加工出来的产品由外商负责运出我国境外，自行销售，销售的好坏与我方加工企业毫无关系；而进料加工业务中，进口原料的我方外贸公司在产品生产出来后，要自己负责对外推销，产品销售的好坏与自己密切相关。

四、补偿贸易

补偿贸易（Compensation Trade）是指在信贷基础上进口设备，以回销产品或劳务所得价款，分期偿还进口设备的价款及利息。

1. 纺织服装补偿贸易的种类　我国的纺织服装补偿贸易，按偿付标的不同可分为三类：

（1）直接以纺织品或服装产品补偿。双方约定，由设备供应商向设备进口商承诺，购买一定数量的由该设备直接生产出来的产品作为设备的价款。这是纺织服装补偿贸易最基本的做法，在我国纺织、服装企业中应用广泛。

（2）其他产品补偿。当交易产品（设备）生产出的直接产品非对方所需，或在国际市场上不畅销时，可经双方协商，用回购其他产品来代替设备的价款。

（3）劳务补偿。经双方协商，对方代我方购进所需技术、设备，货款由对方垫付，我方加工产品后，从应收取的工缴费中扣还所欠款项。劳务补偿常用于服装来料、进料加工贸易相结合的中小型服装补偿贸易中。

在实际业务中，上述三种方法还可综合运用，即综合补偿贸易。根据情况，可部分用直接产品、其他产品或劳务、服装补偿，部分用现汇支付等。

2. 服装补偿贸易的条件 服装补偿贸易必经信贷，多为纺织服装信贷，即设备赊销。设备提供方须承诺回购进口方的产品或劳务，构成补偿贸易必备条件。

3. 服装补偿贸易的作用 对设备进口方而言，这是一种较好的利用外资的形式，可以引进先进技术和设备，发展和提高本国的生产能力，加快企业的技术改造，增强产品竞争能力；通过对方回购、扩大出口的同时，得到一个较稳定的销售市场及渠道。

对设备出口方而言，有利于避免进口方支付能力不足所带来的风险，扩大出口，加强自己的竞争地位，争取贸易伙伴，在回购中取得较稳定的原料或初级产品，可从转售产品中获利等。

第二节　外贸合同的履行

在对外贸易中，虽然每一笔交易的具体内容不尽相同，但其基本和主要的程序大致相同。本节将具体说明我国外贸进出口业务的一般流程及合同的履行过程。

一、出口贸易业务流程

跟单员对出口业务流程管理的核心是做好“四排队”、“三平衡”工作。“四排队”是指以买卖合同为对象，根据合同项下的货物是否备妥、信用证是否开到，按四种情况进行排队，即有证有货、有证无货、无证有货、无证无货。通过排队，摸清货、证情况，及时发现问题，采取措施，解决问题。“三平衡”是指以信用证为依据，根据信用证规定的装运期和到期日的远近，结合货源和运输能力的具体情况，按轻重缓急，力求做到“货、证、运”三方面的有效衔接，保证按时交付和装运货物，保证出口合同得以顺利履行。做好以上工作，“款”就可以安全及时地被收回。总之，做好出口合同履行工作，最终落实到四个环节：证（催证、审证、改证）、货（备货、报验）、运（租船订舱、办理货运手续）、款（制单结汇）。

下面以 CIF 贸易术语、信用证支付方式、海运运输条件为例，说明我国纺织服装的出口业务流程。

（一）交易准备

1. 市场调查 出口商要将货物销售到国外，必须先对国外市场加以调查，以了解该国外市场的经济、政治、地理、人文、宗教、收入水平与贸易金融制度，并了解拟销售商品在该市场的供需竞争状况、分销渠道及市场潜力，以确定产品输入该市场的可行性。

2. 发展客户 在经过市场调查之后，出口商即可依据调查的结果选定具有潜力的市场作为目标市场，再从这个市场中寻找交易对象，以便进行推销。寻找交易对象可以由出口商自己直接选择，也可以委托第三者间接挑选，或依据已有的客户资料。选定交易对象后，应与国外厂商取得联系。

3. 寄送招商函 在市场中寻找到可能的客户之后，即可寄送招商函（Letter of Proposal），表示与其建立交易关系的意愿，提出交易的一般条件，有时还附上商品目录（Catalog）及价格单（Price List），并提供咨询人（Reference），以便对方调查我方信用。

4. 资信调查　在可能的买主回函表示愿意交易之后，为了避免信用风险，应该先调查对方的资信状况，以防日后蒙受损失。

（二）交易磋商

经过可靠的资信调查之后，出口商（卖方）便可选定一些资信情况良好、值得往来的进口商（买方），采取寄发价格单、商品目录、样品（Sample）或市场报告（Market Report）等方式积极进行推销。若对方有意购买，即会发出询价（Enquiry），出口商在接到询价函电之后，即可准备报价。若出口商本身为制造商，便可依据货物生产成本、出口费用、利润，货物从出口地运到目的地的运费及保险费，估算出 CIF 价格，向进口商做出报价；若出口商本身并非生产商，则需先向国内供应商或生产商取得报价，再加上出口费用、利润、海运费及保险费，算出 CIF 出口价格，再向国外进口商报价。报价经对方同意而表示接受之后，合同即为成立。但多数情况下，对方会还价（Counter Offer），经过多次磋商之后，价格及其他条件才会谈妥，双方同意，合同才告成立。

（三）签订贸易合同

合同成立之后，作为买卖双方日后履约及解决合同纠纷的依据，一般均需签订贸易合同。贸易合同书的名称、格式及签订方式，可以根据具体情况具体解决。

（四）落实信用证

1. 催证　在出口合同中，买方按时开证是卖方正常履约的前提。买卖合同如约定开证时间，买方应严格按照合同的规定按时开证；如合同中未规定买方开证时间，买方应在合理时间内开证。在实际业务中，有时经常遇到国外进口商拖延开证，或者在市场行情发生变化或资金发生短缺时，故意不开证。对此，应催促对方迅速办理开证手续。特别是针对大宗商品交易或应买方要求而特制的商品交易，更应结合备货情况催证。必要时，也可请驻外机构或有关银行协助代为催证。

2. 审证　信用证是依据买卖合同开立的，信用证内容应该与买卖合同条款保持一致。但在实践中，由于种种原因，如工作的疏忽、电文传递的错误、贸易习惯的不同、市场行情的变化或进口商有意利用开证的主动权加列对其有利的条款，往往会出现开立的信用证条款与合同规定不符；或者在信用证中加列一些出口商看似无所谓但实际上是无法满足的信用证付款条件（在业务中也被称为“软条款”）等现象，使得出口商根本无法按该信用证收取货款。为了确保收汇安全与合同顺利执行，防止给出口企业造成不应有的损失，应该对不同国家、不同地区以及不同银行的来证，依据合同进行认真的核对与审查。

在实际业务中，银行和出口商应该共同承担审证任务。其中，银行着重审核该信用证的真实性、开证行的政治背景、资信能力、付款责任和索汇路线等方面的内容。银行对于审核后已确定其真实的信用证，应签打“印签相符”的字样。出口商收到银行转来的信用证后，则着重审核信用证内容与买卖合同是否一致。但为了安全起见，出口商的外贸跟单员也应尽量根据自身能力，对信用证的内容进行全面审核或复核性审查，此项审核一般包括以下两个方面：

（1）信用证基本内容的审核。

① 信用证是可撤销的还是不可撤销的。

② 信用证是保兑的还是不保兑的。

③ 信用证的到期日。

④ 信用证的到期地点。

⑤ 信用证中注明的基础交易中买方和卖方名称、地址的准确性。

⑥ 信用证的金额。

⑦ 信用证所规定的汇票的提交要求。

⑧ 信用证付款银行所在地址。

⑨ 信用证要求受益人提交的单据。

⑩ 有关货物的描述和单价。

⑪ 装运地点和到货地点。

⑫ 有关分批和转运的规定。

⑬ 所使用的贸易术语。

⑭ 信用证是否受国际商会(跟单信用证统一惯例)的约束。

⑮ 有关特别指示。

(2)信用证基本因素的审核。

① 信用证及其所有相关单据最好用英语。

② 注意证内对开证行付款责任方面加列“限制性”条款或“保留”条件的条款。如来证注明“以领到进口许可证后通知时方能生效”,电报来证注明“另函详”等类似文句,应在接到上述生效通知书或信用证详细条款后方履行交货义务。

③ 买卖双方签订的合同号、销售确认书或买方的采购订单号应该在信用证上注明。

④ 在信用证上应该清楚地注明开证行的名称和银行参考号。

⑤ 支付货币和金额应描写清楚,并与合同规定相一致。

⑥ 应有明确的付款时间。

⑦ 信用证应该由在中国的通知银行负责通知。如果是保兑的信用证,最好由通知银行保兑。信用证上要注明通知行的银行参考号。

⑧ 信用证对货物的描述应该清楚,并使用惯常的描述方法。

⑨ 信用证应受国际商会最新出版的《跟单信用证统一惯例》(即 UCP600)的约束。

⑩ 信用证受益人应使用合法的公司名称,银行一般不给个人开立信用证。

⑪ 信用证中应注明所使用的贸易术语,并与买卖双方订立的买卖合同的内容一致。

⑫ 信用证应注明装运期和信用证的到期日,装运期必须与合同规定一致,如国外来证晚,无法按期装运,应及时电请国外买方延展装运期限。

⑬ 信用证有效期一般应与装运期有一定的合理间隔,以便在装运货物后,有足够的时间办理制单结汇工作。

⑭ 关于信用证的到期地点,通常要求规定在中国境内到期,如信用证将到期地点规定在国外,一般不宜轻易接受。

⑮ 信用证的受益人应至少有 21 天的交单时间。

⑯ 应根据运输情况酌情规定是否允许分批装运和转运。

⑰ 在信用证中一般不应指明承运货物的货运代理人,以便出口商本着节省费用的原则,自由选择货运代理人。

⑱ 在信用证中一般不应指明运输航线,以便出口商和货运代理人本着节省费用的原则,灵活选择运输线路。

⑲ 在非海运的情况下,如航空运输,为了保证出口商安全收回货款,航空运单的收货人一般应写明是开证银行。

对于来证中要求提供的单据种类和份数及填制方法等,要进行仔细审核,发现有不正常规定,如要求商业发票或产地证明须由国外第三者签证以及提单上的目的港后面加上指定码头等字样,都应慎重对待。

在审证时,除对上述内容进行仔细审核外,有时信用证内还会加列许多特殊条款,如指定船公司、船籍、船龄、船级等条款,或不准在某个港口转船等,对此,一般不应轻易接受,但若对我方无关紧要,而且也可办到,则可酌情灵活掌握。

3. 改证 对信用证进行了全面细致的审核以后,如果发现问题,应区别问题的性质,分别同银行、运输、保险、商检等有关部门研究,做出恰当妥善处理。凡属于不符合我国对外贸易方针政策、影响合同执行和安全收汇的情况,必须要求国外客户通过开证行进行修改,并坚持在收到银行修改信用证通知书后,才能对外发货,以免发生货物装运发出后却又收到修改通知书的情况,造成我方工作上的被动和经济上的损失。

在需要改证时,凡需要修改的各项内容,都应做到向国外客户一次提出,尽量避免由于考虑不周而多次提出修改要求。否则,不仅会增加双方的手续和费用,而且影响自身声誉。此外,对于来证不符合合同规定的各种情况,还需要做出具体分析,不一定坚持要求对方办理改证手续。只要来证的内容不违反政策原则,并能保证出口方安全迅速收汇,也可灵活掌握。

(五)备货、报验

1. 备货 备货是出口商根据合同或信用证规定,向有关企业或部门采购和准备货物的过程。若出口商本身即为生产商,应按照交货期限的远近,排定货物生产计划;若出口商为专业贸易商,即对国内生产商发出订货单,待货物生产出来或购进之后,即可进行检验、包装、刷唛,准备装运出口。

2. 申领出口许可证 按照我国目前的规定,凡出口"限制出口货物表"中所列货物者,应向商务部或其委托机构申请核发出口许可证,凭此办理货物出口报关手续。

3. 报验 凡属国家规定法检的商品,或合同规定必须经中国进出口商品检验检疫局检验出证的商品,在货物备齐后,应向商品检验局申请检验。只有取得商检局签发的合格检验证书,海关才准放行。经检验不合格的货物,一般不得出口。

(六)办理货运、报关和投保

1. 办理运输 有关内容可参见第八章的内容。

2. 报关 报关是指进出口货物出运前,向海关申报的手续。按照我国海关法规定:凡是进出国境的货物,必须经由设有海关的港口、车站、国际航空站进出,并由货物的发货人或其代理人向海关如实申报,交验规定的单据文件,请求办理查验放行手续。经过海关放行后,货物才可提取或者装运出口。

3. 投保 如果需要卖方投保,那么卖方在装船前须及时向保险公司办理投保手续,填制投保单。

4. 发出装船通知 在CIF价格条件下,出口商应该在货物装运出口之后,向进口商发出装船通知(Shipping Advice),并附上或另行寄上货运单据副本,以方便进口商得以事先明了装货内容并准备各项提货事宜。

5. 出运货物

(七)信用证项下的制单结汇

1. 缮制单据

2. 交单结汇 信用证项下制单结汇有三种做法,即收妥结汇、押汇和定期结汇(详见第十章内容)。

3. 出口收汇核销和出口退税 根据国务院、国家外汇管理局、国家税务总局的有关规定,我国出口企业在办理货物装运出口以及议付结汇之后,应及时地办理出口收汇核销和出口退税手续。

二、进口贸易业务流程

进口与出口是同一事物的两方面,不论交易是由进口商或出口商主动发起,在交易前的准备手续方面,进口与出口都大致相同,也就是都必须经过市场调查、寻找客户、资信调查等步骤;不过就履约流程而言,进口流程与出口流程有很大的不同。

以下以FOB贸易术语、即期信用证付款方式、海运运输条件为例,说明纺织服装进口贸易的一般流程。

(一)交易准备

1. 市场调查 进口商拟从国外进口货物,也必须先做市场调查,以了解哪一国可供应拟进口的商品,哪一国供应的商品品质较佳、价格较低廉等。

2. 寻找出口商 在市场调查之后,进口商即可根据所获得的资料分析比较,选定较理想的市场,再从这个市场中寻找合适的国外出口商,以便进行交易。

3. 资信调查 在尚未进行交易磋商之前,应该调查对方的资信状况,避免资信不佳的出口商通过交付劣质货或伪造单据骗取货款,从而使进口商遭受损失。因此,选择资信良好的交易对手是十分重要的。

(二)交易磋商

1. 询价 进口商在经过资信调查之后,便可根据资信良好的出口商所提供的价格单、商品目录及样品等进行分析比较,如有合适的,应立即发出询价,请出口商就品名、品质、数量、价格、交货及付款等条件提出报价。

2. 接受 在得到出口商的报价之后,如认为满意,即可予以接受;若虽有意交易,但认为只有在某些条件下方能接受时，可提出还价（Counter Offer），在双方合意之后，交易即告成立。

（三）签订贸易合同

与出口流程基本相同。

（四）申请进口许可证（Import license）

按照我国目前规定，凡输入进口许可证管理的货品，应向商务部或其委托机构申请核发进口许可证，办理货物进口通关手续。

（五）开立（及修改）信用证

进口合同签订后，按照合同规定，填写开立信用证申请书（Application for Letter of Credit），通过银行办理开证手续。该开证申请书是开证银行开立信用证的依据。进口商申请开立信用证，应向开证银行交付一定比率的押金（Margin）或抵押品，开证人还应该按照规定，向开证银行支付开证手续费。

信用证的内容应与合同条款一致。信用证的开证时间应按合同现定办理，如合同规定在卖方确定交货期后开证，则买方应在接到卖方上述通知后开证；如合同规定在卖方领到出口许可证或支付履约保证金后开证，则买方应在收到卖方已领到许可证的通知，或银行转知保证金已照收后开证。

卖方收到信用证后，如提出修改信用证的请求，经买方同意后，即可向银行办理改证手续。

（六）派船接货

履行 FOB 交货条件下的进口合同，应由买方负责派船到对方口岸接运货物。卖方在交货前一定时间内，应将预计装运日期通知买方。买方接到上述通知后，应及时向货运代理公司办理租船订舱手续。在办妥租船订舱手续后，应该按照规定的期限，将船名及船期及时通知卖方，以便卖方备货装船。同时，为了防止船货脱节和出现船等货物的情况，买方应注意催促卖方按时装运。对数量大或重要物资的进口，如有必要，买方亦可请其驻外机构就地督促外商履约或派人员前往出口地点检验监督。

（七）投保货运险

履行 FOB 或 CFR 交货条件下的进口合同，保险由买方办理。由进口商（或收货人）在向保险公司办理进口运输货物保险时，有两种做法：一种是逐笔投保方式；另一种是预约保险方式。

（八）审单和付汇（付款赎单）

银行在收到国外寄来的汇票及单据后，应对照信用证的规定，核对单据的份数和内容。如内容无误，即由银行对国外付款。同时，进口公司使用人民币，按照国家规定的有关外汇牌价，向银行买汇赎单。进口公司凭银行出具的“付款通知书”，向用货部门进行结算。如审核国外单据发现单、证不符时，应做出适当处理。处理单证不符的办法很多，如停止对外付款、相符部分付款、不符部分拒付、货到检验合格后再付款、凭卖方或议付行出具担保付款、要求国外改正单据及在付款的同时，提出保留索赔权等。

（九）申请进口检验与检疫

若进口货物属于法定检验的商品项目，进口商应在货物抵港卸入仓库之后，向港口检验单位申请检验，取得检验合格证书，凭此办理进口报关。

（十）报关、纳税

1. 报关 进口货物运到后，由进出口公司或委托货运代理公司或报关行，根据进口单据填写“进口货物报关单”，向海关申报，并随附发票、提单、装箱单、保险单、许可证及审批文件、进口合同、产地证和所需的其他证件。如属法定检验的进口商品，还需随附商品检验证书。货、证经海关查验无误，才能放行。

2. 纳税 海关按照《中华人民共和国海关进口税则》的规定，对进口货物计征进口税。货物在进口环节，由海关征收（包括代征）的税种有：关税、产品税、增值税、工商统一税及地方附加税、盐税、进口调节税等。

（十一）验收货物和拨交货物

1. 验收货物 进口货物运达港口卸货时，港务局要进行卸货核对。如发现短缺，买方应该及时填制“短缺报告”，交由船方签认并根据短缺情况，向船方提出保留索赔权的书面声明。卸货时，如发现残损，货物应存放于海关指定仓库，待保险公司会同商检机构检验后，做出处理。对于法定检验的进口货物，必须向卸货地或到达地的商检机构报验，未经检验的货物不准投产、销售和使用。如进口货物经商检机构检验，发现有残损短缺，应凭商检机构出具的证书对外索赔。对于合同规定的卸货港检验的货物，或已发现残损短缺有异状的货物，或合同规定的索赔期即将届满的货物等，都需要在港口进行检验。

2. 拨交货物 在办完上述手续后，如订货或用货单位在卸货港所在地，则就近转交货物；如订货或用货单位不在卸货地区，委托货运代理将货物转运内地，并转交给订货或用货单位。关于进口关税和运往内地的费用，由货运代理向进口公司结算后，进口公司再向订货部门结算。

（十二）索赔

进口商在提货之后，若发现货物有短缺或毁损，应会同船舶公司及公证行开箱点查检验，并取得公证报告，凭以向船舶公司或出口商索赔；若货物的损失是可向保险人索赔的，应请保险公司会同检验，并备妥相关单证向保险公司索赔。

第三节 进出口业务成本核算

一、出口纺织品的价格构成

在国际贸易中，确定一种商品的成交价，不仅取决于其本身的价值，还要考虑到商品从产地运至最终目的地的过程中所产生的费用及预期的利润等。出口纺织品的价格构成包括成本、费用和预期利润三部分。

成本：包括生产成本（生产商生产某种产品所需的投入）、加工成本、采购成本（或进货成本）。

费用：在出口商品的价格中，费用所占的比重虽然不大，但因其内容繁多，且计算方法不尽相同，因而较为复杂。通常包括国内费用和国外费用两部分。国内费用主要有加工整理费用、包装费用、国内运输费用、银行费用、通信费用等；国外费用主要有国外运输费用、国外保险费用，如果以含佣价成交，还应包括付给中间商的佣金等。

预期利润：预期利润是进出口价格的三要素之一。价格中所包含的利润大小往往根据行业、市场需求以及企业的价格策略等因素来决定，差别很大。例如在市场上旺销的服装，可以定很高的利润；而销路平平的服装，利润往往很低。与保险费、银行费用和佣金的计算不同，利润作为企业自己的收入，其核算的方法由企业自行决定，通常采用一定的百分比作为经营的利润率来核算。计算利润的基数，一般是出口成本，也有采用成交价格计算的，由各企业自行决定。

二、进出口纺织品的计价原则和计价货币的选择

在确定进出口纺织品的价格时，国际市场行情和购销意图是商品定价的最主要的依据。市场行情既反映了当前的价格水平，又反映了未来价格变动的趋势。正确把握市场行情，才能以有利的价格条件成交。

在出口商品报价时，尤其应重视国际市场的价格。有些出口商采用低价作为竞争手段，导致被进口国有关企业指控“倾销”。对此，我们一方面应积极应诉，另一方面在报价时应充分重视市场价格水平。另外，也可根据交易对象所处的国家或地区不同，采取差别定价。

在国际贸易中，对于现汇贸易，应采用可兑换货币。我国的人民币，已实行经常项目下可兑换，所以也是我国对外贸易中使用的货币之一。可兑换货币的价值，因汇率的变动而变动，故而买卖双方均应密切注意货币汇率的升降趋势，选择合适的货币，以减少由于汇率波动而带来的风险。

通常，买卖双方愿意选择汇率稳定的货币作为计价货币。但在汇率不稳定的情况下，出口方倾向于选用“硬币”，即币值坚挺，汇率看涨的货币；而进口方则倾向于选用“软币”，即币值疲软，汇率看跌的货币。合同中采用何种货币要由双方自愿协商决定。若采用的计价货币对其中一方不利，这一方应采取合适的保值措施，如远期外汇买卖，并应把所承担的汇率风险考虑到货价中去。但在实际中，汇率风险往往是难以预测的。

三、佣金和折扣

（一）佣金

佣金（Commission）是指买方或卖方支付给中间商代理买卖或介绍交易的服务酬金。我国的外贸专业公司，在代理国内企业进出口业务时，通常由双方签订协议规定代理佣金比率，而对外报价时，佣金率不明示在价格中，这种佣金称之为“暗佣”。如果在价格条款中，明确表示佣金的多少，则称为“明佣”，在我国对外贸易中，主要出现在我国出口企业向国外中间商的报价中。

包含佣金的合同价格，称为含佣价。通常以含佣价乘以佣金率，得出佣金额。其计算公

式为：

$$佣金 = 含佣价 \times 佣金率$$
$$佣金 = 含佣价 - 净价$$

整理后得含佣价和净价的关系为：

$$含佣价 = 净价 \div (1 - 佣金率)$$

佣金通常以英文缩写字母 C 表示。例如每公吨(1 公吨 =1 吨)1000 美元 CFR 西雅图包含佣金 2%，应写为：每公吨 1000 美元 CFRC2 西雅图。其中的“C2”即表示佣金率为 2%。

佣金的支付方法主要有：卖方在收妥货款后，再向中间商支付佣金；由中间商直接从货款中扣除。相比较而言，前一种方法较为常用。

(二)折扣

折扣(Discount)是卖方在原价格的基础上给予买方的一定比例的价格减让。

使用折扣方式减让价格，而不直接降低报价，既使卖方保持了商品的价位，又明确表明了给予买方的某种优惠，是一种促销手段，如数量折扣、清仓折扣、新产品的促销折扣等。例如每件 20 美元 CIF 纽约减 5% 折扣。卖方在开具发票时，应标明折扣，并在总价中将折扣减去。

折扣是以成交额或发票金额为基础计算而来，其计算公式为：

$$折扣 = 原价 \times 折扣率$$

折扣一般在买方付款时预先扣除。也有不直接从货价中扣除，而是按暗中达成的约定另行支付的，即采用“暗扣”或“回扣”的方式。

四、成本核算

纺织服装外贸企业在掌握出口商品价格时，要注意加强成本核算，以便采取措施不断降低成本，提高经济效益。考核企业的经济指标主要有以下几项。

(一)出口商品换汇成本(换汇率)

出口商品换汇成本是指某商品的出口总成本(人民币)与出口销售该商品的外汇净收入(美元)之比。该指标反映出口商品每取得一美元的外汇净收入所耗费的人民币成本。换汇成本越低，出口的经济效益越好。计算公式为：

$$出口换汇成本 = \frac{出口总成本(人民币)}{出口外汇净收入(美元)}$$

这里的出口总成本，包括进货(或生产)成本，国内费用(储运、管理、预期利润等，通常以费用定额率表示)及税金。出口外汇净收入指的是扣除运费和保险费后的 FOB 外汇净收入。

[例]某商品国内进价为人民币 7270 元，加工费 900 元，流通费 700 元，税金 30 元，出口

销售外汇净收入为 1100 美元，则：

$$出口总成本 = 7270 + 900 + 700 + 30 = 8900 元(人民币)$$

$$换汇成本 = 8900 元人民币 \div 1100 美元 \approx 8.09 人民币元/美元。$$

（二）出口商品盈亏率

出口商品盈亏率指标说明出口商品盈亏额在出口总成本中所占的百分比，正值为盈，负值为亏。

$$出口商品盈亏率 = \frac{出口人民币净收入 - 出口总成本}{出口总成本} \times 100\%$$

其中：出口人民币净收入 = FOB 出口外汇净收入 × 银行外汇买入价。

上述例子中，若银行的外汇买入价为每美元 8.20 元人民币，则：

$$出口商品盈亏率 = \frac{1100 \times 8.20 - 8900}{8900} \times 100\% \approx 1.35\%$$

盈亏率和换汇成本之间的关系为：

$$出口商品盈亏率 = (\frac{银行买入价}{出口换汇成本} - 1) \times 100\%$$

可见，换汇成本高于银行买入价，盈亏率是负值。换汇成本低于银行外汇买入价，出口才有盈利。

（三）出口创汇率

出口创汇率亦称外汇增值率，原本是用以考核进料加工的经济效益，具体做法是以成品出口所得的外汇净收入减去进口原料所支出的外汇，算出成品出口外汇增值的数额，即创汇额，再将其与原料外汇成本相比，计算出百分率。在采用国产原料的正常出口业务中，也可计算创汇率，这就要以该原料的 FOB 出口价格作为原料外汇成本。计算公式如下：

$$出口创汇率 = \frac{成品出口外汇净收入 - 原料外汇成本}{原料外汇成本} \times 100\%$$

第四节　外贸争议的预防与处理

在纺织品服装贸易中，由于各方当事人相互间商业利益的冲突以及法律制度、文化传统等因素的差异，或受到政府外贸政策调整或某种政治原因的影响，在交易中发生争议是不可能完全避免的。因此，为了降低或避免遭受不必要的损失，要求从事纺织品贸易活动的外贸跟单员必须了解国际贸易中发生争议的主要原因以及国际上对于这类争议通行的处理方法与规则，掌握一些基本的法律知识，学会用法律的武器维护自己的权益。

一、国际贸易争议

在国际贸易中,引起争议的环节很多,如签约和履行、国际运输、货物保险以及国际支付等环节,因而,国际贸易争议具有国际性、多样性和复杂性的特点。

国际货物贸易方面的争议,主要是指在合同的订立和履行过程中,买卖双方当事人常常会对出现的某些问题发生争议。所谓争议(Disputes),是指交易的一方认为另一方未能全部或部分履行合同规定的责任而引起的业务纠纷。在纺织服装外贸中,引起纠纷的原因很多,但归纳起来不外乎以下几点:

(1)卖方违反其基本义务,如不交货,或者未按合同规定的时间、品质、数量、包装条款交货,或者提交的单证、单单之间有不符点等。

(2)买方违反其基本义务,如不开或迟开信用证,不付款或不按时付款赎单,无理拒收货物,在 FOB 条件下不按时派船接货等。

(3)买卖双方当事人签订合同中某些条款的规定欠明确,买卖双方国家的法律、法规或者国际贸易惯例对此的解释不一致,甚至对合同的有效成立与否也有不同的看法。

(4)在合同的履行过程中,遇到了买卖双方不能预见或无法控制和预防的紧急或突发事件,如某种不可抗力事故,而双方对此又有不一致的解释等。

凡此种种,都会引发合同当事人之间的争议,而这些争议又必然会引申出一系列相关问题,集中起来主要是:是否构成违约,双方对违约的事实有分歧,对违约的责任及其后果的认识相悖。如何认识、解释和处理这些争议,是买卖双方非常关心的问题,这就要求合同双方一方面在合同签订之前充分磋商,取得一致意见,并订明于合同之中,防患于未然。另一方面,当发生争议时,双方应该本着友好协商、互谅互让、着眼长远的原则和精神来妥善解决。

二、纺织外贸中的争议与预防

在纺织品服装贸易中,除了品名、品质、数量、包装、货物运输、货运保险、价格、货款收付等主要条款外,还包括检验、不可抗力、索赔和仲裁等一般条款。这些一般条款所涉及的诸多内容,概括起来,就是贸易争议的预防与处理。纺织外贸中争议的表现和预防是十分丰富和复杂的,以下简要介绍纺织贸易中的多发性争议及其防范。

(一)基于合同订立的争议及其预防

纺织外贸争议通常发生在合同订立后的履行过程中,但在要约和承诺程序进行的过程中,买卖双方也可能发生争议,此时争议的焦点主要集中在合同的有效性上。因此,在纺织贸易的磋商和和同的订立过程中,一定要谨慎防范合同订立过程中的法律缺陷,规范合同的形式。

在有关合同成立的问题上,各国的法律以及有关国际公约的规定,既有相同的地方,也有不同的地方。相同之处是:合同的成立,需要一方的要约和另一方的承诺,即双方当事人的意思表示需一致。然而,各国的法律,包括国际公约(如《联合国国际货物销售合同公约》)和我国的《中华人民共和国涉外经济合同法》(以下简称《涉外经济合同法》),规定并不完全一致,特别是在一些具体问题上,包括要约的约束力、承诺生效的时间以及合同成立的形式等问题上，各国法律规定就很不一致。

例如，关于要约的约束力，大陆法系认为：要约在到达受约人后，要约生效，要约人受该要约的约束，即如果要约有有效期，则在有效期内不能撤销要约；如无有效期，则在“或望承诺达到的期限内”不能撤销要约。而英美法则认为：要约在到达受约人后，在受约人发出承诺前，要约人可随时撤销要约，而不论要约是否规定了有效期。

在合同的形式上，西方主要工业国家的法律认为，合同可以通过口头、书面以及行为等方式订立，《联合国国际货物销售合同公约》基本相同。但在我国《涉外经济合同法》第七条规定：“当事人就合同条款以书面形式达成协议并签字，即为合同成立。通过信件、电报、电传达成协议，一方当事人要求签订确认书的，签订确认书时方为合同成立。”所以，我国在被批准参加《联合国国际货物销售合同公约》时提出的两项保留中，其中一项就是不可以口头方式或其他非书面方式订立合同。因此，我国公司对外签订、修改协议、终止合同时都应采用书面方式。

（二）基于纺织品买卖的争议及其预防

1. 基于纺织品品质的争议　因为纺织品品质发生争议的表现形式很多，归纳起来可能有以下四种情况。

（1）纺织品贸易合同中没有规定品质条款。

（2）合同品质条款不完善，如用语不完整、表述不准确或相互矛盾。

（3）品质条款绝对化，没有正确合理地使用品质公差条款或机动幅度条款等。

（4）合同中没有明确对纺织品检验的机构、方法和程序等。

2. 基于价格的争议　纺织品价格涉及计价方法、计价货币、贸易术语以及利率浮动等问题。我国纺织品服装进出口合同，绝大部分都是在双方协商一致的基础上，明确地规定具体价格，这也是国际上常使用的固定价格。按照各国法律的规定，合同价格一经确定，就必须严格执行，任何一方都不得擅自更改。因此，这种方法在实践中不易出现争议。

容易引起价格争议的主要有以下三个方面：

（1）除固定价格外，日常中使用的还有非固定价格，即一般业务上所说的“活价”。非固定价格的种类主要有以下几种：

①只规定作价方式而具体价格留待以后确定。

②暂定价。

③部分固定价格，部分非固定价格。

非固定价格是一种变通做法，在行情变动剧烈或双方未能就价格取得一致意见时，采用这种做法有如下好处：

第一，有助于暂时解决双方在价格方面的分歧，先就其他条款达成协议，早日签约；第二，解除客户对价格风险的顾虑，使之敢于签订交货期长的合同；第三，数量、交货期的早日确定，不但有利于巩固和扩大出口市场，也有利于生产、收购和出口计划的安排；第四，对进出口双方，虽不能完全排除价格风险，但对出口人来说，可以不失时机地做成生意，而对进口人来说，可以保证一定的转售利润。但这种先订约后作价的办法，对合同的关键条款——价格是在订约后由双方按一定的方式来确定的。这就不可避免地给合同带来较大的不稳定性，存在着双方在作价时不能取得一致意见，而使合同无法执行的可能，或由于合同作价条款规定不当，而产生使合同失去法律效力的危险，容易引起争议。

(2)机动幅度内的品质或数量差异的作价方法的争议。

(3)折扣和佣金的计算方法和支付方法的争议。

因此，在合同中制订价格条款时，要注意酌情确定作价标准、明确规定作价时间，对于机动幅度内的品质或数量差异的作价方法，以及折扣和佣金的计算方法和支付方法都给予明确的界定。

3. 基于货物数量的争议 在纺织品服装贸易中，因货物数量引起争议的主要有以下两种情况：

(1)合同中的数量条款不明确的争议。比如计量单位或计量方法不明确。例如：在纺织品贸易中，棉花通常以"包"为单位，但对于每包的重量各国解释不同，美国为480千克，埃及为730千克，巴西为396.8千克等；"吨"有长吨(1016千克)、"短吨"(907千克)、"公吨"(1000千克)等。在计量方法上，要明确说明是"毛重"、"净重"还是"理论重量"，或者"以毛作净"等。

(2)交货数量增减的争议。在合同中规定"溢短装条款"可有效解决这类问题引起的争议。但在使用"溢短装条款"时要注意合理规定机动幅度，并且规定"溢短装"数量的计量方法以及机动幅度的选择权等。值得注意的是，在服装的进出口贸易中较少使用"溢短装条款"，也较少使用"About"之类的约量来说明。但服装由于质量问题在检验中被剔除是难免的，除非卖方已订购了十分充足的面料、辅料，否则服装交货数量将有可能少于买方定购量，导致与合同不符而违约。如果买方用信用证支付，不允许分批装运，数量又没有机动幅度，万一卖方短装，银行将会拒付。因此卖方提出"允许分批装运"(Partial Shipment is Allowed)是很有必要的。这点最好在售货确认书中及信用证中注明。

(三)基于海上运输、运输保险、商品检验等方面的争议

在纺织品的国际运输中，容易引起争议的主要有以下两方面。

1. 单据方面的争议 单据方面的争议一般出现在以下几方面：提单的形式(记名提单、不记名提单还是指示提单)以及提单的内容(主要指托运人、承运人、收货人、提单受让人各方的权利和义务)；保险条款的选用；商检单的有效性等。

2. 实际运输操作方面的争议 实际运输操作方面的争议主要表现在：合同中未明确注明可否分批和转运、或者出现紧急情况而无法满足合同和信用证的要求；船名和船期的通知和衔接问题；延迟提货的问题等。在承保风险问题上要注意风险、保险人承保范围以及除外风险的解释上的分歧；认定保险责任期间的差异；商品检验的内容、方法以及依照标准的选用等。

(四)基于国际贸易支付的争议

在纺织品贸易中，容易引起争议的主要有：票据是否有效性、汇票的背书转让等；单据的准确程度、信用证中的软条款等。

为此，要求外贸跟单员尽可能地减少业务知识的局限性和操作疏漏，提高对船舶公司、

保险公司、商检机构等部门国际惯例的熟悉程度，尽量避免信用证本身的含糊或自相矛盾、重视经营过程和操作过程认真审核信用证。

三、索赔和理赔

(一)索赔和理赔的含义

索赔(Claims)是指国际贸易业务的一方违反合同的规定，直接或间接地给另一方造成损害，受损方向违约方提出损害赔偿要求；理赔(Settlement of Claims)是指违约方受理受损方提出的赔偿要求。可见，索赔和理赔是同一个问题的两个方面。

违约的一方，如果受理遭受损害方所提出的赔偿要求，赔付金额或实物，以及承担有关修理、加工整理等费用，或同意换货等就是理赔。如有足够的理由，解释清楚，不接受赔偿要求则是拒赔。

(二)引起索赔的事由

属于卖方责任而引起买方索赔的情况主要有：卖方所交货物的品质、数量、包装与合同不符；卖方未按期交货；卖方其他违反合同或法定义务的行为。属于买方责任而引起卖方索赔的情况有：买方未按期付款；未及时办理运输手续；未及时开立信用证；买方其他违反合同或法定义务的行为。

(三)索赔依据和索赔时间

索赔和理赔中，索赔依据和索赔时间是两个最基本的条件。

索赔的法律依据是合同和适用的法律、惯例。索赔的事实依据是违约事实的书面文件，即有资格的机构出具的书面证明、当事人的陈述和其他旁证。

索赔期限通常在合同中加以约定。超过约定的索赔期限，受损害的一方即丧失索赔权。如果在合同中未约定索赔期限，则依照法律规定的索赔期限。法定索赔期限较长，《联合国国际货物销售合同公约》规定为自买方实际收到货物之日起两年之内。营业地处于公约缔约国的买卖双方，在合同中无约定索赔期限时，将以公约规定的两年为索赔期限。

(四)索赔和理赔的除外条件

对外贸易中的争议和索赔情况是经常发生的，直接关系到对外贸易有关各方的经济权益，所以各方都十分重视索赔和理赔，在合同中订明有关的条款，以维护自己的利益。从法律观点来说，违约的一方应该承担赔偿的责任，对方有权提出赔偿的要求直到解除合同。只有当履约中发生不可抗力的事故，致使一方不能履约或不能如期履约时，才可以根据合同规定或法律规定免除责任。

在我国的进出口贸易中，发生争议、索赔的事例是很多的。因此，如何正确处理好对外的索赔和理赔是一个十分重要的问题，它既关系到维护国家的权益和声誉，又涉及比较复杂的业务技术问题。所以，索赔、理赔是一项政策性、技术性很强的涉外工作，跟单员必须严肃对待和认真处理。

出入境检验检疫机构通过对进出口商品的检验和鉴定而签发的商品检验证书，是供有关方面处理索赔和理赔的重要证明，所以商检证书的内容必须真实正确，以维护对外贸易有关各方的合法权益。

四、不可抗力条款

不可抗力条款是一种免责条款，即免除由于不可抗力事件而违约的一方的违约责任。一般应规定的内容包括：不可抗力事件的范围，事件发生后通知对方的期限、出具证明文件的机构以及不可抗力事件的后果。

我国进出口合同中的不可抗力条款，按对不可抗力事件范围规定的不同，主要有以下三种方式：

(1)概括式，即对不可抗力事件作笼统的提示。例如由于不可抗力的原因，而不能履行合同或延迟履行合同的一方可不负有违约责任。但应立即以电传或传真通知对方，并在××天内以航空挂号信向对方提供中国国际贸易促进委员会出具的证明书。

(2)列举式，即逐一订明不可抗力事件的种类。例如由于战争、地震、水灾、火灾、暴风雪的原因而不能履行合同或延迟履行合同的一方不负有违约责任等。

(3)综合式，即将概括式和列举式合并在一起。例如由于战争、地震、水灾、火灾、暴风雪或其他不可抗力原因而不能履行合同的一方不负有违约责任等。

综合式是最为常用的一种方式。

根据《联合国国际货物销售合同公约》规定，一方当事人享受的免责权利只对履约障碍存在期间有效，如果合同未经双方同意宣告无效，则合同关系继续存在，一国履行障碍消除，双方当事人仍须继续履行合同义务。所以，不可抗力事件所引起的后果可能是解除合同也可能是延迟履行合同，应由双方按公约规定结合具体情势商定。

五、纺织外贸中争议的解决方式

在纺织品国际贸易中，双方在履约过程中一旦发生争议，首先应通过友好协商的方式解决，以利于保护商业秘密和企业声誉。如果协商不成，则当事人可按照合同约定或争议的情况采用调解、仲裁或诉讼方式解决争议。

(一)调解(Conciliation)

由双方当事人自愿将争议提交选定的调解机构(法院、仲裁机构或专门的调解机构)，由该机构按调解程序进行调解。若调解成功，双方应签订和解协议，作为一种新的契约予以执行，若调解意见不为双方或其中一方接受，则该意见对当事人无约束力，调解即告失败。我国在诉讼和仲裁中，均采用了先行调解的程序。

(二)仲裁(Arbitration)

双方当事人达成书面协议，自愿把争议提交给双方同意的仲裁机构仲裁，仲裁机构做出的裁决是终局的，对双方都有约束力。

国际商事仲裁就是指国际商事关系的双方当事人在争议发生后，依据仲裁条款或仲裁协议，自愿将争议提交某一临时仲裁机构或某一国际常设仲裁机构审理，由其根据有关法律或公平合理原则做出裁决，从而解决争议。

仲裁是解决国际商事争议使用较普遍的方式，与和解调解、司法诉讼相比，它具有如下特点：当事人自主性较大，对仲裁方式的选择、仲裁地点、仲裁机构、仲裁员、仲裁程序、仲裁所适用的法律等，当事人都可以自由做出决定；程序灵活、迅速及时，收费较低；具有必要的强制性，这体现在仲裁协议的强制性、仲裁裁决的强制性；有利于保持当事人间的关系，并可协调不同法律之间的冲突。

（三）诉讼（Litigation）

一方当事人向法院起诉，控告合同的另一方，一般要求法院判令另一方当事人以赔偿经济损失或支付违约金的方式承担违约责任，也有要求对方实际履行合同义务的。

诉讼是当事人单方面的行为，只要法院受理，另一方就必须应诉。但诉讼方式的缺点在于立案时间长，诉讼费用高，异国法院的判决未必是公正的，各国司法程序不同，当事人在异国诉讼比较复杂。

综合比较上述三种解决争议的方式，在纺织品国际贸易实践中，仲裁是最被广泛采用的一种方式。

第五节 客户关系管理及客户投诉的处理

跟单员的工作具体而细致，跟单员在跟单时往往要扮演外销员或业务员的角色，经常要与不同客户（既有上游客户、下游客户，还有中间客户）联络、合作、配合开展工作，因此客户关系的建立、维护、改善及提升等工作也是跟单员必须高度重视的重要内容，客户关系管理也显得尤为重要。

一、客户关系管理（CRM）的内涵

客户关系管理（Customer Relationship Management，CRM）起源于美国，是一种旨在改善企业与客户之间关系的新型管理机制。跟单员必须考虑的主要是现有的 CRM 系统与企业相适应的问题，这个问题在纺织服装企业表现同样显而易见。因此，针对我国纺织服装企业本身的特点，探求适合我国纺织服装企业的 CRM 对推动我国纺织服装企业的发展具有重要作用。

综合归纳 Gartner Group、IBM 等众多国外著名研究机构和跨国公司对 CRM 的理解，从管理理念、解决方案、软件系统功能构成三个层次上对客户关系管理进行定义，提供了一种比较全面的理解：

（1）CRM 是一种现代经营管理理念。以客户为中心、视客户为资源、通过客户关怀实现客户满意度等是这个理念的核心所在。

（2）CRM 是一整套解决方案。它集成了当今最新的信息技术，包括 Internet 和电子商务、多媒体技术、数据仓库和数据挖掘、专家系统和人工智能、呼叫中心以及相应的硬件环境，同时还包括与 CRM 有关的专业咨询等。

（3）CRM 还是一套应用软件系统。市场营销、销售管理、客户关怀、服务和支持等构成了 CRM 软件模块的基石。

二、对客户投诉的处理

处理好客户投诉是加强客户关系管理的重要工作。跟单员在从事跟单工作时，不管如何细心和全面，客户投诉似乎是不可避免的。客户投诉的原因多种多样、千差万别，跟单员该做的事只有一件，那就是积极应对、妥善处理。

(一)对客户投诉的认识

对于客户投诉，有多种认识：ISO 10002:2004《质量管理—顾客满意—组织处理投诉指南》指出，投诉是一种不满意的表达，它针对一个组织相关的产品或投诉处理过程而发出，客户明确或隐含地期待组织给予回复或解决；英国标准协会(BSI)及国际标准 BS 8600(1999版)解释说，投诉体现的是顾客的不满，不论其正确与否。

跟单员要认识到客户的投诉是一个可以避免却无法回避的问题，因此，跟单员应将其作为对自身工作的直接评价以及推动跟单工作改进的间接动力。

(二)客户投诉的处理原则与方法

客户投诉产生的原因主要有：劣质的产品或服务、语言隔膜或误会、交货时间延误、人为或大意引起的错误、客户无理取闹、没有遵守对客户的承诺或没有满足客户的其他要求等。

清楚了可能产生投诉的原因，跟单员就可以有的放矢地开展工作了。投诉管理的流程要体现整体服务的思路，重点要加强在事前预防、事中处理和事后控制三方面流程的管理及优化。

1. 事前预防 在事前预防方面，应增加客户投诉风险评估流程。当跟单员能与自己的客户充分沟通和交流时，他就能清楚知道客户的真实需求，这样，只要跟单员将跟单工作做得细致些，事前预防投诉的发生完全是可能的，也是必要的。

2. 事中处理 如果发生突发性投诉，跟单员就必须善于进行事中处理。在进行事中处理时，快速启动投诉管理机制和流程，快速启动对突发性投诉的认定程序，可以大大降低突发性投诉的处理风险，提高业务效率。因此，跟单员应会同有关部门建立有效地对突发性投诉的认定及后续处理机制和流程。

在事中处理过程中，跟单员应细心聆听客户的投诉，找出其产生不满的原因，保持礼貌及冷静，不让投诉影响私人情绪；应正视问题，不回避；广泛征询和听取投诉者解决问题的意见；积极搜寻或推介其他可行的解决方案；尽量避免在其他客户面前处理投诉事宜，并及时请示和听取上级的意见。

3. 事后控制 对造成集中性投诉的责任部门缺乏认定，导致不能尽快明确解决集中性投诉的牵头部门，极易造成集中性投诉问题的久拖不决，应加强对集中性投诉认定及引发集中性投诉的责任部门认定的相关流程。

思考题

1. 举例说明纺织服装行业加工贸易的特点。

2. 在纺织服装出口贸易合同的履行中，有哪些关键环节？需注意哪些相关问题？

3. 简述纺织服装进出口业务中成本核算的主要指标。

4. 举例说明如何正确对待和处理纺织服装国际货物贸易方面的争议。

5. 请说明换汇成本与出口盈亏率之间的关系如何?

6. 讨论题:对外贸易是经济增长的“发动机”,纺织外贸是国际贸易的“引擎”。

7. 外贸业务中有哪些索赔可能? 索赔依据主要有哪些?

8. 不可抗力条款有哪几种订立方法?

9. 处理争议的方法主要有哪些? 请简要比较仲裁与诉讼的异同点。

10. 简述客户关系管理的内涵与外延。

11. 企业实施客户关系管理(CRM)的目的是什么?

12. 处理客户投诉的常用方法有哪些?

13. 请联系实际案例,谈谈企业在对客户提供跟踪服务时的优秀经验有哪些?

14. 请联系实际案例,谈谈企业处理客户投诉方面的成功与失败的经验,以及可能给企业带来的利益或损失。

15. 我国某公司出口某商品1000箱,对外报价为“每箱22美元FOBC3%广州”,外商要求将价格改报为“CIFC5%汉堡”。已知运费为每箱1美元,加一成投保一切险,保险费率为1%。在不减少收汇的情况下,CIFC5%应改报为多少?

16. 我国某公司从韩国进口精纺毛呢一批,经加工生产成西服出口到欧洲某国。已知该公司进口精纺毛呢共计1000公吨,价格条件是:“每公吨252.00美元CIF上海”,进货费用平均每公吨花费18.00美元,流通费率为6%。该公司以精纺毛呢面料为原料加工生产男士西服,共生产出400纸箱,每箱装250套,共计100000套,全部出口到欧洲。出口时对外报价为:“每套18美元CFRC4%伦敦”。承运人计收海运运费按“W/M10级”标准收取,每吨运费收180美元,每箱毛重为30千克,体积为0.05立方米,到达伦敦港要加收港口附加费5%,燃油附加费8%。

问题:

(1)计算该公司出口西服的盈亏率。

(2)应对方客户的要求将价格改报成“CIFC2%伦敦”,已知投保加一成,保险费率为1%,在不减少收汇的前提下,应报价多少?

第四章 接单与审单

本章知识点

1. 订单的种类及形式。
2. 合同磋商的过程。
3. 发盘(要约)与接受(承诺)的概念、构成条件。
4.《联合国国际货物销售合同公约》关于发盘与接受的有关规定及与英美法系的差别。
5. 审单的要点及方法。
6. 合同的结构与内容。

第一节 订单种类及形式

所谓订单(Order),是指订购货物的单据或者凭证。在通信比较发达的当今社会,客户下单可以采取电话、传真、电子邮件或书面合同等多种方式。常见的订单形式主要有纺织品买卖合同、协议、备忘录、意向书、订单和委托订购单、电子合同等。

一、纺织品买卖合同

纺织品买卖意向成立之后,作为买卖双方日后履约及解决合同纠纷的依据,一般均需签订买卖合同。通常情况下,买卖合同与确认书是纺织品买卖合同中的两种常见形式。

(一)买卖合同(Contract)

买卖合同是书面合同中内容最为详细、条款最为具体、格式相对稳定的一种形式。包括销售合同(Sales Contract)和购货合同(Purchase Contract)。销售合同是由出口商制作,签字后寄两份给进口商,由进口商签字后将一份寄回出口商的合同形式,也称为出口合同(Export Contract);购货合同是由进口商制作,签字后寄两份给出口商,由出口商签字后将其中一份寄回进口商的合同形式,也称为进口合同(Import Contract)。

买卖合同中主要包括品名、规格、数量、包装、价格、运输、交货期、付款方式、商品检验、争议的解决以及不可抗力等条件,以及对买卖双方的权利和义务进行全面、完整、明确的规定,买卖合同主要用于大宗业务。在发生履行合同争议时,很容易从合同中找到解决争议的方法,但这种合同内容复杂、条款过多,使用不太方便。

买卖合同包含三个部分,合同的首部、合同的主体部分和合同的结尾部分。

(1)合同的首部。它是指合同的序言部分,其中包括合同的名称、合同的抬头、合同编号、合同的签订时间和地点、订约双方当事人的名称、国籍和地址全称、订立合同和执行合同的保证等。该序言对双方均具约束力。合同的订约地点往往要涉及合同准据法的问题,因此交易双方往往都力争将签约地点定在本国。

(2)合同的主体。这是合同的主要部分,具体列明各项交易的条件或条款,如纺织与服装商品名称、品质与规格条款、数量规定、价格条款(付款币种与付款汇率)、包装、交货时间与地点、物权转移、运输与保险条件、支付方式、相关费用(税费、保险、运输费)以及检验、索赔、不可抗力和仲裁条款、进出口文件等。这些条款明确了双方当事人的权利和义务。

(3)合同的结尾。它一般包括合同适用的法律和惯例、合同的有效期、合同的份数、合同的文字及其效力、生效的时间、附件及其效力和双方代表签字、日期等内容。

表 4-1 为出口合同的样本。

表 4-1 出口合同(样本)

________纺织品进出口贸易公司

________TEXTILE IMPORT AND EXPORT TRADE CORPORATION

SALES CONTRACT

Contract No.:________ 合同号:________

The Seller:______________ The Buyer:________________

卖方:________________ 买方:____________________

Signed at:______________ Signed Date:______________

签约地点:______________ 签约日期:________________

This contract is made by and between the Seller and the Buyer; Whereby the Seller agrees to sell and the Buyer agrees to buy the undermentioned goods according to the terms and conditions stipulated below and overleaf:

买卖双方签订本合同并同意按下列条款进行交易:

(1) Marks & No. 唛头	(2) Name of Commodity and specification 品名及规格	(3) Quantity 数量	(4) Unit Price 单价	(5) Total Value 总价
		(Shipment Quantity ________% more or less allowed) (装运条款允许有________%的增减)		

(6) Packing:____________

包装:______________

(7) Time of Shipment: *Within* ____________________ *days after receipt of L/C, not allowing transhipment and partial shipment.*

装运期限:收到不可转船及分批装运之信用证______天内装运。

(8) Port of Loading:____________

续表

装运口岸:____________________

(9) Port of Destination:____________

目的口岸:_______________________

(10) Terms of Payment: *By 100% Confirmed, Irrevocable and Sight Letter of Credit to remain valid for negotiation in China until the 15th day after shipment.*

付款条件:开给我方100%保兑的不可撤销即期信用证,并须注明在装运日期后15天内中国议付有效。

(11) Insurance: *Covers* ____________________ *risks only as per the Clauses of the People's Insurance Company of China for 110% of the invoice value.*

保险:根据中国人民保险公司保险条款,按发票金额的110%投保____________险。

(12) The Buyer shall establish the covering Letter of Credit before ____________; failing which, the Seller reserves the right to rescind this Sales Contract without further notice, or to accept whole or any part of this Sales Contract, non – fulfilled by the Buyer, of to lodge claim for direct losses sustained, if any.

买方须于_____年_____月_____日前开出本批交易信用证,否则,售方有权不经通知取消本合同,或接受买方对本约未执行的全部或一部分,或对因此遭受的损失提出索赔。

(13) Documents: The Seller shall present to the negotiating bank, Clean On Board Bill of Lading, Invoice, Quality Certificate issued by the China Commodity Inspection Bureau or the Manufacturers, Survey Report on Quantity/Weight issued by the China Commodity Inspection Bureau, and Transferable Insurance policy or Insurance Certificate when this contract is made on CIF basis.

单据:卖方应向议付银行提供已装船清洁提单、发票、中国商品检验局或工厂出具的品质证明、中国商品检验局出具的数量/重量鉴定书;如果本合同按CIF条件,应再提供可转让的保险单或保险凭证。

(14) For this contract signed on CIF basis, the premium should be 110% of invoice value. All risks insured should be included within this contract. If the Buyer asks to increase the insurance premium or scope of risks, he should get the permission of the Seller before time of loading, and all the charges thus incurred should be borne by the Buyer.

凡以CIF条件成交的业务,保额为发票价值的110%,投保险别以本售货合同中所开列的为限,买方如要求增加保额或保险范围,应于装船前经售方同意,因此而增加的保险费由买方负责。

(15) Quality/Quantity Discrepancy: In case of quality discrepancy, claim should be filed by the Buyer within 30 days after the arrival of the goods at port of destination; while for quantity discrepancy, claim should be filed by the Buyer within 15 days after the arrival of the goods at port of destination. It is understood that the Seller shall not be liable for any discrepancy of the goods shipped due to causes for which the Insurance Company, Shipping Company, other transportation organizations and/or Post Office are liable.

质量、数量索赔:如交货质量不符,买方须于货物到达目的港30日内提出索赔;数量索赔须于货物到达目的港15日内提出。对由于保险公司、船舶公司和其他转运单位或邮政部门造成的损失卖方不承担责任。

(16) The Seller shall not be held liable for failure or delay in delivery of the entire lot or a portion of the goods under this Sales Contract in consequence of any Force Majeure incidents.

本合同内所述全部或部分商品,如因人力不可抗拒的原因,以致不能履约或延迟交货,售方概不负责。

(17) Arbitration: All disputes in connection with this contract or the execution thereof shall be settled friendly through negotiations. In case no settlement can be reached, the case may then be submitted for arbitration to China International Economic and Trade Arbitration Commission in accordance with the provisional Rules of Procedures promulgated by the said Arbitration Commission. The arbitration shall take place in Beijing and the decision of the Arbitration Commission shall be final and binding upon both parties; neither party shall seek recourse to a law court nor other authorities to appeal for revision of the decision.

续表

Arbitration fee shall be borne by the losing party. Or arbitration may be settled in the third country mutually agreed upon by both parties.

仲裁:凡因执行本合同或与本合同有关事项所发生的一切争执,应由双方通过友好方式协商解决。如果不能取得协议时,则由中国国际经济贸易仲裁委员会根据该仲裁机构的仲裁程序规则进行仲裁。仲裁将在北京仲裁,并且本仲裁决定是终局的,对双方具有同等约束力。仲裁费用除非仲裁机构另有决定外,均由败诉一方负担。仲裁也可在双方同意的第三国进行。

(18) The Buyer is requested always to quote THE NUMBER OF THE SALES CONTRACT in the Letter of Credit to be opened in favour of the Seller.

买方在开给售方的信用证上请填注本销售合同号码。

(19) Other Conditions:

其他条款:

Seller:________________　　　　Buyer:________________

卖方:________________　　　　买方:________________

(二)确认书(Confirmation)

确认书是一种简式合同,主要包括品名、规格、数量、价格、包装、装运、保险和付款方式等条件。一般用于金额较小、批数较多的小批量业务以及已订有代理、包销等长期协议的交易。它包括销售确认书(Sales Confirmation)和购货确认书(Purchase Confirmation)。

销售确认书是由出口商制作的,也称为售货单(Sales Note)。它是合同的简化形式,包括商品的名称、质量、数量、包装、价格、交货条款、支付方式、运输标志、商品检验等规定。事先印制,条款通常设有索赔和仲裁等条款。购货确认书是由进口商制作的,也称为订单(Order Sheet;Indent)。

表4-2为销售确认书的格式。

表4-2 销售确认书(样式)

上海——进出口贸易有限公司

SHANGHAI ——IMP & EXP CO. LTD.

1168 BEI DI ROAD,SHANGHAL CHINA

销售确认书

SALES CONFIRMATION

编号
No. __________

日期
Date __________

页号
Page No. _____

购货人

For account of ________________

订单号码

P. O. No. __________

兹确认售予你方下列货品,其成交条款如下:

We heredy confirm having sold to you the following goods on terms and conditions as specfied below:

续表

(1) 品 名 规 格 Name of Commodity and Specification	(2) 数量 Quantity	(3) 单价 Unit Price	(4) 金额 Amount
数量和总值允许有______的增减。 合计： With __more or less in quantity and amount allowed. TOTAL：			

(5)装运期限：

Time of Shipment：____________________

(6)装运口岸：

Port of Loading：________________

(7)目的港：

Port of Destination：________________

(8)付款方式：

Payment：____________________

(9)保险：

Insurance：____________________

(10)仲裁：凡因执行本确认书所发生的或与本确认书有关的一切争议，应由双方通过友好协商解决；如果协商不能解决，应提交中国国际贸易促进委员会，对外经济贸易仲裁委员根据该会的仲裁程序暂行规则进行仲裁，仲裁是终局的，对双方都有约束力。

(11)买方须于上述规定时间内，开出本批交易的信用证（或通知售方进口许可证号码），否则，售方有权不经通知取消本确认书，或接受买方对本约未执行的全部或一部分，或对因此遭受的损失提出索赔。

(12)凡以 CIF 条件成交的业务，保额为发票的110%，投保险别以本售货确认书中所列的为限，买方如果要求增加保额或保险范围，应于装船前经售方同意，因此而增加的保险费由买方负责。

(13)品质/数量异议：凡属品质异议，买方须于货到目的口岸之日起3个月内提出：凡属数量异议，买方须于货到目的口岸之日起15天内提出：所对装货物所提任何异议属于保险公司、轮船公司、其他有关运输机构或邮递机构负责的，售方不负任何责任。

(14)本确认书内所述全部或部分商品，如因人力不可抗拒的原因以致不能履约或延迟交货，售方概不负责。

(15)买方在开始售方的信用证上请填注本确认书号码。

(16)备注：

买方____________________ 卖方____________________

Buyer ____________________ Seller ____________________

说明：(10)－(16)条款部分英语略。

在我国的纺织品进出口业务中主要采用这两种形式。合同和确认书尽管在格式上、条款项目和内容繁简上有所不同，但作为合同主体的双方一致商定的交易条件，都应完整、明确地加以订立。出口企业一般都印有固定格式的进出口合同或成交确认书，在双方达成协议后，由业务员按双方谈定的交易条件逐项填写即可。当面成交的，即由双方共同签署；通过函电往来成交的，由我方签署后，一般将正本一式两份送交国外买方签署后退回一份，以备存查，并作为履行合同的依据。经买卖双方签署的合同和确认书，都是法律上有效的文件，对买卖双方有同样的约束力。

二、协议书

在法律上协议(Agreement)是合同的同义词。因为合同本身就是当事人为了设立、变更或终止民事权利义务关系而达成的协议。书面合同若以“协议”或“协议书”为名称，只要它的内容对买卖双方的权利和义务已作了明确、具体和肯定的规定，它就与合同一样对买卖双方有约束力。在纺织服装行业中用的比较多的有经销协议、代理协议和特许经营合同。

(一)经销协议

经销协议是供货商和经销商为规定双方的权利和义务而订立的确立双方法律关系的契约。在服装贸易业务中，许多经销协议只原则性地规定双方当事人的权利、义务和一般交易条件，以后每批货物的交付依据经销协议再订立具体买卖合同，明确价格、数量、交货期以及支付方式等具体交易条件，或由供货商根据经销商发出的订单来交付货物。一般经销协议包括以下内容：

(1)当事人的名称和双方的关系。

(2)经销商品的范围。

(3)经销商品的区域。

(4)经销数量或金额。

(5)作价方法。

(6)经销期限。

(7)经销商的其他义务。

(二)代理协议

代理协议又称代理合同，是确立委托人和代理人之间权利和义务的法律文件，是委托人给予代理商代理经营产品和服务的合同。协议的内容由双方当事人按照契约自由的原则，根据双方达成的一致意见加以规定。代理协议又分为分代理协议和独家代理两种，区别在于专营权的规定。代理的种类不同，其协议的形式和内容也有区别。

1. 常见的销售代理协议的内容

(1)代理的商品和区域。

(2)代理人的权利与义务。

(3)委托人的权利与义务。

(4)佣金的支付。

除上述基本内容外，还可在协议中规定不可抗力条款、仲裁条款以及协议的期限和终止办法等条款。

2. 独家代理协议的主要内容

(1)代理商品。这是指代理人有权代理的商品名称和范围。要明确，不能笼统。如果企业出口不同的产品，在合同中要写明代理的是什么产品，不要轻易地写代理“某品牌商品”。

(2)代理专营权。委托人授予独家代理商在一定地区和一定期限内享有代理指定产品的专营权。只要在这个地区和规定时间内做成的该产品的交易，无论是否由代理商直接做成，代理商都可按成交金额提取佣金。

(3)代理权限。它规定代理商在一定地区和一定期限内行使代理权的内容。为避免越权行为的发生，应该明确规定代理商是否有权代表本方与第三方签订合同或为本方招揽订单。

(4)代理权范围。它规定了代理人享有独家代理权的地域范围。

(5)代理期限。这是指规定代理人享有独家代理权的时间范围，一般规定为一年或两年。

(6)代理商标。指定代理商品及用到的商标，委托人拥有和使用的商标全称，代理商对代理商标的宣传与保护。

(7)代理人与本人之间的关系。例如规定代理人不是本人的代表、雇员或合伙人。委托人对代理人在经营中遭受的损失，本人不负任何责任。

(8)代理数量与金额。这是规定代理商在代理期间必须完成的最低数量与金额，没有完成此指标，委托人有权撤销代理商的专营权。

(9)佣金。佣金是委托人给予代理商推销产品的报酬。此条款规定代理商的佣金率、佣金的支付方式等。

(三)特许经营合同

特许经营是指特许人(特许者)与受许人(被特许者)之间签订合同，特许人向受许人提供拥有产权的商标、商业技术、专利和经营诀窍，并为受许人提供培训，受许人则缴纳一定的费用取得使用权。国际服装经营中，一些持有品牌的公司经常使用特许经营方式开拓国外市场。在服装进出口贸易中，特许经营合同是一种主要的合同。根据国际商会的标准，特许经营合同包括十个部分：

第一部分是序言，规定合同的宗旨、受许人的法律地位、授予的各项权利、行使权利的区域、许可权的专属性、权利的期间。

第二部分是总则，规定善意履行合同、遵守国家法律、特许人的质量标准(包括受许人应该遵守的特许人提出的经营质量要求，如授予的各项权利、客户形象、商业方法、接受监督程序)、保护特许人的各项权利、不允许竞争、保密条款。

第三部分特许使用费与价格的规定，对初始费用、分期支付的规定。

第四部分是品牌、商标、专利的规定，有独家(非独家)使用权的说明，特许人对此的义务、受许人对此的义务、相互协作的规定。

第五部分是专有技术的规定，包括非独家使用权描述、特许人对此的义务、受许人对此的义务。

第六部分是协助，包括协助的说明，特许人对此的义务。

第七部分是供应产品规定，有供应的义务说明、特许人对此的义务、受许人对此的义务。

第八部分是合同的转让分包规定，特许人转让和分包公司、受许人转让和分包公司条款。

第九部分是合同的终止，包括不可抗力、提前终止、股权变化、效力四个条款。

第十部分是杂项规定，包括对部分条文无效后果的规定、合同的范围、放弃、适用法律、争议解决条款。

三、备忘录

备忘录(Memorandum)也可作为书面合同的形式之一，但在我国外贸实际工作中较少使用。如果买卖双方商定的交易条件，明确、具体地在备忘录中一一作了规定，并经双方签字，那么，这种备忘录的性质与合同无异。

四、意向书

在交易磋商尚未最后达成协议前，买卖双方为了达成某项交易，将共同争取实现的目标、设想和意愿，有时还包括初步商定的部分交易条件，记录于一份书面文件上，作为今后进一步谈判的参考和依据。这种书面文件可称之为“意向书(Letter of Intent)”。但它只是双方当事人为了达成某项协议所做出的一种意愿的表示(Expression of Intentions)，它不是法律文件，对有关当事人没有约束力。

五、订单和委托订购单

订单(Order)是指由进口商或实际买户拟制的货物订购单。委托订购单(Indent)是指由代理商或佣金商拟制的代客购买货物的购物单。有时，国外客户往往将他们拟就的订单或委托订购单寄来一份，以便我国出口企业履行交货和交单等合同义务；有的还寄来正本一式两份，要求我方签署后寄回一份。这种经磋商成交后寄来的订单或委托购物单，实际上是国外客户的购货合同或购货确认书。

六、电子合同

电子合同是指平等民事主体的自然人、法人、非法人组织之间的数据电文形式通过计算机网络设立、变更、终止民事权利义务关系的协议。电子合同的应用给全球经济贸易注入了新的活力，使得传统的“有纸贸易”的法律制度受到挑战和冲击。

(一)电子合同的形式特点

(1)电子合同的发盘和接受是通过计算机网络进行的，订立合同的双方或多方大多互不见面，在虚拟市场上运作，其信用依靠密码的辨认或认证机构的认证。

(2)电子合同的产生、修改、储存、传递等过程都是通过计算机和互联网络进行的，因此电子合同的订立过程比较敏捷、迅速和自动化。签订电子合同的当事人无须直接参与，可由计算机按预定程序自动运作。

(3)电子合同存在形式电子化、签名电子化。

(二)电子合同的法律问题

(1)发盘和接受。在普通购物中,商品标价的行为是一种发盘。在电子商务中,买方没有可见购买实物的条件,所以,在网页上发现已登载自己欲购买商品的价格、图片及价格的有效时间,应认为是发盘。只要卖方发出电子邮件,应视为接受,合同即成立。任何一方不履行合同中规定的义务,都应承担违约责任。如果卖方发布出售商品的信息不具备构成发盘的条件,应视为发盘邀请。

(2)合同是当事人意思表示一致的结果,合同当事人的意思表示是否真实一致往往是合同生效的要件之一。然而,对于全部或部分由计算机自动订立的电子合同是否是当事人真实意思的表示被人们怀疑。在电子商务中,当事人的意思表示正式通过其所编制或认可的程序得到了反映。计算机的自动处理并不妨碍当事人真实意思的体现,只不过将真实意思格式化、电子化和自动化了。所以,通过电子商务系统订立的电子合同,当事人不能以非其真实意思表示为由,对合同成立的效力提出抗辩。

(3)电子合同成立的时间和地点。合同成立的时间和地点对于合同的当事人具有重大的现实意义。合同成立的时间决定合同效力的起始与法律关系的确立,是当事人开始合同内容约束的标志。合同成立的地点则是确定合同的司法管辖和法律适用的重要决定因素之一。

第二节　接单流程

在纺织服装贸易中,外贸跟单员与客户的交易磋商过程即为接单的过程。因此,跟单员要熟悉接单的基本程序,掌握要达成一项交易所必须经过的环节。

通常情况下,纺织服装贸易的磋商是一项充满灵活性的工作,没有固定的模式,但从基本的程序来看,交易磋商一般包括询盘、发盘、还盘和接受四个环节,其中发盘和接受是每笔交易必不可少的两个基本环节,是达成交易和合同成立的决定性环节和必经法律步骤。交易磋商是合同的依据,合同是磋商的结果。交易磋商决定交易的成败和合同质量的高低,直接关系到纺织服装企业的经济效益。

一、询盘

(一)询盘的含义

询盘(Inquiry),又称询价,是指进出口一方向另一方发出的询求购买或销售该产品交易条件的表示。在法律上询价是邀请另一方提出要约,无法律约束力,因而被称为"要约邀请(Invitation for Offer)"。进口商询价后无购买货物的义务,出口商询价后无出售货物的责任。但是在交易习惯上,应该避免出现只询价不购买或不售货的现象。

询盘的内容涉及价格、规格、品质、数量、包装、装运以及索取样品等,而多数询盘只是询问价格。询盘从发出人的地位不同,可分为"邀请发盘(Invitation to Make An Offer)"(买方发出询盘)和"邀请递盘(Invitation to Make A Bid)"(卖方发出询盘)两种。

在国际贸易业务中,发出询盘的一方称询盘人,收到询盘的一方为被询盘人。询盘只是邀请对方发盘的一种意思表示,因此对询盘人和被询盘人均无法律上的约束力。询盘并非交易的必经步骤,也不一定是为了达成交易。在某些特定情况下,买方可能直接收到卖方的发盘或直接向卖方发盘。但一般来说,询盘往往是一笔交易的起点。

(二)询盘阶段应注意的问题

(1)询盘对象的多少要根据商品和交易的特点来确定,既不宜只局限于个别客户而无法进行比较,也不宜在同一地区多头询盘,影响市场价格。同时,对外询盘的时间不要过于集中,以免给对方留下急于交易的印象,使得在后面的磋商环节中处于不利地位。

(2)在布置询盘时,要注意策略。一般来说,询盘的内容既要为客户报盘提供充分的信息,又要防止过早透露采购数量、价格等意图,以防被客户摸清自己的底价,对自己不利。对于采用书面方式做出的询盘,还应注明编号以加速国外复电、复函的传递,并力求详细说明应报商品品种、规格、型号、技术要求,以免商品不符合要求。

(3)对接到的询盘应予以重视,并做出及时和适当的处理。每一个询盘都意味着一个可能带来长期合作关系的机会。作为被询盘的一方,应对接到的询盘及时予以回复,即使无法立即报价,也应该及时告知询盘人,以表示对对方的尊重,并显示自己的效率与诚意。

(4)询盘虽然对双方无法律上的约束力,即询盘发出后,买卖双方没有必须购买或出售货物的义务,但在实际业务中也要避免做没有诚意的询盘,以防影响到企业的声誉。此外,由于交易的达成是双方在询盘的基础上多次磋商的结果,因此若履约时双方发生争议,原询盘的内容也会作为磋商成交文件的不可分割部分而成为处理争议的依据。

(5)出口商应对进口商的资信状况、财力以及对方国家的进口障碍等做充分的调查,进而根据调查结果决定是否询盘或接受来自进口商的询盘,与对方开展贸易往来。

二、发盘

(一)发盘的含义

发盘(Offer),又称报盘、报价、发价、要约,是指交易的一方向另一方提出一定交易条件,并愿意按照提出的交易条件达成买卖该项货物的交易,签订合同的一种口头或书面的表示。《联合国国际货物销售合同公约》(以下简称《公约》)第14条对发盘的定义为:“向一个或一个以上特定的人提出的订立合同的建议,如果十分确定并且表明发盘人在得到接受时承受约束的意旨,即构成发盘。一个建议如果写明货物并且明示或暗示地规定数量和价格或规定如何确定数量和价格,即为十分确定。”

在实际进出口交易中,发盘多是由卖方在收到买方的询盘后做出的,也可由卖方未经买方询盘而主动发出,这种由卖方做出的发盘称为售货发盘(Selling Offer)。

例如:We have received your fax of July 15th, inquiring for..., and take pleasure to offer as follows: ...

我方已收到贵方7月15日发来的询问……商品的传真,我方现报盘如下……

买方也可以在收到卖方的邀请后做出发盘,或不经卖方邀请而直接发盘,这种由买方向卖方做出的发盘称为购货发盘(Buying Offer)或递盘(Bid)。

例如:Our clients have carefully tested the samples sent to us on 8 April and are much interested. Now bid as follows: ...

我方客户已详细测试了你方4月8日寄送的样品,很感兴趣,现递盘如下:……

发盘对发盘人具有法律约束力,表现为发盘一经受盘人有效接受,合同即告成立,当事人双方即受到法律的约束。

(二)构成有效发盘应具备的条件

根据《公约》的定义,可以看出一项发盘的构成必须具备下列四个条件。

1. 向一个或一个以上的特定人发出 发盘人在发盘时必须指明收受该项发盘的公司、企业或个人的名称或姓名。这项规定的目的是把刊载普通商业广告或向广大公众散发商品目录(Catalogues)、价目表(Price List)等行为与发盘区别开来。

2. 发盘的内容必须十分确定 所谓十分确定(Sufficiently Definite),是指必须符合《公约》所提出的最低限度的要求。《公约》认为,一项关于订立合同的建议如果包含了以下三项内容,即符合"十分确定"的要求:

(1)应当载明货物的名称。

(2)明示(Expressed)或默示(Implied)地规定货物的数量或规定如何确定数量的方法。

(3)明示或默示地规定货物的价格或规定如何确定价格的方法。

3. 发盘人须有当其发盘被接受时而受约束的表示 我国外贸公司在业务中所发出的"实盘"(Firm Offer),是完全符合《公约》关于发盘的要求的,因为我国外贸公司发出的实盘一旦被对方接受,合同即告成立。但是,"虚盘"则不符合《公约》关于发盘的要求,因为"虚盘"一般都附有保留条件,表明发盘人在发出"虚盘"时并无受约束的意思。

4. 发盘在送达受盘人时生效 《公约》第15条第1款规定:"发盘于送达受发盘人时生效。"

(三)发盘阶段应注意的问题

1. 发盘的有效期 发盘的有效期是指可供受盘人对发盘做出接受的期限,也是发盘人承受约束的期限。虽然明确规定发盘的有效期并不是构成发盘必不可少的条件,但是为了避免损失和纠纷,在对外发盘时,还是明确规定发盘的有效期为宜。在确定有效期限时,要考虑商品的特点、市场状况、交易金额等因素。对大宗的、价格波动频繁的市场敏感性商品,发盘有效期不宜过长,以免造成不必要的损失。

2. 发盘的撤回与撤销 发盘的撤回(Withdrawal)与撤销(Revocability)是两个不同的概念。发盘的撤回是指发盘人在发出发盘之后,在其尚未到达受发盘人之前,即在发盘尚未生效之前,将该项发盘收回,使其不发生效力。而发盘的撤销则是指发盘人在其发盘已经到达受发盘人之后,即在其发盘已经生效之后,将该项发盘取消,从而使发盘失去效力。

3. 发盘的终止或失效 按照《公约》的规定,发盘在以下几种情况发生时失效:

(1)发盘因受盘人拒绝、还盘或提出修改建议而终止。

(2)发盘因发盘人撤回或撤销而终止。

(3)发盘因所规定的接受届满或“合理期限”已过而自然终止。

三、还盘

(一)还盘的含义

还盘(Counter-Offer),是指受盘人收到发盘之后,对发盘的内容不同意或不完全接受,向发盘人提出修改建议或新的限制性条件的口头或书面表示。一笔交易可以不经过还盘达成,此时,发盘直接被对方所接受,还盘因而成为交易磋商中的一个非必经环节。但多数情况下,进出口交易都要经过往返多次的还盘(再还盘)才能达成。在交易洽商中,还盘具有以下性质:还盘是对原发盘的拒绝,是一项新的发盘,因此,原发盘即行失效;还盘是有约束力的新的发盘。

(二)还盘阶段应注意的问题

(1)还盘的做出应以全面的分析和比价为基础。

(2)还盘要在交易双方互利互让的基础上最终实现“双赢”。

(3)一个成功的还盘,既要能够维护自身的利益,又要能使对方做出接受的决定。

四、接受

(一)接受的含义

接受,又称承诺(Acceptance),是指受盘人在发盘有效期之内同意发盘的全部内容,并愿意签订合同的一种口头或书面的表示,在法律中被称为“承诺”。《公约》第 18 条第 1 款对接受的定义是:“受盘人声明或做出其他行为表示同意一项发盘,即为接受。缄默或不行动本身不等于接受。”

(二)构成有效接受应具备的条件

1. 接受必须是被受盘人做出　一般说来,一项发盘都明确规定了受盘人,即一个或一个以上特定的人,只有他们表示接受才可以达成交易。除此之外,任何第三人表示接受,均无法律效力。

2. 接受的必须是发盘内容或与发盘内容完全相符　原则上说,当接受中含有对发盘内容的增加、限制或修改,接受均不能成立。但是,为了促进交易达成和发展国际贸易,《公约》对此做了变通,第 19 条明确规定了以下几点:

(1)发盘表示接受但载有添加、限制或其他更改的答复,即为拒绝该项发盘,并构成还盘。

(2)但是,对发盘表示接受但载有添加或不同条件的答复,如所载的添加或不同条件在实质上并不变更该项发盘的条件,除发盘人在不过分迟延的期间内以口头或书面通知反对其间的差异外,仍构成接受。如果发盘人不做出这种反对,合同的条件就以该项发盘的条件以及接受通知内所载的更改为准。

(3)有关货物价格、付款、货物质量和数量、交货地点和时间,一方当事人对另一方当事人的赔偿责任范围或解决争端等的添加或不同条件,均视为在实质上变更发盘的条件。

因此,应将还盘与肯定接受前提下的“请求(Request)”区分开来。还盘是指对发盘提出了新的附加条件，是对发盘的拒绝，如果发盘人不接受附加条件，就不能达成交易。而请求则不然，无论发盘人同意与否，都不影响交易的达成。

3. 接受必须在一项发盘的有效期限之内或一段合理的时间内做出 当接受通知超过发盘规定的有效期限或发盘尚未具体规定有效期限而超过合理时间才传达到发盘人，则称为逾期接受(Late Acceptance)。逾期接受在一般情况下，不能视作法律上有效的接受，而是一项新的发盘。但是《公约》为了促成交易的进行，对此做了变通：

(1)逾期接受仍有接受的效力，如果发盘人毫不迟延地用口头或书面将此种意见通知被发盘人。

(2)如果载有逾期接受的信件或其他书面文件表明，它是在传递正常，能及时送达发盘人的情况下寄发的，则该项逾期接受具有接受的效力，除非发盘人毫不迟延地用口头或书面通知受盘人：他认为他的发盘已经失效。

4. 接受必须由受盘人采用声明或做出实际行动来表示，并且在传达给发盘人时生效 在《公约》18 条第 2 款规定："接受发盘于表示同意的通知送达发盘人时生效。"第 3 款又规定："如果根据该项发盘或按照当事人之间确立的习惯做法或惯例，被发盘人可以做出某种行为。例如：与发运货物或支付价款有关的行为来表示同意，而无须向发盘人发出通知，则接受于该项行为做出时生效。"

(三)接受阶段应注意的问题

1. 接受的形式 国际货物买卖中，如果认为国外来盘或还盘后的各项交易条件较为合理，就要及时向对方表示接受，以免错过了发盘的有效期。同时，由于我国对《公约》承认合同可用书面以外形式订立的规定声明保留，因此我国外贸企业在实际业务中，应以书面通知的形式表示对发盘的接受。

2. 接受的生效 法律的一般要求是，接受必须在发盘的有效期内被传达到发出人方能生效。在用电话、电传或电子邮件做出接受表示时，接受可立即被传达到对方，因而当场立即生效。在用信件或电报方式表示接受时，由于接受的表示不能立即传达到发盘人，产生了各国关于接受应于何时生效的不同解释。英美法系的国家采用"投邮生效"原则，即当信件投邮或电报交发，接受即告生效。大陆法系的国家则采用"到达生效"原则，即表示接受的函电必须在发盘有效期内到达发盘人，接受才生效。《公约》采用"到达生效"原则，其第 18 条第 2 款规定，接受于到达发盘人时生效。我国《中华人民共和国合同法》也有类似规定。

3. 接受的撤回和撤销 根据《公约》与我国《中华人民共和国合同法》规定，接受可以撤回。但是，撤回接受的通知应当在接受通知到达发盘人之前或者与接受通知同时到达发盘人。因此，如果买方在发出接受通知后发现价格或其他交易条件对自己不利，为避免损失，接受人可以采用先于接受到达的方式，阻止接受生效，将接受撤回。一旦接受通知送达发盘人，接受就不得撤销。因为接受的通知一经到达发盘人，接受即生效，双方的合同关系即告成立。根据法律规定，依法成立的合同，对当事人具有法律约束力，当事人应当按照约定履行自己的义务，不得擅自变更或者解除合同。因此，如果撤销接受，在实质上就属于毁约行为。

第三节　审　单

审单就是审合同。合同作为买卖双方日后履约的重要依据,其重要性不言而喻。因此,外贸跟单员在与客户签约时一定要重点关注并严格审查合同中的重点条款,如货物的名称、品质规格、数量、价格、交货条件、付款方式、包装要求、保险、商品检验以及违约事项等条款。

一、审查货物品名

在对外贸易中,买卖双方商定合同时,必须列明货物名称。货物品名是订单中不可缺少的一项主要交易条件。对外贸易货物买卖合同中的品名条款并无统一的格式,通常都在“货物名称”或“品名”的标题下,列明交易双方成交货物的名称,也可不加标题,只在合同的开头部分列明交易双方同意买卖某种货物的语句。

货物的品名规定取决于成交货物的品种和特点。就一般货物来说,有时只要列明货物的名称即可;但有的货物,往往具有不同的品种、等级和型号。因此,为了明确起见,也可以把有关具体品种、等级或型号的概括性描述包括进去,作为进一步的限定。此外,有的甚至把货物的品质规格包括进去,这实际是把品名条款与品质条款合并在一起,外贸跟单员在审查货物的品名条款时,应注意以下事项:

(1)内容是否明确、具体,避免空泛、笼统的规定。例如:一般情况下,机织面料的名称用“材料 + 名称”的方式表示,机织面料有许多传统的名称,如府绸(poplin)、真丝斜纹绸(silk twill)、纯毛华达呢(pure wool gabardine)、电力纺(habotai)、真丝绉(silk crepe)、牛津布(oxford)、平绒(velours panne)、凡立丁(valitin)、灯芯绒(corduroy)、驼丝锦(doeskin)、泡泡纱(seersucker)、啥味呢(twill coating)等。在进出口交易中,尤其是在进口服装面料时,应尽可能地引用生产商的货号,如 Cotton Pooling Art. No. 1234。如果进出口双方对于这个货号下面料某些规格指标的含义具有共识,那么引用了货号后这些规格指标可以不再描述。

(2)货物品名应是企业能够生产并供应且是买方所需要的商品,凡做不到或不必要的描述性的词句都不应列入。

(3)货物应使用国际上通用的名称。若使用地方性的名称,交易双方应事先就其含义达成共识;某些新商品的定名及其译名应准确、易懂,并符合国际上的习惯称呼。

(4)是否选用了合适的品名,以便降低关税、方便进出口和节省运费开支。

二、审查货物的品质规格

商品品质(Quality of Goods)是商品的内在质量和外观形态的综合。内在质量指商品的化学成分、物理机械性能、生物学特征等内在素质;外观形态则指商品的造型、结构、色泽、款式以及味道等技术指标或要求。有些商品的品质通过肉眼观察就可以进行鉴定;有些商品除肉眼观察外,还要辅以触、嗅或尝等方式,才能比较全面地鉴定其品质;而国际货物贸易中的大多数商品，则须通过仪器检验来鉴定其内在品质。商品品质的鉴定结果表现为各种规格指标，对商品的市场价格和销路都会产生重大影响。因此，买卖双方在商定合同时应该就品质条款做出明确的规定，同时这也是外贸跟单员审单的重要条款。

（一）货物品质规格的表示

品质可以实物或文字说明来表示。

1. 实物表示 在纺织品外贸中，以实物表示商品的品质时，大多采取凭样品买卖（Sale by Sample）的方式。此时一定要注意是卖方样品、买方样品还是对等样品。如果是凭卖方样品买卖（Sale by Seller's Sample），日后，卖方所交整批货的品质必须与其提供的样品相同；如果是凭买方样品买卖（Sale by Buyer's Sample），卖方必须充分考虑服装面料、辅料以及加工技术等方面是否能够达到买方的要求。

对于样品，一般要分为三份，买卖双方各执一份，另一份送呈合同规定的商检机构或其他公正机构保存，以备买卖双方发生争议时作为核对品质之用。

2. 文字说明表示 当以文字说明表示纺织品的品质时，可以采取以下几种方法：

（1）凭规格买卖（Sale by Specification）。商品的规格是指一些反映商品品质的主要指标，如成分、含量、纯度、性能、容量、尺寸、重量、色泽等。商品不同，用以说明商品品质的指标也不相同。例如，出口纺织品服装时说明面料的材料组成、成分含量、号型、规格尺寸等。用规格来确定商品品质的方法称为凭规格买卖。一般来说，凭规格买卖比较方便、准确，还可根据商品的不同用途予以调整，故这种方法在国际贸易中广为运用。

（2）凭标准买卖（Sale by Standard）。商品的标准是指政府机关或商业团体统一制定和公布的标准化了的品质指标。根据制定者的不同，分为企业标准、商业团体标准、国家标准、区域标准、国际标准。例如中华人民共和国国家标准（服装号型标准、衬衫标准、西服标准等），中华人民共和国纺织行业标准（服装成品出厂检验规则、服装人体测量的部位和方法）等。

国际贸易中采用的各种标准，有的是强制性的，即不符合标准品质的不许进口或出口；有的是非强制性的，由买卖双方决定采用与否。

随着生产技术的发展，各种标准会有所修改和变动，因此不同的年份和版本标准的内容也不尽相同。在采用凭标准买卖时一定要注明其标准的年份和版本，以避免采用的标准出现误差而引起争议的发生。

随着纺织品服装商品品质的国际化，国际标准化组织（ISO）的标准被越来越多的国家采用。我国的许多纺织服装企业为了充分参与国际竞争，也采用国际标准化组织制定的质量管理和质量保证标准、国际环境管理标准，即 ISO 9000《质量管理和质量保证》系列国际标准和 ISO 14000《国际环境管理体系》系列国家标准。

例如，在进口服装面料时，确定织物的理化指标如缩水率（Shrinkage）、色牢度（Color Fastness）、某些有害物质的含量（甲醛、偶氮染料）等时应注意，进出口贸易双方必须对指标有统一的检验标准，达成共识并加以确定。

（3）凭说明书和图样买卖（Sale by Descriptions and Illustrations）。在国际贸易中，有些商

品如纺织机器、电器和仪表等,因其结构和性能复杂,难以用几个简单的指标来说明其品质全貌,通常是以说明书、图样、照片、图纸等来说明商品的构造、规格、性能、使用方法及包装条件等。按此方式进行的交易,称为凭说明书和图样买卖。

(4)凭商标或牌号买卖(Sale by Trade Mark or Brand Name)。商标是指一个企业为了使自己所生产或销售的商品同其他企业所生产或销售的商品相区别而在其商品或商品包装上制作的一种标志。牌号是指企业给其制造或销售的商品所冠的名称,以便与其他企业的同类产品区别开来。商标或牌号的作用就在于帮助购买者识别产品,以便树立产品的声誉。凭商标或牌号买卖,就是以商标或牌号来确定商品的品质。

凭商标或牌号买卖通常是凭卖方商标或牌号。但有时在买方熟知卖方所提供的商品品质的情况下,常常要求在卖方的商品或包装上使用买方指定的商标或牌号,即定牌。目前,纺织行业中定牌应用较多。使用定牌,卖方可以利用买方的产品声誉以及经营能力,提高商品售价并扩大销量。但对于服装产品,同一商标和牌号中又包含很多的款式和规格,所以在凭商标买卖时还需要标明其他规格指标。

(5)凭产地名称买卖(Sale by Name of Origin)。在国际货物买卖中,有些商品,如棉花,因产地的自然条件、传统加工工艺等因素的影响,在品质方面具有其他地区产品所不具有的独特风格或特色,在国际市场上有一定声誉,对这些产品,可用产地名称来表示商品的品质。

总之,不论采取那种方法表示纺织品的品质,一般都要写明商品的名称、货号、规格或等级、标准、商标或牌号、产地名称等。特别是当凭样品买卖时,应列明样品的编号和提供的日期;凭标准买卖时,应列明所引用标准的制定者、编号、版本和年份。必要时,对某些商品还可规定一定的品质公差和品质机动幅度。例如对于成品的纯棉长袖衬衫,其袖长可以有±1.2cm的偏差;出口棉布,每匹可以有0.1m的误差,可以这样规定其长度公差:Length Tolerance:36.6±0.1m。又如GB/T 2660—1999国家标准规定衬衫中的成品释放甲醛含量:成人棉衣≤150mg/kg,儿童棉衣≤100 mg/kg等;出口羽绒服的合同中,含绒量可以这样规定:Quality:Grey duck feather,Down content 18%,1% more or less(灰鸭毛,含绒量18%±1%)。同时,对于品质机动幅度内的品质差异应该有品质增减价条款。例如,在合同的品质条款中规定,“若实际交货品质低于合同规定的1%,扣价1%;低于合同规定的1%~2%,扣价3%”,这样可以达到促使卖方按合同规定品质交货的目的;又如,在服装买卖合同的品质条款中规定,“优等品数±1%,价格±1%”。

(二)跟单员在审查品质条款时应注意的问题

1. 品质条款的用词须简单、具体、明确 应避免使用“大约”、“左右”、“合理误差”等含糊笼统的字眼,也不能使用绝对化的词句。

2. 应注意品质条款各项指标之间的相互关系 要做到相互一致,避免矛盾和脱节。

3. 慎用两种不同的方法表示商品品质 如果在合同的品质条款中已规定了表示商品品质的具体规格,同时又向买方提供了样品(包括在交易磋商过程中提供的样品),则此时必须明确以什么作为买方检验货物品质的最终依据。如果以规格为准,就应在合同中注明“样品仅供参考”,否则买方可以认为这是既凭样品又凭规格的买卖。按英国《1893 年货物买卖法》的规定,此时卖方所交货物的品质除与规格相符外,还应与样品相符。

但是,在实际业务中,并不是绝对不可以用两种方法表示商品的品质。但这时一般是用一种方法表示商品的某一方面的品质特征,而用另一种方法表示商品其他方面的品质特征。例如:服装分类没有统一的规范,服装进出口贸易中的品质要求包括文字叙述和实物标样。文字叙述中,除了一般较为熟悉的服装统称外,还常常会根据穿着部位(上装、下装、内衣等)、穿着功能(如晚礼服、睡衣、运动装等)的分类进行描述,有时也将面料的材料、结构、颜色等作为定语,指明服装的总体特征。

例如:A black cashmere overcoat(一件黑色开司米大衣,即羊绒大衣),A twill jacket of polyester/wool(一件毛涤斜纹布夹克)等。

在布匹交易中,可以用样品表示其颜色,而用规格表示线密度、幅宽、含棉量等。这样,在表示商品品质时,便不会遇到标准的双重性问题了。

4. 应注意品质条款的科学性和灵活性 首先,对品质条款的规定要适度,不宜规定得过高或过低;其次,要求根据交易的目的、交易标的物的用途合理选择足以说明商品内在品质的重要指标做出规定;最后,还要注意对品质条款不能规定得过死。为了避免卖方交货品质与合同稍有不符即构成违约,在制成品交易中可以在合同中加订品质公差条款,而在其他产品、特别是农副产品的交易中,则在合同中加订品质机动幅度并辅之以品质增减价条款。

三、审查货物的数量

在纺织品服装贸易中,数量条款也是合同中的主要条款,它约定了买卖双方所交易的商品数量。而交易商品数量的多少,直接关系到商品成交总价值的大小,涉及买卖双方的利益。所以,外贸跟单员首先要审查自己企业是否能生产和提供合同中规定的货物数量,其次要审查合同中数量条款的规定是否合理。

货物买卖合同中的数量条款包括数量和计量单位两部分内容。

(一)纺织品数量的计量

在纺织品国际贸易中,由于商品种类和特性的不同,计量方法和计量单位也多种多样。常见的有:

1. 按重量(Weight)计量 按重量计量是当今国际贸易中广为使用的一种,许多农副产品、矿产品和初级产品,都按重量计量,如纺织原料中的棉花、羊毛、涤纶等。

2. 按数量(Number)计量 大多数工业制成品,如服装、玩具、鞋帽等,习惯于以数量单位计量。

3. 按长度(Length)计量 在丝绸、布匹等商品的交易中,通常采用长度单位来计量。

4. 按面积(Area)计量 在地毯、皮革等商品的交易中,一般习惯于按面积计量。

5. 按体积(Volume)计量 按体积成交的商品多用于木材、天然气和化学气体等交易。

6. 按容积(Capacity)计量 各类谷物和液体商品,往往按容积计量。

常用计量单位见表4-3。

表4-3 常用计量单位

计量方法	计量单位
按重量计量	公吨(metric ton)、长吨(long ton)、短吨(short ton)、千克(kilogram)、磅(pound)、盎司(ounce)、克(gram)、克拉(carat)
按数量计量	件(piece)、双(pair)、套(set)、打(dozen)、卷(roll)、令(ream)、罗(gross)、袋(bag)、包(bale)、部(unit)、箱(case)、张(plate)
按长度计量	米(meter)、英尺(foot)、码(yard)、英寸(inch)
按面积计量	平方米(square meter)、平方英尺(square foot)、平方码(square yard)
按体积计量	立方米(cubic meter)、立方英尺(cubic foot)、立方码(cubic yard)
按容积计量	蒲式耳(bushel)、立方米(liter)、加仑(gallon)

(二)纺织品重量的计量

在纺织贸易中,按重量计量的商品很多。根据一般商业习惯,重量的计算方法有下列几种:

1. 按毛重(Gross Weight, G. W.)计算 毛重是指商品本身的重量加包装物的重量。这种计重办法一般适用于低值商品。

2. 按净重(Net Weight, N. W.)计算 净重是指商品本身的重量,即毛重减去包装物后的商品实际重量。在国际贸易中,以重量计算的商品,大部分都是按照净重计算的。不过,有些价值较低的商品有时也采用“以毛作净(Gross for Net)”的办法计重。所谓“以毛作净”,实际上就是以毛重当作净重计价。

3. 按公量(Conditioned Weight)计算 公量是指用科学的方法抽去商品中的水分,再加上标准水分所求得的重量。有些商品,如棉花、羊毛、生丝等有较强的吸湿性,其所含的水分受客观环境的影响较大,故其重量很不稳定。为了准确计算这类商品的重量,国际上通常采用按公量计算的办法。其计算公式如下:

$$
\begin{aligned}
\text{公量} &= \text{干重} + \text{标准含水量} \\
&= \text{干重} \times (1 + \text{标准回潮率}) \\
&= \text{实际重量}(1 + \text{标准回潮率}) / (1 + \text{实际回潮率})
\end{aligned}
$$

其中:实际回潮率 = 实际含水量/干量。

(三)审查数量条款时应注意的问题

1. 进出口商品的数量要合理 卖方在出口业务中要适度把握出口商品的数量。如果出口商品的数量偏少,就会造成出口国商品在世界市场的占有率偏低;而如果出口商品数量过大,则一方面要考虑企业自身的生产能力,另一方面也要考虑出口商品对国际市场价格的影响,以免给出口商与出口国带来损失。另外,决定出口商品的数量还要考虑国外客户的情况,应尽量使出口商品数量与国外客户的经营能力与经营作风相适应,以使我国出口商品在国外市场保持经常、稳定的销售。

买方在进口业务中，主要根据我国市场上的实际需求与外汇支付能力确定进口商品的数量。另外，进口方也应考虑进口商品国际市场行情的变化趋势，以防进口数量巨大的商品价格在未来下跌，给自己造成无形的价格损失。

2. 进出口商品数量的规定应明确、具体 尽量在商品的数量条款中对商品的数量、计量单位做出明确的规定，在按重量成交的交易中还要具体说明计算重量的具体方法。在措辞上避免用"大约"、"左右"等含混的词汇说明商品的数量，以免买卖双方在合同执行的过程中对此产生争议。

3. 必要时可以合理规定数量机动幅度 由于商品本身的特征以及生产、运输、船舶舱位等原因，有时卖方很难准确地按合同规定的数量交货。为避免买卖双方因微小的数量问题发生争议，影响合同的顺利履行，双方当事人对这类商品须在数量条款中规定一定的数量机动幅度。

数量机动幅度是在合同中规定的、卖方所交货物的实际数量可以多于或少于合同中规定数量的幅度。数量机动幅度一般有两种规定方式：

(1)在合同的数量条款中的具体数量之前加"约"字，以此来表示卖方交货的数量可以有一定的灵活性。

例如，" Quantity:1,000,000 yards about(数量:大约1000000码)"。但应该注意的是，不同国家、不同行业对"约"字的含义有不同的解释。如有的解释为2%，有的解释为5%，而《跟单信用证统一惯例》(国际商会600号出版物)则规定，如果信用证上商品的数量前有"约"字，则应解释为允许有不超过10%的增减幅度。因此，这种采用"约数"的方式在具体执行时，买卖双方容易因解释上的差异而产生纠纷。我国进出口合同中应尽量避免采用这种方式来规定数量机动幅度，即使采用，买卖双方也须就这种约量的含义做出书面说明。

(2)在合同中规定具体卖方交货数量的差异幅度，表现为合同数量条款下的溢短装条款(More or Less Clause)。

例如：Quantity:100 metric tons with 2% more or less at Seller's option, such excess or deficiency to be settled at contracted price.(数量:100公吨,2%增减幅度由卖方决定,多交或少交部分按合同价格计算。)

从以上条款可以看出，完整的溢短装条款由三部分内容组成：其一为机动幅度，即允许多交或少交货物的百分比，如上例中的"2% more or less"；其二为选择权，即约定何方有权决定多交或少交，如上例中就规定"at seller's option"；其三为超过或不足部分的计价方法，如在上例中所规定的"to be settled at contracted price"。

在溢短装条款中，可以根据不同的具体情况规定选择权，决定由买方还是由卖方或船方选择多交或少交货物。通常情况下，由履行交货义务的一方，即卖方选择的比较多见；但当交货多少涉及载货船的舱容问题时，交货的机动幅度一般由负责安排运输的一方选择或是直接由船长根据货物装载情况做出选择。在我国的进出口业务中，凡由我方派船的交易，都要争取由我方决定多装或少装；凡由对方派船的交易，根据具体情况，可以由我方或对方决定溢装或短装。

关于多交或少交部分货物的计价问题,比较常见的做法是只要数量的差异还在溢短装条款规定的机动幅度的范围内,多交或少交部分的货物都按合同价格计算。但是,数量上的溢短装在一定条件下关系到买卖双方的利益。如果双方成交量较大、商品的市场价格波动又比较频繁,若对多交或少交部分仍按合同价格计价,有选择权的一方就可以根据交货时市场价格的变化做出对自己有利的选择,损害另一方的利益。例如,若交货时市场价格下跌,则卖方愿意多交而买方希望卖方少交。因此,为防止有权选择多交或少交的一方利用市场行情的变化而取得额外利益,有时也规定超过或不足部分以装船日或到货日的国际市场价格结算。

但是,在服装出口合同的数量条款中,一般较少使用"溢短装条款",也较少使用"about"之类的约量。而服装由于质量问题在检验中被剔除是难免的,因此卖方应订购合理数量的面辅料,避免出现服装交货数量少于买方订购量而发生的违约现象。此时,如果买方用信用证支付,卖方提出"允许分批装运"(partial shipment is allowed)是非常必要的。

四、审查货物的价格

纺织贸易中商品的价格不仅直接关系到买卖双方的经济利益,而且与其他各项交易条件密切相关,因此,价格条款也是外贸跟单员重点审查的内容。

首先,外贸跟单员要审查商品价格是否合理。在国际市场上,影响纺织品价格的因素很多,而且千变万化。因此,对纺织品、服装定价时,要充分掌握纺织品市场价格的变化趋势,合理采用各种作价方法,选择有利的计价货币,适当运用佣金和折扣。审单时要明确商品的成交价格是否过高或过低,是固定价格还是非固定价格,有没有价格调整条款,价格中是否包含佣金和折扣,采用的币种、计价单位各是什么等。

其次,要审查价格术语的选择是否恰当。在国际贸易中,纺织品的价格往往表现为单价,由计价货币、单位价格金额、计量单位和贸易术语四部分组成,与国内贸易中价格条款的形式和内容有较大的区别。比如:某纺织品进出口公司出口一批面料,合同中的价格条款如下:USD 3.5 per yard FOB SHANGHAI。其中各项分别代表计价货币(USD)、单位价格金额(3.5)、计量单位(per yard)和贸易术语(FOB SHANGHAI)。不同的价格术语表示的价格构成因素不同,各自承担的责任和费用也有所不同。对此,跟单员一定要仔细审查。

最后,跟单员要了解不同贸易术语之间的换算关系。特别是在对外洽谈的过程中,当一方按一种贸易术语报价时,而另一方要求改报其他术语所表示的价格时,跟单员一定要熟悉各种贸易术语价格的构成因素以及各种因素当前的价格水平。

五、审查交货条件

交货期是标志卖方按期履约的一个重要指标。因此,外贸跟单员要审查交货时间和期限是否合理。主要审查以下几方面的内容:

(1)卖方能否在规定的时间内完成货物的生产和装运。

(2)装运条款的制订是否明确并且合理。对于交货期的规定方法主要有三种:具体规定装运期限；规定在收到信用证后若干天装运；采用笼统的方法规定。而第三种方法由于各国对其解释不一，容易造成分歧，一般不采用。

（3）审查装运港（地）、目的港（地）、分批或转运等内容是否明确。

（4）审查交货方式是否适合商品本身的特性，是否满足快速、经济、合理的要求。

六、审查付款方式

外贸跟单员应主要审查客户所提出的付款方式是否能尽可能地保证货款的顺利（安全、及时）收回、企业是否可以接受。如果接到企业不能接受的付款方式，应尽快与客户联系，并协商确定出企业可以接受的付款方式。在支付条款中要明确规定结算方式，是汇付、托收、信用证还是某几种的结合方式等。对于企业来讲，最有利的方式为不可撤销信用证方式。

七、审查货物的包装要求

在纺织品国际贸易中，除少数商品难以包装、不值得包装或根本没包装的必要而采取裸装（Nude Pack）或散装（In Bulk）的方式外，绝大多数商品都需要有适当的包装。在国际货物买卖中，包装是说明货物的重要组成部分，包装条款是买卖合同中的一项主要条款。因此，外贸跟单员一方面要审查客户的包装要求是否合理，企业能否满足客户的要求，另一方面也要审查合同中包装条款的制订是否合理。

根据包装在流通过程中所起作用不同，可分为运输包装（外包装）和销售包装（内包装）两种类型。前者的主要作用在于保护商品和防止出现货损货差；后者除起保护商品的作用外，还有促销功能。

（一）包装条款

包装条款一般包括包装材料、包装方式、包装标志和包装费用的负担等内容。

1. 包装材料的选择 在纺织品服装进出口中，根据不同的商品、不同的运输方式，可选用不同的包装材料。主要包装材料和容器有如下几种：

（1）纸箱。主要用于包装服装和纺织复制品，如被单、枕套、装饰品、床罩等。纸箱的大小是有标准的。标准纸箱的底面积的长和宽的大小为 600mm × 400 mm。有时商品很小或很大，使用标准纸箱不方便，可以使用小号纸箱或大号纸箱。小号纸箱的底面积应是标准纸箱底面积的约数。如长和宽大小为 300 mm × 400mm 等。大号纸箱的底面积应是标准纸箱的倍数，如 600 mm × 800 mm 等。这种规定是为了货物运输时可整齐堆码，便于集装箱运输。

（2）机织布。包装用的机织布包括原色布、麻布或漂布，主要用来包装纺织成品布和半成品及原料，如纱线、毛条、化纤、羊绒等。因为机织布长度可根据要求而制，且方便印刷，故应用比较广泛。

（3）塑料布和塑料纸。机织布易吸潮污染，用塑料作衬垫可防水防污。包装用的塑料大多为聚氯乙烯。这种塑料牢度较好且不易燃烧。塑料布和塑料纸用于包覆坯布、机织布、针织布、毛条、纱线和纺织原料。在包覆商品时经常和纸箱、机织布共用。

(4)编织袋。编织袋用聚丙烯纤维制成,它的承压承拉的强度高,主要用于包装大件商品。

2. 包装方式

(1)压缩包装。纺织原料、半成品的运输包装一般都采用压缩包装。传统的压缩包装是采用机械加压包装的。机械加压包装对纺织原料非常合适,但不适合于成品。因为用机械压缩包装会产生折痕。成品包装需压缩时常采用真空包装。真空包装压缩程度较高,包装后无明显折痕,但真空包装需要的材料价格比较高。

(2)防水、防霉、防老化包装。

①防水包装。使用塑料和塑料纸,或者使用纸箱密封,部分防水。防水包装可以减少纺织品服装生霉、虫蛀的发生和蔓延。

②防霉包装。在包装物中放入防霉化学品可以防止货物霉变,有利于纺织品和服装的保存。

③防老化包装。对人造合成材料制造的纺织原料、服装及纺织复制品要防止老化。这些材料在包装后要注意材料不被日光暴晒,因此合成材料的包装物均采用避光材料,以保持货物内部的质量。

(3)服装的吊装集装箱装运。在现在的服装出口中,很多都采用吊装集装箱(Hanging Container)装运。服装套上塑料袋后,用衣架吊挂在吊装集装箱的横杆上,衣架用绳索缠紧。用这种方式装运服装,服装抵达目的地后可以直接投放市场,而用纸箱等其他包装装运服装,在到达目的地后服装必须经过再次的整烫方可投放市场。

3. 包装标志 为了在运输过程中便于识别货物,在商品外包装上同样要刷制规定的包装标志;同时,还应根据商品的性质,在纺织服装产品的外包装上,刷上一些指示性和警告性的标志以促使搬运人员及开箱拆包的人员注意,保障货物和操作人员的安全。例如“小心轻放(Handle with Care)”、“请勿用钩(Use no Hook)”、“保持干燥(Keep Dry)”等。除了文字标志外,还常常用简单、醒目、易懂的图样以补充文字标志的不足。

在外包装上一般还刷上包件的毛重和净重以及它的尺码(长×宽×高),如 GROSS WEIGHT 108kg,NET WEIGHT 100 kg,MEASUREMENT 42cm×28cm ×17cm。

4. 包装费用 包装费用一般包括在商品货价内,不另计收,但如买方要求特殊包装时,则超出的包装费用由何方负担以及如何支付,应在合同中做出具体规定。

(二)审查包装条款时应注意的问题

1. 包装的规定应明确具体 不宜采用“海运包装(Seaworthy Packing)”和“习惯包装(Customary Packing)”等笼统规定。因为,此类术语的含义无统一解释,容易引起争议。

2. 应适合商品特点和不同运输方式的要求 每种商品都有自己的特性,例如,水泥怕潮湿,玻璃制品易破碎,流体货物易渗漏和流失等,这就要求运输包装具有防潮、防震、防漏、防锈和防毒等良好的性能。不同运输方式对运输包装的要求也不同,例如,海运包装要求牢固,并具有防止挤压和碰撞的功能,铁路运输包装要求具有不怕震动的功能,航空运输包装要求轻便而且不宜过大。

3. 应符合进口国家对包装的有关法令规定 国际上不少国家对于销售包装都有其独

特的规定,凡包装不符合其规定的均不准进口或进口后也不准投入市场销售。如美国和新西兰禁止用干草、稻草、谷糠等作为包装或填充材料,在某些情况下,这类包装材料只有在提供了消毒证明后才允许使用;德国和法国禁止进口外形尺寸与本国不同的食品罐头。另外,大多数国家对食品、药品、服装等进口商品都制定有标签管理条例。一些国家常以这些条例作为限制外国产品进口的一种手段。例如欧盟对纺织品等进口产品要求加贴生态标签;日本、美国规定,凡是销往该国的药品都应在标签上说明药物成分、功能和服用方法;瑞士规定,凡销往该国的衬衣,衣领上必须要有关于洗涤、烫熨的图示等。

4. 关于警告性标志 我国国家技术监督局制定有《危险货物包装标志》,危险品的运输包装上必须按规定打上相应标志。联合国政府间海事协商组织也制定了一套《国际海运危险品标志》,许多国家采用了该套标志。由于上述两文件的规定图案和文字并不一致,因此,在我国出口危险货物的运输包装上,要标打我国和国际海运所规定的两套危险品标志。

八、审查保险、商品检验以及违约事项

保险、商品检验、违约条款、不可抗力、索赔理赔和仲裁作为纺织品合同中的重要内容,跟单员在审单时也要给予足够的重视。主要审查的内容有:

(1)是否明确规定了由哪方办理保险,确定保险险别和保险金额,并说明以何种保险条款为依据,并注明该条款的生效日期。

(2)是否明确了检验权的规定、检验或复验的时间和地点、检验机构、检验的内容和项目、检验证书等。

(3)是否规定了不可抗力的范围及其处理的原则和方法,以及不可抗力发生后通知对方的期限、方法和出具证明的机构等内容。

(4)是否规定了提出索赔的时效和责任的界定。

(5)仲裁条款的内容一般包括仲裁的地点、仲裁、仲裁规则和裁决的效力。在规定仲裁地点时,要争取在我国仲裁。

第四节 签单及签约

在审核客户所下的订单后,经过与客户的交易磋商,就交易条件达成一致后,交易即告成立,买卖双方就构成了合同关系。双方在磋商过程中的往返函电,即是合同的书面证明。但根据国际贸易习惯,买卖双方还要签订书面合同(Written Contract),以进一步明确双方的权利和义务。

签订书面合同(订单)是一项具体、复杂而又特别重要的工作,外贸跟单员在操作过程中要特别注意以下几个问题:

(1)必须符合合同有效成立的要求。双方当事人的意思表示必须一致和真实;当事人都有订约行为能力;合同标的、内容必须合法等。

(2)要注意合同条款间的内在联系。合同是一个有机整体,各项条款之间应相互衔接,

保持一致,不应出现相互矛盾的内容。例如,贸易术语为CFR或FOB成交,在保险条款里就应订明“保险由买方自理”。关于签约以后发生的额外费用负担,或外汇汇率变动引起的损失承担等,也可在合同中明确规定由何方负担。

(3)合同条款要明确、完整和肯定。合同条款一定要订得具体、完整,防止错列和漏列主要事项。合同的文字要简练、严谨、明确,切忌使用模棱两可或含混不清的词句和文字。合同内容应与洽商达成的协议内容一致,在条款的规定上必须严密,要明确责任,权利义务对等。

(4)必须遵守和符合我国有关的法律、法令、条例的规定。我国对外签订的任何国际货物买卖合同,都必须遵守我国的法律规定,否则将被视为无效合同,不能得到我国法律的承认和保护。

(5)必须符合和贯彻我国的各项对外政策。目前,对外贸易已经成为各国对外关系的一个十分重要的方面,我国奉行独立自主的对外政策,愿意在和平共处五项原则的基础上发展同各国、各地区的经济和贸易关系。必须贯彻我国的对外贸易方针政策,特别要体现平等互利的原则。

(6)必须遵守有关的国际公约与国际贸易惯例。国际贸易是已经超出一国国界的行为,因此,必须接受有关国际公约的约束。目前,《联合国国际货物销售合同公约》已经成为国际货物买卖方面影响最大的国际公约。我国是《公约》的签字国,理应遵守《公约》的各项规定,但我国政府提出保留意见的除外。此外,我国对外签订的各种贸易协定、支付协定,以及有关的国际贸易惯例也是对外签订贸易合同时应遵守的规则。

思考题

1. 纺织服装国际贸易中订单的主要形式有哪些?

2. 普通订单与合同有何异同点?

3. 在纺织服装贸易的磋商过程中,通常会经过哪些环节?其中哪两个环节为必经环节?

4. 构成有效发盘或接受的条件有哪些?

5. 在纺织服装贸易的审单过程中,重点从哪些方面进行审核?

6. 我国某出口企业于6月1日用电传向英商发盘销售某商品,限6月7日复到。6月2日收到英商发来电传称:“如价格减5%可接受。”我方尚未对英商来电做出答复,由于该商品的国际市价剧涨,英商又于6月3日来电传表示:“无条件接受你方6月1日发盘,请告合同号码。”试问:双方是否存在合同关系?为什么?

7. 操作题:请草拟一份合同(格式不限)。

8. 操作题:请草拟一份订单(形式不限)。

第五章　纺织服装生产跟单概述

本章知识点

1. 纺织材料的种类。
2. 织造工艺及跟单流程。
3. 织物的染整工艺及跟单流程。
4. 服装的加工工艺及跟单流程。

第一节　纺织服装生产跟单基础知识

一、纺织材料

纺织材料是指纤维、纱线和织物的总称。

(一)纤维

作为纺织材料的纤维主要包括天然纤维、化学纤维两大类。天然纤维是自然界存在的、可以直接获得的纤维,如植物纤维、动物纤维和矿物纤维等。化学纤维是指由人工加工制造而成的纤维状物体,分为再生纤维和合成纤维两大类。

植物纤维又称天然纤维素纤维,是由植物的茎、叶、果实等处获得的纤维,它包括:韧皮纤维,如苎麻、亚麻、黄麻、大麻、罗布麻等;叶纤维,如剑麻、蕉麻等;果实纤维,如棉、木棉。动物纤维又称天然蛋白质纤维,是从动物的毛发或昆虫的腺分泌物中取得的纤维,它包括:毛发类,如羊毛、山羊绒、驼毛、兔毛、牦牛绒等;腺分泌物类,如桑蚕丝、柞蚕丝、蓖麻蚕丝、木薯蚕丝等。矿物纤维又称天然无机纤维,是从矿物中提取的纤维,如石棉等。

再生纤维又称人造纤维,是由天然聚合物或失去纺织加工价值的纤维原料制成的纤维,包括再生纤维素纤维、再生蛋白质纤维、再生无机纤维和再生有机纤维等。合成纤维是由天然小分子化合物经人工合成有机聚合物后而制得的纤维,包括聚酯纤维(涤纶)、聚酰胺纤维(锦纶)、聚丙烯腈纤维(腈纶)、聚丙烯纤维(丙纶)、聚氨基甲酸酯纤维(氨纶)等多种品种。

(二)纱线

通常所谓的“纱线”,其实是指“纱”和“线”的统称,在服装材料学中定义“纱”是将许多短纤维或长丝排列成近似平行状态,并沿轴向旋转加捻,组成具有一定强力和线密度的细长物体;而“线”是由两根或两根以上的单纱捻合而成的股线。

纱线可分很多种,按原料分可分为纯纺纱和混纺纱;按纱线粗细分类可分为粗特纱、中特纱、细特纱和特细特纱；按纺纱系统分可分为精纺纱（精梳纱）、粗纺纱（粗梳毛纱或普梳棉纱）和废纺纱；按纱线结构分可分为单纱、股线、单丝、变形纱和花式纱线。

跟单员在跟单时须熟悉纱线的表示方法。纱线有短纤纱和长丝两种表示方法，通常标示在外包装上。短纤纱的表示方法为："原料代码 + 生产过程代码 + 纱线细度 + 成纱形态代码 + 用途代码"。例如："JK24"表示纯棉精梳 24tex 针织用纱、"T65/C35JDK"表示 65% 涤纶和 35% 棉混纺精梳筒子针织用纱。长丝的表示方法为："原料代码 + 纤度/单丝跟数 + 性能代码"。

（三）织物

织物是指经过纺织工艺织造成的面料或其他纺织品的统称。按形成织物加工方法分类，织物可分为机织物、针织物和非织造织物；按织物的纱线结构分，可分为纱织物、全线织物和半线织物；按织物的纺纱系统分，可分为精梳织物和粗梳织物；按纱线所用原料不同分，可分为纯纺织物、混纺织物和交织织物；按印染加工方法分，可分为本色布、漂白布、染色布、印花布、色织布和色纺布。

织物品种的表示方法通常是："品种名称 + 经纱细度 × 纬纱细度 + 经密 × 纬密 + 幅宽"。例如"65/35 涤棉混纺府绸 24tex × 24tex 472 根/10cm × 243 根/10cm140 cm 4 × 40 m"，其含义是：采用细度为 24tex 的涤棉混纺纱织造的府绸织物，经密为 472 根/10cm，纬密为 243 根/10cm，幅宽为 140cm，标准匹长为 40m，采用 4 联匹落布方式。

二、织造生产工艺概述

织物的织造就是将两组相互垂直的经纱和纬纱，按一定规律相互交织而形成织物的过程。根据织造织物的品种不同，工艺流程也稍有差异。机织物的生产过程包括三个阶段：准备阶段、织造阶段、整理阶段。

（一）准备阶段

经纬纱在织机加工之前需经过准备加工。不同纤维的经纬纱采用不同的准备加工方法。通常经纱准备包括络筒、整经、浆纱和穿结经。一般来说，单纱需要上浆，以增其强力，而股线不需要上浆。纬纱的准备包括络筒、定形、卷纬等。

（二）织造阶段

通常，将经纬纱按织物的组织规律在织机上相互交织构成机织物的加工过程称为织造。织造过程就是织机完成开口、引纬、打纬、送经和卷取五大运动的过程。

（三）整理阶段

（1）验布：将织好的布匹在验布机上进行逐匹检验，将检验出的疵点在布边上作标记，并填写验布记录。对布面上可以修复的疵点进行修复。

（2）折布：将验好的布进行折布，形成折装匹布。

（3）包装：将折好的布按要求进行包装，以便销售运输。

三、染整工艺概述

染整产品的加工流程较长，加工工序较多。通常包括三个阶段：前处理、染色印花、后整理。产品不同，每个阶段所实施的具体工序有所差异。

（一）前处理

一般，前处理包括烧毛、退浆、煮练、漂白、丝光等处理。

（二）染色印花

1. 染色 纺织品的染色可以在任何阶段进行，可以在纤维、纱线、织物及成衣等不同阶段进行染色。因此，染色可分为散纤维染色、毛条染色、纱线染色、匹布染色和成衣染色等。

2. 印花 用染料或涂料使纺织品局部着色形成花纹和图案的工艺过程，称为织物印花。印花工艺一般包括筛网制版（花筒雕刻）、色浆调制、印制花纹和烘干、蒸化、水洗等工序。

（三）后整理

织物的后整理是指织物经过练漂、染色、印花后，为改善提高织物品质而赋予纺织品特殊功能的加工整理。织物的后整理主要包括手感整理、定形整理、外观整理和功能整理。手感整理包括硬挺整理和柔软整理，定型整理包括拉幅或预缩处理，外观整理包括轧光或增白处理，功能处理包括防水拒水处理、阻燃处理、防污整理、抗静电处理、香味处理、抗紫外线整理、抗起毛起球整理、磨绒整理、防霉整理等。

四、服装成衣工艺概述

服装成衣的加工过程通常包括裁剪、缝制、熨烫、检验、包装五道工序。对于不同的产品，每道工序的具体内容有所不同。

（一）裁剪

裁剪工序的主要任务是把整匹的服装面料，按所要生产加工的服装样板，裁剪成各种服装衣片，以供缝制车间缝制成衣。其主要工作包括裁剪方案的制订、排料、铺料、裁剪、验片、打号和捆扎。

（二）缝制

缝制就是将平面的衣片缝合，使之成为适合穿着的立体服装。缝制工序制订的合理与否，缝制技艺的高低等，将直接影响到工作效率和成衣的质量。

（三）熨烫

人们常用“三分缝制七分熨烫”来强调熨烫的重要性。熨烫工艺就是运用归、拔、压、推等方法，使服装具有平、直、顺、圆、挺等外观效果。

（四）检验

成衣检验内容主要包括色差检验、规格尺寸、裁剪质量、缝制质量、熨烫质量、疵病检验和商标包装检验。

（五）包装

跟单时，既要注意内包装规格与方式，做到平整美观，一些特别款式的服装在包装时要进行特殊处理，如扭皱类服装要以绞卷形式包装，以保持其造型风格；还要注重外包装规格与方式。服装规格、尺码、颜色搭配要符合订单要求。装箱时应注意数量完整，颜色尺寸搭配准确无误。外箱上刷上箱唛，标明客户、指运港、箱号、数量、原产地等，内容与实际货物相符。

第二节　纺织服装生产跟单流程

一、织造跟单流程

纺织厂织造跟单是指工厂根据订单规定的产品的品质、包装和交货时间等有关条款进行原料采购跟单、品质跟单、包装跟单和生产跟单、出货及售后服务跟单，保质保量并按时完成交货任务。图5－1为织造跟单流程图。

二、染整跟单流程

染整跟单包括染色跟单、印花跟单和后整理跟单，是指跟单员在坯布染色、印花及后整理的过程中所从事的协调、沟通、监督、催促、执行等具体的工作。染整跟单业务流程见图5－2。

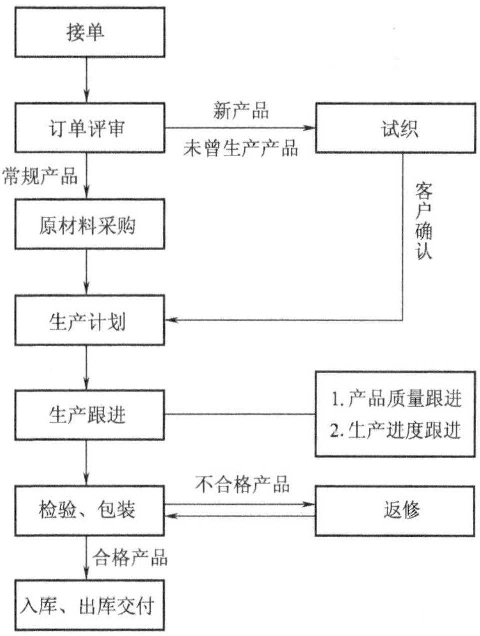

图5－1　织造跟单流程

三、服装成衣跟单流程

服装成衣跟单的主要工作包括：第一，全面准备并了解订单资料（生产工艺、最终确认样、面/辅料样卡、确认意见或更正资料等），确认所掌握的所有资料之间制作工艺细节是否统一、详尽。对指示不明确的事项详细反映给相关技术部和业务部，以便及时确认。第二，对服装订单的实施进度、产品的质量进行跟进，对订单实施过程中的信息进行汇总、资料进行整理。第三，预先充分估量工作中问题的潜在发生性，相应加强工作力度，完善、细化前期工作，减少乃至杜绝其发生的可能性。若在订单运作过程中发现问题，能够以书面报告的形式向主管部门汇报，并能够提出解决问题的建议。及时处理问题并总结经验，对以后的工作方式和细则进一步完善。第四，跟单员应与各部门主管、客户保持密切的联系，做好沟通、协调工作，将问题降到最低限度。服装成衣跟单是一个复杂而烦琐的过程，其流程见图5－3。

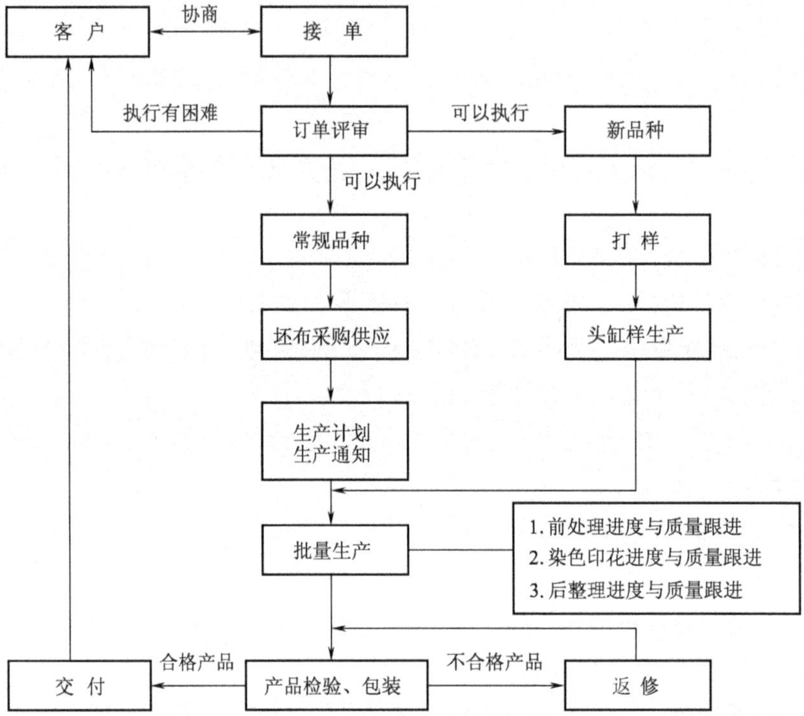

图 5－2　染整跟单流程

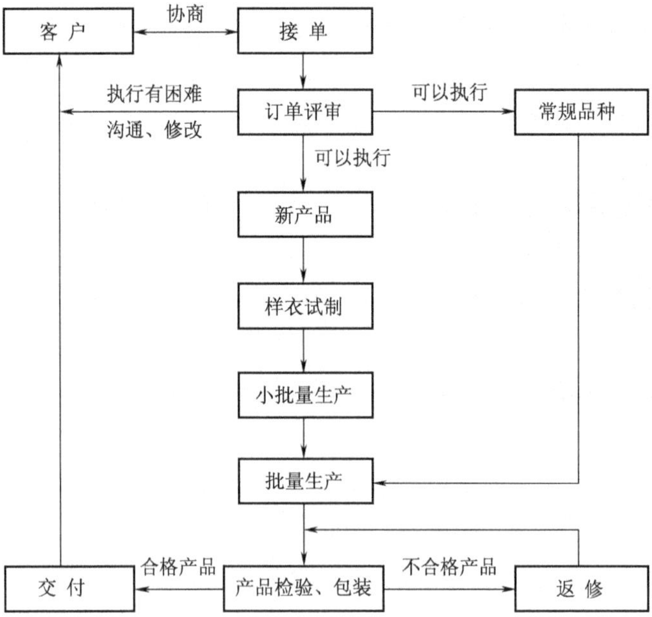

图 5－3　服装跟单流程

思考题

1. 纺织纤维是如何进行分类的?
2. 简述织造跟单的业务流程。
3. 简述染整跟单的业务流程。
4. 简述服装成衣跟单的业务流程。

第六章　纺织服装产品质量跟单

本章知识点

1. 商品检验的概念及意义。
2. 检验的分类及各自作用与职能。
3. 纺织服装产品质量检验指导思想及方法。
4.生产过程质量监控的一般流程。
5.不合格产品管理内容。
6. 不合格产品的处理方法。
7. 求解正常检验一次抽样方案。

第一节　纺织服装产品质量检验概述

一、质量检验的含义与职能

(一)质量检验的含义

世界著名的质量管理专家朱兰(Joseph M. Juran)认为:“所谓检验,就是这样的业务活动,决定产品是否在下道工序使用时适合要求,或是在出厂检验场合,决定能否向消费者提供。”

在国际标准 ISO 9000:2000《质量管理体系—基础和术语》中将“检验”(Inspection)定义为“通过观察和判断,适当时结合测量、实验所进行的符合性评价”。

对服装产品而言,检验就是用一定的方法和手段测定原材料、半成品、成品等的质量特性,并将测得的结果同该特性的规定标准相比较,从而判断其合格与否的过程。

根据上述含义,检验包括以下工作内容:

1. 定标　明确技术要求和检验的依据,确定检验的手段和方法。

2. 抽样　采用科学合理的抽样方案,使样本能够充分代表总体(全数检验除外)。

3. 测定　采用试验、测量、化验、分析与感官检查的方法测定产品质量特性。

4. 比较　将测定的结果与有效的质量标准进行比较。

5. 判定　根据比较得出的结论,判定产品检验项目是否符合质量标准,进行所谓的合格性判定。

6. 处理　根据相关规定对不合格品做出相应处理,其中包括适用性判定。

7. 记录和反馈　记录有价值的数据,做出分析报告,为企业自我评价和不断改进提供信息和依据。

(二)质量检验的职能

质量检验的基本职能,可以概括为以下三个方面。

1. 把关职能 把关职能即根据技术标准和规范要求,对原材料、辅材料(包括面料、里料、衬、线、扣、拉链、商标、包装材料等)、在制品、半成品、成品和设备等进行多层次的检验和试验,以免将不合格品投入生产或转入下道工序或出厂,从而保证质量,起到"把关"的作用。只有通过检验,实行严格把关,做到不合格的原材料不投产,不合格的半成品不转序,不合格成品不出厂,才能真正保证产品的质量。

2. 预防职能 预防和减少不符合质量标准的产品可以通过下列活动得以实现:

(1)首件检验和巡回检验。

(2)进货检验、中间检验和完工检验。

(3)工序能力的测定和控制图的使用。

3. 报告职能 报告职能也就是信息反馈的职能。通过对质量检验获取的原始数据的记录、分析、掌握,评价产品的实际质量水平,以报告的形式反馈给管理决策部门和有关管理部门,以便做出正确的判断和采取有效的决策措施。报告职能为培养质量意识、改进设计、加强管理、提高质量提供必要的信息。

检验的把关、预防和报告职能是不可分割的统一体。只有充分发挥检验的这三项职能,才能有效地保证产品质量。

二、质量检验的分类

检验的分类方法很多,通常按以下标志和要求对质量检验进行分类。

(一)按检验产品数量分类

1. 全数检验 即指对批量产品中全部单位产品逐一进行检验。这种方式一般比较可靠,同时能提供较完整的检验数据,获得较全面的质量信息。全数检验的缺点是工作量大、检验周期长、成本高、需要较多的检验人员和设备,同时,还存在漏检和错检的可能。

2. 抽样检验 即指根据数理统计的原理预先制订抽样方案,从产品批中抽取部分单位产品(样本)进行检验,根据样品的检验结果,按照规定的判断准则,对产品批做出合格与否的判定。抽样检验明显节约了检验工作量和费用,缩短了检验周期,减少了检验设备和人员的投入,但却存在一定的误判风险。

3. 审核检验 即随机抽取极少数单位产品,通过检验判断其质量水平有无变化的一种复核性检验。

4. 免检 即根据生产工序或企业的质量保证能力和经济的原则,对产品不做任何检验,即予接收。

(二)按产品生产流程分类

1. 进货检验 对外购原材料等外购货品所进行的检验。

2. 工序检验 在工艺流程中设置的,对工序在制品、半成品进行的检验。

3. 成品检验 成品检验也称最终检验，是产品生产完成后进行的全面检验。

（三）按检验的目的分类

1. 控制检验 控制检验是为了实施工序质量控制而进行的检验。

2. 接收检验 接收检验是对确定交验的产品或外购货品是否合格、能否接收所进行的检验。

（四）按检验场所分类

1. 集中检验 集中检验是把受检产品集中到一个固定场所进行检验。

2. 巡回检验 巡回检验指检验人员定时或随机巡回于生产现场，对工序产品所进行的检验。

（五）按对质量问题的预防作用分类

1. 首件检验 首件检验是指在每班生产开始前或工序条件改变后，对首件或最初若干件产品进行的检验。

2. 中间检验 中间检验是指在重要的中间工序或加工过程中，对工序在制品、半成品所进行的检验。

3. 完工检验 完工检验是指对零部件或半成品加工完成后所进行的全面检验。

4. 尾件检验 尾件检验是指为了判断某种工艺装备或设备的完好性，而对成批生产完成后的最后一件或若干件制成品所进行的检验。

（六）按检验的方法分类

1. 理化检验 理化检验指使用某种设备、量具、仪器、仪表等技术装备，采用物理或化学的方法，对服装成品及面、辅料进行的检验。它以物理量、化学量或几何量作为质量判断的依据，常用于检验产品的规格、性能、成分、寿命等项目。

2. 感官检验 感官检验亦称官感检验、官能检验。是依靠人的感觉器官的功能（视觉、听觉、触觉、嗅觉）进行的检验。它以官能量作为质量判断的依据，常用于检验服装及面辅料的颜色、手感和外观等项目。

（七）按检验人员和方式分类

1. 自检 由操作者对自己生产的产品进行的自我检验。

2. 互检 在操作者之间，或由班组长、班组质量员对本班组产品进行的检验。

3. 专检 由专职检验人员进行的检验。

三、检验机构、人员和设施

（一）检验机构的设置

为了保证产品质量，对生产全过程实行有效的质量监督和检验，组织和指导检验人员、操作者做好检验工作，企业必须设置质量检验部门。

（二）检验人员的配备

企业检验人员是生产现场的质量“卫士”，是企业质量信息的重要提供者，对保证产品质量肩负着特殊使命。因此,要求检验人员必须具有高度的事业心、责任心和一定的技术素质。对检验人员,特别是负责检验特殊工序的人员,应实行资格考核认证制度。检验人员在工作中要当好“三员”,即产品质量检验员、“质量第一”的宣传员、生产技术的辅导员;坚持做到“三满意”,即为生产服务的态度使有关科室和工人满意、检验过的产品使下道工序满意、出厂的产品质量为收购单位和消费者所满意。

(三)检验设施

检验设施是保证质量检验工作的物质基础。检验设施包括:检验场所、试验室以及精密测量室等。这些设施是否符合要求,对质量检验结果的有效性和经济性十分重要。

进货检验、工序检验和成品检验都需要一定的检验场所。对不同产品往往需要进行各种各样的专业技术试验,如化学、物理学试验等。这些专业技术试验都需要配置专门的设备、仪器和装置,并对环境条件有一定的要求。检测手段包括热、力、电、光、磁、声等各类计量器具、仪器、仪表等。企业应根据产品工艺技术要求和检验、试验工作的需要,配齐并用好、管好各类检测手段,包括计量基准器具和生产、检验用计量器具,并保持检测手段的精度。

(四)设备控制

企业应对产品的开发、制造、安装和维修中的全部测量系统进行必要的控制,以保证根据测量数据所做出的决策或活动的正确性。对计量器具、仪器、探测设备、专门的试验设备以及有关计算机软件都应进行控制。应制订并贯彻监督程序,并使测量过程(其中包括设备、程序和操作者的技能)处于统计控制状态下。应将测量误差与要求进行比较,当达不到准确度要求时,应采取必要的措施。

第二节　生产制造过程质量监控

纺织服装企业的质量跟单管理要逐渐向 ISO 9000 系列标准靠拢,要采取“控制过程、预防为主、不断改进、使顾客满意”的方针以保证产品的质量。

跟单员对整个生产过程一跟到底,控制生产过程的每一环节,在此环节中实现质量监控和质量保证跟单。

一、纺织面料生产的质量监控

纺织面料的生产加工过程需要重点监控原料检验,浸渍,络筒、并纱捻线、定形和卷纬,整经和织造及后道工序,包装过程等主要生产环节。

(一)原料检验

严格把好原料第一关,原料进厂后,做好挑疵排队工作,进行外观检验和色差检查,同时检测原材料的抱合力、强力、伸长和回潮率等指标。在原料仓储过程中,分别将不同产地、不同规格、不同批次的原料按指定地点存放,做到标志清晰,堆放规范,同时做好防潮保燥工作,要求遵循“先进先出,后进后出”的原则。

另外,对色织产品来说,还要控制色纱染色的质量和进度。对购进的或本厂生产的原纱,要送染整厂染色。跟单员要全面掌握不同种类纱线的颜色和数量,并跟进染整厂的染纱进度。对特急订单要第一时间与染整厂或车间负责人联系。表6-1为坯布验布报告表。

表6-1 坯布验布报告表

订单号:________		生产单号:________			验布日期:________	
客户名称:________		品种:________			规格:________	
布号:________		长度:________				
疵点记录						
飞花						
烂边						
坏针						
破洞						
漏针						
断纱						
粗细纱						
评语						
备注						
验布主管:			检验人:		跟单员:	

(二)浸渍过程质量监控

对于经密较大或捻度大的织物经纬和平纹织物经纬,通过浸渍工艺,使面料柔滑,经纬纱保持洁、松、爽,并防止产生静电。同时,根据用途不同,经纬纱的浸渍要求也会有所不同,为达到相应要求,浸渍时配方和工艺参数的确定就显得尤为重要。以上质量监控工作,跟单员跟进时应重点敦促。

(三)络筒、并纱捻线、定形和卷纬过程质量监控

首先,要注意车间环境卫生,防止污渍影响半成品质量,污渍是造成面料次品的主要因素之一,要严格工艺操作和环境控制。其次,对锭速、张力、导丝器状况,要定人定时检查。同时关注并纱捻线时有关因素对张力的影响,如锭速、衬锭半径、衬锭重量、衬锭质量偏心距、筒管长度、丝线与衬锭接触点等。最后,加强对半成品的质量检验,要求无污渍,成形良好,大小适中,无毛丝乱丝,做好"四对"工作,即对班组、对工号、对机台、对品种;严格执行"四制度",即定时擦车和清洁环境的交接班清洁制度,计划平车、定时加油、合理速度的机械保全保养制度,分批发料、原料保管、保燥防潮制度和原料验收、挑疵排队的原料管理制度。

(四)整经过程质量监控

根据生产品种的总经数、筘幅和筒子架容量,决定整经的条数和定幅筘的密度以及每条经纱在定幅筘上的宽度，上机时考虑织缩、有效绕丝圈数以及原料特性、纤度、织物经密，确定整经长度和斜角板高度，注意整经转速平稳均匀，经常检查导丝器，不可中途随意更换筒。上轴时注意张力均匀，小轴时张力大些，要求卷绕圆整度好，衬纸均匀，成形良好，不能有缺经现象产生。

（五）织造过程质量监控

在织造生产中，要跟进生产工序的每个环节。例如，对色织产品来说，由于产品以色纱做原料，生产各色搭配的格形、条形产品，有府绸、细纺、花呢、单面绒、双面绒、灯芯绒等产品，因此，要格外注意色差。从生产第一工序开始，把好质量关，如有色差情况及时与本部门负责人联系。同时把握好织造生产进度，并预计后整理工序所需时间，以免影响交货期。

（六）后道工序的质量监控

经整理后的产品在出厂前必须检验，检查产品是否符合规格要求，并进行分等分级。检验时必须认真仔细，首先要量门幅、查纬密，做断裂强度、缩水率以及染色牢度试验检测。其次进行外观检验，经过检验后的坯绸，匹头吊上标签并填明品号、品名、花号、长度、门幅、等级等项目。

在后道工序生产中，要注意产品的成品规格，一定按客户要求去做，特别是起绒布，客户往往要求起绒遍数及一定的缩水率，一定要把握最终产品符合客户的要求。

（七）包装过程质量监控

按照客户的要求，通常面料包装方式为卷筒，可避免皱褶，筒管长度比外包装纸箱长度少2cm，略宽于绸缎门幅1.5cm，装箱后可防止运输途中由于间隙过大，产生相互滑动摩擦而影响质量。在按规定匹长卷筒后，距筒管两端1/4的位置各包上指定腰封和中间贴上指定商标，然后每一卷装入塑料胶袋，再逐个放入纸箱中的一个大塑料胶袋，塑料胶袋材料要求采用环保材料，同时外包装纸箱必须是经检验检疫机构考核并获得质量许可证的纸箱生产企业生产的双瓦楞纸箱，纸箱外表要有储运标志，包括产品的货号、品名、规格、数量、重量、体积、产地等。并根据运输状况，对纸箱重量和体积确定具体要求，装箱时仔细填写装箱单，封箱前放入其中一份在箱内，装箱单填写要符合合同要求。包装完成后，按合同和信用证要求在纸箱外表侧面醒目处刷制运输唛头，然后备齐有关单据，如厂检单、装箱单、合同副本、信用证（复印件）、客户质检确认单和样板等，申请办理商检确认后，联系货运报关出口。

二、染整过程质量监控

染整过程质量控制主要包括前处理过程质量控制、染色产品质量控制、印花产品质量控制和整理过程质量控制等内容。

（一）前处理过程质量控制

织物前处理是染整生产过程中的基础工序，它对稳定提高后道工序（染色、印花、后整理）的产品质量，起着重要作用。经过前处理后，织物所包含的杂质基本去除干净，其外观性状与原坯布（绸）相比有很大变化。例如，纱线中含有的毛、油及抗静电剂等化学物灰尘等，如果不在染色前洗净，会造成染后纱线色斑、色花、批间差等现象出现。纯棉织物的前处理工艺去除了织物上的天然杂质和在纺织过程中附加的浆料、助剂及沾污物，包括去除化纤织物上的各种油剂及助剂，使织物具有良好的润湿性，均匀的白度、较好的清洁外观、光泽、手感和稳定的尺寸、强力。

前处理过程包括坯布（绸）检验、烧毛、前准备、退浆、精练、漂白、水洗等。但每个品种的生产加工过程，不一定都要经过上述各道工序，而要根据织物的原料特性、加工要求来选定。合格的经前处理后的半成品外观应是光洁、亮泽、洁白、匀净的。

前处理质量监控通常包括外观质量监控和内在质量监控两个方面。外观质量监控的主要内容包括烧毛质量、白度、光泽和皱条、疵点等符合质量要求；内在质量监控内容包括毛效、强力、pH 值等。在实际生产中，前处理的质量不可能进行很密集的抽样测试，只能通过加强工艺管理来实现。

1. 制订合理的前处理工艺 前处理过程中，应控制的主要工艺条件有助剂的浓度、溶液的 pH 值、加工时的温度、加工时间等。对于不同等级、不同组成成分、不同结构的织物，前处理工艺流程设计要有所侧重，制订合理的工艺计划，严格按工艺规程操作，选择合适的加工设备，既要保证除杂效果，又要尽量减少纤维的损伤。

2. 严格检验前处理助剂，每批检验合格才能使用 对使用的所有助剂要进行体积量取或总量的称量，以保证机台使用的工作液浓度准确。

3. 合理选择漂白剂，严格控制工艺条件 即使同一种漂白剂，由于使用浓度、温度、时间、pH 值等具体条件不同，织物白度也有差异；另外，前处理过程中形成的各类斑渍也会影响织物白度。因此，选用合适的漂白剂，控制工艺条件，才能彻底均匀地清除杂质，获得理想白度。

4. 加强水洗，排除不安全因素 彻底清除织物杂质和加工过程中存留的化学试剂。

5. 建立科学的半成品抽查体系，防止不合格半成品进入下一工序 对于半成品的检验项目，一般包括白度、毛效、强力、布面 pH 值等，需要在投入染色前、半成品、成品中进行检验。建立“机台自查、班组检查、技术中心抽查”的三级工艺监督体系，使所有的工艺参数都处于可控状态。

一些现代化企业已经开始采用自动检测工艺，除了可以提高前处理的各种工艺参数，如双氧水浓度、烧碱浓度、汽蒸温度、水洗温度和织物轧液率等的准确性，还能及时发现工艺和半成品质量的波动，有利于前处理过程的质量控制。

（二）染色产品质量控制

染色产品的质量受多种因素制约，有工艺（流程、配方、工艺条件）方面的因素，还有设备、染化料、操作及后勤保障等方面的影响，出现染色疵病有时还有偶然性。因此，要多角度、全方位综合分析影响染色质量因素，在总结经验的基础上，严格对产品质量进行控制。

染色产品质量控制主要包括外观质量和内在质量两个方面内容。外观质量监控主要包括对染色产品的色泽和匀染性的质量控制，内在质量监控主要包括对染色产品的透染性以及染色牢度等进行质量控制。

1. 制订合理的工艺配方　工艺配方制订的是否合理，直接关系到染色质量。根据客户的要求，对来样进行严格的审样，如纤维性质及含量，织物组织结构、色泽、产品风格与加工要求等，制订合理的工艺配方，选择工艺成熟的染料，注意不同染料的染色工艺，选用合适的设备。此外，染色产品的色牢度还与染料和纤维的结构状况、颜色的浓度、染料在纤维上的物理状态、纤维性能等因素密切相关，在制订工艺配方时，也要有所考虑。总之，制订工艺配方要综合考虑织物的染色质量要求、设备的加工成本、适应性及加工产品质量的稳定性等因素。

2. 选择合适的染料　染色产品的透染性与选取的染料的扩散性能密切相关，它是影响透染性的最重要因素。因此，选择应用性能好、牢度好，且能保证外观色泽好的染料品种，可以获得最好的匀染性。对于拼色染料，调整或回修加料的难度也大，因此，拼色的染料数应越少越好。

3. 控制助剂的质量和用量　为减少打样与缸中投染的误差，要求在打样过程中做到与缸中染色一致，即要求在染浴中加入与大样一致的助剂，所以要求每批进货都需测试，并建立系统的染化料档案；另外，为规范操作，确保色光稳定，根据各类染料性质的不同，还需要对各类助剂规定用量。

4. 控制浴比　由于设备的限制，小样浴比会比大生产大，但浴比过大会降低上染率，造成大小样色差。大小样之间在浴比上的差异致使上染率不一致。浴比越大，匀染性越好，但上染率下降；浴比越小，匀染性越差，上染率提高。

5. 严格控制工艺条件　工艺条件是影响染色产品色光和匀染性的重要因素，如温度、时间、pH 值等，每一个条件都直接影响到染色产品质量。

(1)温度控制。温度是控制上染过程的另一个重要因素。温度的高低，会影响纤维的膨化程度、染料的性能（溶解性、分散性、上染率、色光等）以及助剂性能的发挥。升温速度过快，易造成染花现象。另外，温度对染料上染速率的影响还随染料类型而有所不同。

(2)时间控制。染色时间的确定要适当，时间过长，有时反而会使织物随温度及化学药品作用时间过长而发生风格变化，使手感发硬。

(3)pH 值控制。控制染色 pH 值是稳定很多染料色光的主要因素之一，而且也会影响到匀染性，因此，要严格控制染液的 pH 值。打样染浴的 pH 值应尽量与大生产一致。为了严格控制染液的 pH 值，除每天对使用的酸进行浓度测试外，还必须对每只染缸进行 pH 值测定，使投染色号的色光和深度处于稳定状态。

6. 控制卷绕密度　对于色织布纱线染色来说，合适和均匀的松式筒子卷绕密度，对筒子染色质量非常重要。筒子密度要根据不同纤维、纱线线密度和染色工艺等因素确定。要求密度均匀，若密度不均匀，染液将向阻力小、密度低的地方流，甚至发生“短路”，则该处的纱线与染液接触得多，色光深；反之则浅，甚至出现白迹。

(三)印花产品质量控制

织物印花设计纤维种类、织物组织、花型特点、印花方法、设备性能及前处理、制版、仿色、印制、蒸化、水洗等诸多方面，织物印花总目的是使织物获得鲜艳、清晰且具有一定色泽坚牢度的花型图案。印花产品同前处理过程、染色产品一样，其质量控制也包括外观质量和内在质量两个方面。

外观质量监控内容中，与印花加工过程直接关系的是图案清晰、色彩鲜艳、整体对样无疵点，内在质量监控内容包括缩水率、色牢度、强度、甲醛含量等，对于不同的印花产品，根据其用途和印花方法的不同，其内在质量的控制侧重也不尽相同。例如涂料印花产品注重干、湿摩擦牢度、日晒牢度、皂洗牢度和手感；分散染料印花产品，还应该控制好分散染料的升华牢度。

1. 严格控制印花工艺设计

(1)选择合适的印花工艺方法。根据不同花稿图案的形式和特点，选择不同印花工艺效果的印花方法，是图案对样清晰准确的保证。

(2)正确选择制版工艺。同一花稿描绘黑白稿时，所用整套片基应选同一批号，以防因伸缩性能不一，导致对花不准。

另外，花版的排列次序及各色的印制顺序不同，印花效果会有所不同，会影响到印花产品色泽的对样程度。因此，需要合理设计排版顺序。

2. 选用合适的染料及助剂　染料的正确选用与否直接影响着图案的对样准确性，随着纤维种类、花色及印花工艺的不同，染料的种类也有所不同。总体来说，选择的染料应具有良好的溶解、分散、相容性，具有良好的触变性和成糊能力，具有较高的给色量，具有良好的粘着性及吸湿性等性能。

由于印花与染色工艺的明显不同，如染料溶解浴比极小、以原糊作为传递介质、上染时间短等，所以色浆中要加入多种助剂，要综合考虑纤维和糊料的特点、设备和工艺等多方面因素后慎重选择。

3. 选择合适的工艺设备

(1)印制设备。花稿上的图案是通过印制设备(印花机)在织物上表现出来的。应根据具体织物的特点以及印制效果，选择合适的印制设备。常见的印制设备有平版筛网印花机、圆网印花机等。

(2)蒸化设备。常见的蒸化设备有圆筒式蒸化机、悬挂式汽蒸箱、门式蒸化机等，蒸化设备的选择通常会根据印花织物生产批量的大小、选取的印花方法的具体要求而进行选择。

4. 严格执行各项工艺标准

(1)制版工艺。制版的准确性是影响印花图案清晰度的首要因素。严格执行制版工艺的每一技术要求，保证制版质量，尤其是花型边缘清洁、光滑和胶膜坚牢是印花图案清晰度的重要保证。

(2)印制工艺。对于同一印制设备，不同的印花工艺方法会对图案轮廓清晰度有不同的影响。清晰度由大到小的排列次序一般为拔染印花、防拔印花、防染印花、直接印花。

(3)蒸化工艺。蒸化的目的是通过适当的工艺使燃料迁移到纤维上并固着，蒸化工艺中温度、湿度和时间等条件的控制，会影响印花产品的给色量、色牢度、色泽浓艳度和轮廓清晰度等，对印花产品质量起重要作用。因此，蒸化工艺应根据不同印花染料的上染性能，结合织物特点和现有设备来确定。

(4)水洗工艺。水洗设备和工艺也是影响印花图案清晰度的重要因素。水洗效果关系到印花织物的整体外观质量,尤其对花色鲜艳度、色牢度、白地纯洁度有很大影响。一般平幅水洗、流水洗、退浆前预固色对保证良好的清晰度是有利的,而绳状水洗易搭色,影响清晰度。

总之,在印花产品生产过程中,要严格按照各项工艺要求执行的同时,还要注意对温度、湿度、时间等因素加以严格控制,保证印花效果。

(四)整理过程质量监控

实际生产中,常将织物的前处理、染色和印花加工以后进行的改善和提高织物品质的加工过程称为织物整理。

织物品种繁多,整理要求各不相同,但是整理产品质量控制都可以分为外观质量控制、一般内在质量控制和特殊内在质量控制等。

1. 外观质量控制　各类织物外观质量要求包括:织物布边整齐、门幅划一,布面平整、无纬纱歪斜、无极光,织物白度、手感符合产品风格要求,无破边、破洞、披裂、沾污等外观疵点。各类织物根据用途不同,在手感、光泽等外观性能方面有具体要求。

2. 一般内在质量控制　反映织物内在质量指标十分广泛,常见的内在质量控制包括对织物的幅宽、长度、密度、断裂强力、单位面积重量、缩水率、实物重量等指标的监控。在实际生产过程中,内在质量控制需根据纤维性能、织物品种及用途来着重要求,有所侧重。

3. 特殊内在质量控制　赋予织物特殊性能的特殊整理内容、技术和工艺在日新月异的发展,所谓特殊内在质量指标是衡量纺织品进行特种整理后整理效果的性能指标,特殊内在质量控制就是对抗皱性、防火(阻燃)性、防水性、防霉性、抗静电性、耐低温性、耐高温性等指标进行控制。根据产品要求不同,特殊内在质量控制的要求有所侧重。

只有全方位综合考虑影响印染工序过程中的各因素,并使之标准化,规范操作,严格执行工艺操作单上的工艺,才能获得稳定、合格的产品。

三、服装成衣生产过程质量监控

服装成衣生产过程的质量监控工作应贯穿于整个服装的生产制造过程。图 6 - 1 为服装生产工程顺序图。

进入生产过程的应是已由服装设计部门完成的造型方案和技术主管部门据此形成的实施方案,作为尺寸依据的生产前样板也已形成,并随实施方案同时进入接下来的生产线。

为了保证服装生产的加工质量,在面料进入生产线之前,应该对面料的使用性能以及其与服装生产有关的加工性能有所了解,如对面料的染色牢度、面料尺寸稳定性、耐日光性等指标进行测试。在生产结束后,还要将相关工艺技术文件归档,并进行质量监控方面的总结,并将生产工艺贯彻与控制的好与坏列入工人的考核要求中,加大对生产过程质量监控的力度。

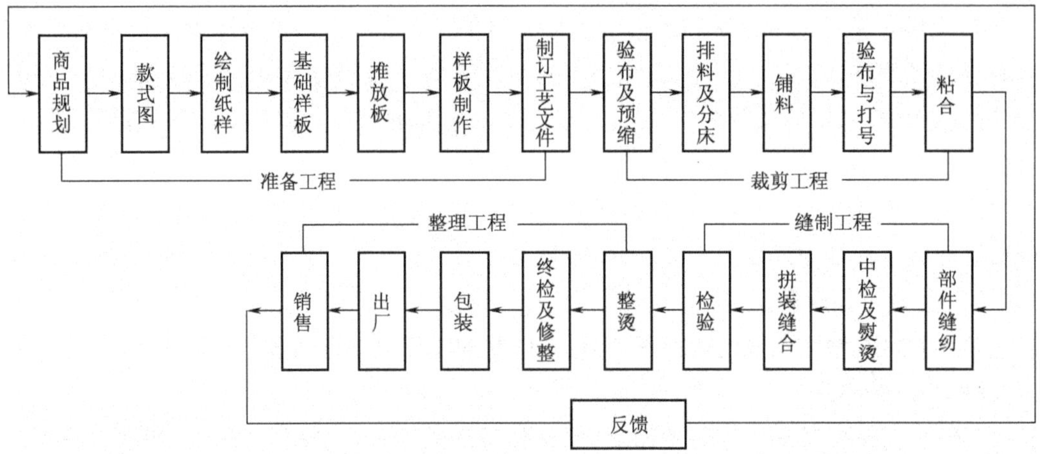

图 6－1　服装生产工程顺序图

(一)样板质量监控

在服装生产工艺中,样板具有特殊重要的地位。它既是图纸实样,又是进行裁剪、缝制的技术依据,还是复核检查裁片、部件规格的实际模板。样板管理工作要切实抓好以下三个环节。

1. 结构设计准确

(1)样板的结构设计一定要根据确认样的款式、合同要求、技术标准、工艺规定等技术文件提供的号型、规格、标准及有关规格尺寸进行,确保不走样。

(2)剪样板的刀口要齐直、圆顺,叠门、缝头计算要准确,标志记号要明确,大小样板块数应齐全,自然收缩率应放够。

2. 制作精细

(1)样板必须根据设计要求和技术要求的规定进行制作。

(2)根据生产序号和生产技术通知单,安排制作各种产品样板顺序(如有特殊情况可按需要安排),做到按时、按质、按数完成。

(3)制作样板时一定要做到毛、净样板规格换算正确,组合部位准确合理,面、里、衬规格配合适当。

(4)样板丝绺、贴边、缝头、锁眼、钉扣位置符合技术要求。

(5)样板要有统一编号,凡出口产品应注明合同号、款式号;内销产品要注明型号、批号、品名,同时应写上制板日期。

3. 复核严格

(1)复核样板要核对样板的款式结构与订货单效果图是否相符合,要检验规格、收缩率、丝绺、拼接范围、锁钉等是否符合技术要求。

(2)对主要部位测量,上衣主要测量衣长、袖长、袖口、领口、肩宽、胸围、腰围、下摆等;裤子主要测量腰围、臀围、中裆、脚口、裤长、直裆等。

样板复核单举例如表6－2所示。

表6－2 样板复核单

产品型号		任务单编号	
品 名		规 格	
大样板数		小样板数	
复核部位	复核结果记录		
长度部位			
纬度部位			
衣领长、宽			
衣袖长、宽			
衣袖与袖窿吻合			
衣领与领口吻合			
小样板复核			
备 注			
出样人		生产负责人	
复核人		日 期	
跟单员		日 期	

(3)重点进行“五查对”:查对毛、净样板规格换算是否正确;查对组合部位是否合理;查对自然收缩率是否放够;查对里、面、衬规格配合是否适当;查对大小样板块数是否齐全。

(4)经过复核验证,做到制作的样板规格精确,刀口齐直、圆顺,然后沿样板复核单的边口加盖审核章,并登记发放使用。

样板领用后,领用人应进行清点、检查。核对样板是否与通知单上所规定的品名、款式、号型、样板块数一致,是否经过审核,是否加盖了审核章,否则拒绝接收。表6－3为流水生产线样板确认意见书。

(二)工序质量监控

服装产品与其他产品一样,是经过一道道工序生产出来的。每道工序都应有质量标准,并且一定要严格按照本工序标准进行生产。

1. 分床工艺质量要求

(1)符合生产条件所规定的最多层数与最大长度。

(2)提高生产效率,减少重复性劳动。

(3)节约面料,方便排料。

(4)在情况允许的条件下,应尽可能降低床数。

表6－3　流水生产线样板确认意见书

TO:____________________　　　　款　　号:____________________

负责人:____________________　　产品名称:____________________

<table>
<tr><td colspan="3">测量单位:</td><td colspan="5">实际来板尺寸</td><td>制单尺寸+/－</td><td>修改意见</td></tr>
<tr><td rowspan="9">各部位名称</td><td></td><td>部位名称</td><td></td><td></td><td></td><td></td><td></td><td></td><td></td></tr>
<tr><td>1</td><td></td><td></td><td></td><td></td><td></td><td></td><td></td><td></td></tr>
<tr><td>2</td><td></td><td></td><td></td><td></td><td></td><td></td><td></td><td></td></tr>
<tr><td>3</td><td></td><td></td><td></td><td></td><td></td><td></td><td></td><td></td></tr>
<tr><td>4</td><td></td><td></td><td></td><td></td><td></td><td></td><td></td><td></td></tr>
<tr><td>5</td><td></td><td></td><td></td><td></td><td></td><td></td><td></td><td></td></tr>
<tr><td>6</td><td></td><td></td><td></td><td></td><td></td><td></td><td></td><td></td></tr>
<tr><td>7</td><td></td><td></td><td></td><td></td><td></td><td></td><td></td><td></td></tr>
<tr><td>8</td><td></td><td></td><td></td><td></td><td></td><td></td><td></td><td></td></tr>
<tr><td>确认样板意见</td><td colspan="7"></td><td colspan="2">材料确认意见:
上衣面料:__________　里料:__________
裤面料:__________　里料:__________
内衣:__________　鸡眼:__________
棉绳:__________　绳扣:__________
纽扣:__________　商标:__________
胶章:__________　魔术贴:__________
丈根绳:__________　织带:__________
拉链:__________　橡皮筋:__________
印花:__________　电脑绣:__________
负责批注(签名):____________________
确认日期:____________________
是否可以执行生产:____________________
签名:____________________</td></tr>
</table>

注　在未得到技术部的书面确认之前切勿开裁、下线,否则后果自负。

2. 排料工艺质量要求

(1)遵守服装制作的工艺要求。

①衣片的对称性。

②面料的方向性（包括核对服装面料的经纬向以及面料的表面状态，如倒顺毛、对片、对条格等）。

（2）保证设计要求。

（3）节约面料。

（4）防止漏板现象出现。

3. 铺料工艺质量要求

（1）保持布面平整。

（2）布边对齐。

（3）减小铺料过程对面料的拉力，并在铺料完成后放置一段时间再进行裁剪，如针织面料一般应在铺料后放置24小时后进行裁剪。

（4）注意面料方向性，特别是起绒、毛织物，每层面料保证方向应一致。

（5）保证对条、对格的准确。

4. 裁剪工艺质量要求

（1）裁片与样板偏差小或无偏差。

（2）各层裁片间的偏差小或无偏差。

（3）剪口、定位孔应打得准确。

（4）裁剪温度合理控制。

5. 验片工艺质量要求

（1）检验裁片的重要部位在尺寸、形状上与样板有何偏差，其偏差是否在允许范围内。

（2）第一层与最底层的裁片偏差大小是否符合要求。

（3）剪口、定位孔打得是否准确，是否有漏孔、漏打现象。

（4）有对条格、对图案要求的面料，应检验相应衣片是否能对上条格与图案。

（5）检查裁片的边际是否有毛边、破损现象，是否需换片。

（6）检验裁剪是否圆顺，是否有走刀现象等。

6. 打号工艺质量要求

（1）打号的颜色要清晰，但不能过重，以免污染面料。

（2）打号的位置应在裁片背面的边缘处，按不同品种工艺要求，打在同一规定的位置上，不能随意找地方打号。

（3）打号应确保准确，避免漏打、重复打或打错号等现象，打完号后务必要进行复核。

（4）对于绒面的面料，最好采用贴标签的形式，以防墨水渗透面料，造成损失。

（5）已完成打号的衣片，要与配料整齐捆放，并按规定的位置摆放好，不得乱丢乱放，以免查找困难。

7. 粘合工艺质量要求

（1）选用粘合设备与工具应合适，如熨斗、粘合机等。

（2）粘合参数（温度、压力、时间）应合适。表6-4给出了部分服装品种粘合衬粘合参数，供跟单员参考。

表 6－4　部分服装品种粘合衬粘合参数

种　类	温度/℃	时间/s	压力/Pa
衬衫粘合衬	160～190	15～25	1.96×10^5～2.94×10^5
外衣类粘合衬	120～150	12～20	2.94×10^5～3.92×10^5
裘皮类粘合衬	120～140	10～15	1.96×10^5～2.94×10^5

注　压力栏中过去使用 kgf/cm^2，$1kgf=9.8\times10^4$ Pa。

(3)粘合后裁片应无极光、无气泡现象，抗撕强度要好。

(4)粘合时应考虑原料本身的性能。

8. 缝制工序的质量要求　服装缝制质量与服装质量密切相关，在缝制过程中加强对缝制质量的过程控制是十分重要的。缝制过程质量控制包括严格执行工艺技术规定，加强投产前、生产过程中半成品的质量检验与控制工作以及不合格品的处理工作等。

(1)缝制过程投产前的质量控制。

① 生产通知单的检查。检查内容包括生产通知单的控制部位及细部规格的尺寸、使用的各种原辅材料、服装各部位缝合形式及布边处理方式等是否正确、合理。

② 缝制标准的检查。检查内容包括各部位缝制顺序、采用的线迹、缝型等的规定；各部位对条、对格、对图案的具体规定；特殊缝制要求的规定。

③ 缝制设备的检查。检查内容包括缝制设备的日常清洁去污、维护保养、工艺参数的调节等。

④ 缝制材料的检查。其主要是对裁片进行监督检查。领到裁片，首先要根据生产通知单核对规格、衣片数和辅料数。包括对面料、里料的检查；对缝纫线和衬布进行检查；对其他辅料如垫肩、拉链、裤钩、纽扣等进行抽样检查。检查裁片是否有油污、脏残，部位色泽是否保持一致，规格及对称部位尺寸误差是否在允许范围之内，如发现问题应及时与主管部门和裁剪车间联系。

总之，在正式投产前做好产品首件鉴定工作，保证产品质量符合技术工艺和质量标准。

(2)缝制过程中半成品的质量控制。

① 生产单与原板是否相符。技术人员应给班组做好技术辅导，对班组所缝制的首件产品进行封样。经确认后，方可投入批量生产，首件产品作好标记，作为样板放在该组台检处。台检对班组生产的半成品进行全检，发现不合格品，立即退回操作人员返工，并做好返工记录，返工后的产品由操作人员单独送台检重新检验，合格后才能转序。

② 成品服装的主标、成分标、洗水标、号标应正确。

③ 车缝位置应正确，车缝间距线标准应符合规定。

④ 针距、线路的调节应符合规定。通常缝制班组应按厂规条例严格管理机针，调换机针必须把断了的机针碎段对齐贴好，到检验员处调换。

⑤ 每天班组员工必须将个人卫生和保洁区打扫干净，做到机台手摸无灰、无油污，地面无布屑。保证半成品无污渍、油污、洗水斑等。

⑥ 检验整件衣服各部位尺寸。按照半成品检验项目、技术要求及检验方法（表6－5）对流水线上半成品进行检验，结果要填半成品检验明细表（表6－6），并及时将有关质量信息反馈给管理人员和工人，将次品消灭在萌芽状态中。

9. 整烫工序质量要求

（1）材料检查。投产前，对材料进行耐热性检验和测试。

（2）设备检查。主要包括设备的日常清洁、去污；设备的保养、维修；设备的工艺参数调节。

（3）半成品整烫质量检查。主要包括半成品的熨烫外形质量是否符合设计要求；有无烫黄、变色、变焦、极光、沾污、熔孔等熨烫疵点；是否把衣片或部件熨变形、缝口熨扭；是否有熨错位置、漏熨现象。

（4）成品整烫质量检查。主要包括外形是否符合造型设计的要求；外观是否平整、顺服；是否有明显的烫黄、烫焦、水印、变色、极光等疵点；是否把服装拉变形、绒面熨硬、纽扣等附件压坏；是否未熨平或熨出皱痕；是否漏熨。

表6－5　半成品检验项目、技术要求及检验方法

序　号	检验项目	技　术　要　求	检验方法
1	面料	按照企业标准及客户要求，检查面料织疵、粗结、抽丝、破洞及色差等一些常见毛病，还要注意一些不常见的压刹印、极光及纬斜等	目测
2	针距	面料11～12针/3cm，里料13～14针/3cm，线迹顺直，表面不允许接线，暗线接线应同针同线，起落针回针4～5针，用线规格对照工艺色卡要求检查	尺
3	底、面线	底、面线调和，无跳针、无接线	目测
4	尺寸	按照企业质量标准，测量各部件尺寸，超出允许公差范围为不合格	尺
5	线头	不允许有线头	目测
6	污渍	不允许有污渍	目测
7	缝制	线迹平挺、顺直、清晰，吃势均匀，无脱、漏。切线顺直、宽窄一致，圆角要圆润，方角要出方，夹缝吃势均匀、宽窄一致	目测
8	商标	检查规格、款式号、色号、位置是否正确，有无倒转、漏钉、多钉。商标要专项检验，商标外表整洁、四角出方，无歪斜	目测

表 6-6 半成品检验明细表式样

产 品		西服上装	产品中间检验日报表		检 验 日 期		
检验数/个							
疵点数/个							
检验项目		检验位置	裁剪疵点	缝制疵点	熨烫疵点/个	外观尺寸/cm	合计
前片	袋	腰袋					
		手巾袋					
		大袋					
		大袋盖					
	纽孔	纽孔脱线					
	挂面	挂面起壳					
		驳领宽					
		挂面剪切不齐					
背	正反面	折边					
		背衩					
		背里暗缝					
		针迹					
侧缝	正反面	侧里暗缝					
		针迹					
		侧缝					
		合缝不齐					
肩	正反面	肩里暗缝					
		肩宽					
		装肩垫					
		合肩					
领	领面	领左右不一					
		装领					
		领边毛出					
		串口					
袖	装袖	袖里缝合					
		袖缝针迹歪斜					
		袖长不一					
		袖形不良					
下摆		下摆折边					
		下摆里暗缝					
其他		下摆口不良					
检验项目数		疵点数/个	疵点原因	处理	备注		

10. 后整理工序质量要求

(1)头道检验。产品颜色、面料、款式瑕疵统计后返回车间返工,车间返工后再检查,如发现还有瑕疵,则车间重新返工再计数。

(2)剪线、专机钉扣。钉好纽扣的成品,在剪线组剪线,整件成品的里、外及各个部位的线头必须修剪干净,由组长验收。如发现没有剪干净,需返工重剪,合格产品再送总检。

(3)检针。

① 根据客户要求,须检针的产品,必须规范操作。

② 检针前要调试检针机的灵敏度,保证检针有效。

③ 凡查出断针,应做好记录,并追溯到班组,交车间处理。

④ 已检针和未检针的服装要隔离,并做明显的标记。

11. 成品质量要求　服装整理过程的控制工作,除了要完成本过程的生产质量控制,还要完成最终成品的质量控制。因此,成品检验阶段包含的项目非常多,如表6-7所示,检查记录表如表6-8和表6-9。

表6-7　成品检验项目、技术要求及检验方法

序号	检验项目	技术要求	检验方法
1	面料	按照企业标准及客户要求,检查面料织疵、粗结、抽丝、破洞及色差等一些常见毛病,还要注意一些不常见的压刹印,极光及纬斜等。对于水洗面料色差,要按照客户提供或确认的色卡为标准,做到仔细分辨	目测
2	针距	面料11~12针/3cm,里料13~14针/3cm,线迹顺直,表面不允许接线,暗线接线应同针同线,起落针回针4~5针,用线规格对照工艺色卡要求检查	尺
3	底、面线	底面线调和,无跳针、无接线	目测
4	尺寸	按照企业质量标准,测量各部件尺寸,超出允许公差范围为不合格	尺
5	线头	不允许有线头	目测
6	污渍	不允许有污渍	目测
7	缝制	线迹平挺、顺直、清晰、吃势均匀,无脱、漏。切线顺直、宽窄一致,圆角要圆润,方角要出方,夹缝吃势均匀、宽窄一致	目测
8	商标	检查规格、款式号、色号、位置是否正确,有无倒转、漏钉、多钉。商标要专题检验,商标外表整洁、四角出方,无歪斜	目测
9	机针检验	按照检针规程进行检针,检针机每天测试三次,待确定无误后方可继续检针	机测
10	检品数量	出货时,A品数量与B品数量是否与裁剪数符合,如有不符,重新确认A、B品数量	清点

表 6-8　成品质量检查记录表

检查依据：

合同号		产品编号		生产总数	

缺陷名称	数　量	返工数量	返工结果	备　注
面料缺陷				
规格不良				
缝制不良				
整烫不良				
锁钉不良				
线　头				
污　渍				
砂洗缺陷				
…				
合　计				

结论：

检验员：　　　　日期：　年　月　日

跟单员：　　　　日期：　年　月　日

表 6-9　成品检验表

1. □面料的正反面是否正确？
2. □配色是否正确？
3. □毛向是否正确？
4. □袋布、里料的颜色是否正确？
5. □经、纬纱是否歪斜？
6. □表面缉线间距与疏密是否符合规定？
7. □缉线是否正确？
8. □链式线迹、拷边线迹、扎针是否完好？
9. □底、面线、起落针是否正常？
10. □成品尺寸是否符合规定？
11. □裤襻的宽度、长度、缝制方法是否正确？
12. □各缝头有无吃势不均匀、皱缩现象？
13. □罗纹、松紧带的部分是否与样品要求一致？
14. □套结的位置、长度、只数是否正确？
15. □锁眼洞的位置、形状是否正确？
16. □锁眼洞有无毛漏？
17. □斜条、绳子的配色是否符合规定？
18. □扣环、伸缩襻是否发挥作用？
19. □粘合衬是否起壳？

检验员	组长	组别

具体尺寸	
部位/实量	需加、减尺寸

续表

20. □各缝制线(颜色、股数)是否符合规定?
21. □针数是否符合规定?　——→

生产任务书	实　际
针	针

22. □对条/格、对称的部位是否正确?
23. □裥与省的内缝方向是否准确?裥的长短是否符合规定?
24. □各种加工(水洗、HP 加工等)后的尺寸是否符合规定?
25. □刺绣及印字的颜色、位置是否符合规定?质量是否达到要求?
26. □小件部位(领子、前襟、袋盖、口袋、袖口、腰带等)有无颜色色差?
27. □小件(领子、前襟、袋盖、口袋、袖口、腰带等)尺寸、形状及上下左右的位置是否符合规定?
28. □拉链、纽扣(四件扣)的大小、颜色、钉的方法、位置是否正确?
29. □钉纽扣是否牢固?
30. □商标、规格标、洗涤标(成分、图标)的内容,钉的位置是否正确?
31. □线头是否修整干净?
32. □各部位有无油渍、划粉印、铅笔印等?(如发现油渍就检查机器)

跟单员:　　　　　　　　　　日期:

12. 包装工序质量要求　包装是成衣生产的最后一环,必须按要求保质保量进行,因此包装车间必须严格执行工艺规定。

(1)复查完成的合格品,按生产单的包装要求,挂好标牌,核对合格证,装入包装袋。注意,蒸气整熨的成衣不能马上装入胶袋内,以免包装后的服装因潮湿发霉。

(2)成品包装应按要求及尺寸进行折叠,包装的尺码、规格、印字、标志、数量、颜色搭配等必须符合工艺规定。注意,成品装入胶袋要平整,封口松紧适宜,不得有开胶、破损现象。胶袋透明度要强,印有字迹图案的要显示清晰,不得胶落,与所装服装上下方向一致。

(3)检查包装箱内是否清洁无杂物,外包装是否完整。小包装应做到规格与数量相符、产品搭配与合同相符、实物与号型规定相符。大包装应做到标记项目无遗漏、箱号无重复。规格准、品号准、颜色准和数量准。箱外唛头标记要清晰、端正。保证清单、唛头与合同完全相符,并填写好装箱单。

装箱完毕,包装部主管核对无误后,存放仓库,按时发货。

13. 仓储工序质量要求

(1)入库验收。各种原材料进仓验收要按单据核对数量(件、箱、包)和质量。

(2)环境要求。对仓库的要求,仓库建筑必须牢固、干燥、通风、不漏水,库内避免阳光直射,相对湿度要求在 60% ~65%,并有防虫、防鼠、防霉等各种措施,以防止原材料、成品受损。

(3)分类储存。分类储存货品堆放时应按不同种类、产地、牌号、级别、批号、货号等分别固定仓位，集中堆放，挂上明显标牌，便于识别。要按顺序，做到先进先出。并做到五不：不沿窗、不着地、不靠墙、不漏水和不霉烂。

(4)翻仓整理。原料和成品的储存，应在每年梅雨结束时期进行翻仓整理一次。在翻仓时，除将下层货品翻到上层外，还须将储放货品的木架、柜子、木箱等容器，分批搬到库外进行日光照射或者用杀虫药水喷洒，防止害虫滋生。

(5)库房通道及宽度。室内储存应考虑有适当通道。

① 通道宽度应不阻碍物体搬运。

② 通道应直接通向出口。

③ 通道的交叉口应尽量减少，视界应宽阔明亮。

④ 通道应保持畅行无阻，不可在通道上堆积物品。

仓储质量检查表如表 6 - 10 所示。

表 6 - 10　仓储保管质量检查表

编号：

原料名称		半成品名称		
加工品名称		成品名称		
序号	检查项目	实际库存质量	检查情况	备　　注
1	存放定位及整洁情况			
2	温度、湿度、通风、照明适宜度			
3	具有完善的消防设备			
4	各种物品存放情况			
5	实际库存与账面符合情况			
6	物品存放的地点有利于进出			
7	度量衡器具是否精准			
8	物品的质量完好情况			
9	其　他			
保管人		日期		
检查人		日期		
监督人		日期		
跟单员		日期		

14. 成品验收工作　成品验收工作包括质量与数量两方面的验收，要根据订货合同单或产品设计任务书的相关内容，由订货单位与生产单位共同进行完成。成品验收单的内容及格式如表 6 - 11 所示。

表6－11 成品验收单

<table>
<tr><td>合约</td><td colspan="2"></td><td>货号</td><td colspan="2"></td><td>地区</td><td></td><td>品名</td><td></td></tr>
<tr><td>商标</td><td colspan="2"></td><td>吊牌</td><td colspan="2"></td><td>数量</td><td colspan="2"></td><td rowspan="4">生产单位质量情况：</td></tr>
<tr><td>箱号</td><td>规格</td><td>数量</td><td>箱号</td><td>规格</td><td>数量</td><td>箱号</td><td>规格</td><td>数量</td></tr>
<tr><td></td><td></td><td></td><td></td><td></td><td></td><td></td><td></td><td></td></tr>
<tr><td></td><td></td><td></td><td></td><td></td><td></td><td></td><td></td><td></td></tr>
<tr><td></td><td></td><td></td><td></td><td></td><td></td><td></td><td></td><td></td><td rowspan="4">验收意见（驻外联络员）：</td></tr>
<tr><td></td><td></td><td></td><td></td><td></td><td></td><td></td><td></td><td></td></tr>
<tr><td></td><td></td><td></td><td></td><td></td><td></td><td></td><td></td><td></td></tr>
<tr><td></td><td></td><td></td><td></td><td></td><td></td><td></td><td></td><td></td></tr>
<tr><td></td><td></td><td></td><td></td><td></td><td></td><td></td><td></td><td></td><td rowspan="5">厂检验意见：</td></tr>
<tr><td></td><td></td><td></td><td></td><td></td><td></td><td></td><td></td><td></td></tr>
<tr><td></td><td></td><td></td><td></td><td></td><td></td><td></td><td></td><td></td></tr>
<tr><td>小计</td><td></td><td></td><td>小计</td><td></td><td></td><td>小计</td><td></td><td></td></tr>
<tr><td>合 计</td><td colspan="2"></td><td colspan="3">包括副、次品总数</td><td colspan="3"></td></tr>
<tr><td colspan="10">备注：1. 每批任务按照标准验收，发现重大质量事故由生产单位负责，事故单一式三份送厂部处理；
2. 副、次品分隔包扎并填具清楚。</td></tr>
<tr><td>生产单位</td><td colspan="3"></td><td>日 期</td><td colspan="5"></td></tr>
</table>

第三节 不合格品管理

一、跟单管理需遵从“预防为主”的思想

ISO 9000在过程控制中充分体现了“事前预防”这一思想。所谓“预防”，即事先分析影响质量的各种因素，找出影响质量的主导因素，采取措施将其消灭在形成过程之中，防患于未然。从事后检验到事前预防的转变体现了现代质量管理的观念，在纺织企业的跟单管理中要认真贯彻预防为主的思想。

二、不合格品的管理流程

不合格产品管理的直接结果就是可以将不合格品发现并控制在本工序内，并在流转到下道工序前得以解决，图6－2所展示的即是不合格品的管理流程。

对于不合格品的评审，根据不合格的程度决定评审的权限，并通知评审权限部门负责人及时组织评审。评审的权限应根据不合格的数量、程度来决定。评审一般有以下几种形式：

（1）组长组织评审。

（2）车间主管、总调度组织评审。

（3）领导层集中有关部门评审。

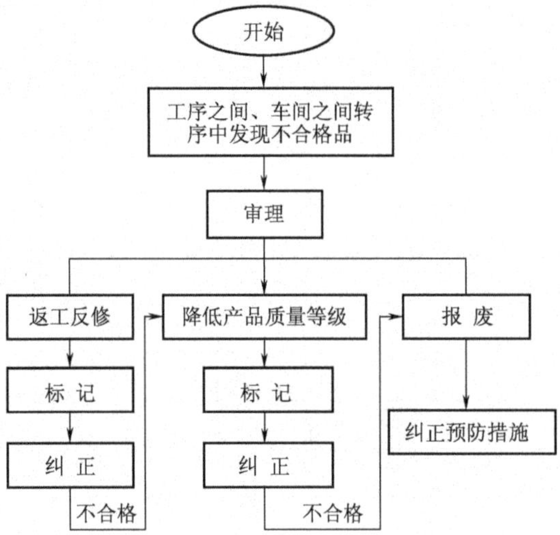

图6－2　不合格品的管理流程

(4)业务部组织与客户一起评审。

有关责任部门按照评审提出的意见进行纠正,纠正结果须予以记录。经采取措施修正后的不合格品,应由相关人员重新检查是否符合质量规定;对仍无法解决问题的产品,需要经过领导批准,做出降低产品等级质量的决定;降级后的产品,经过纠正仍无法解决的,需要上报有关领导,最终做出报废的决定。

另外,总调度室应针对不合格情况,组织采取相应的纠正或预防措施,执行纠正措施控制程序和改进预防措施控制程序。

三、工序间不合格品的识别与处理

工序间的不合格品的识别是由相关部门组织人员参与,根据产品在不同工序的质量检测标准进行评审,并提出综合的处理意见。

下面以服装成衣生产过程中的主要生产工序裁剪、缝制、整理过程为例,介绍不合格品处理时的要求。

(一)裁剪过程

在服装成衣生产的裁剪过程中,“验片打号”工序中是识别不合格裁片的主要工序。

发现不合格裁片,首先需要标记不合格之处,上报主管领导,然后查找产生不合格品的原因,通过清洗、修补或“补裁”的方式将裁片补齐,经检验合格后进入下道工序,不合格的产品经返工直至合格后才能进入下道工序。

(二)缝制过程

缝制工序复杂,需要检验的项目多,是最容易产生不合格品的工序。

缝制过程的质检员负责将当天该组生产线上存在的缺陷、生产数量处理意见上报品质部,确保半成品生产过程中对质量不合格工序进行分析,采取措施以减少问题的再发生,使质量体系正常运行。

通常情况下，质检人员对不合格品的处理流程及相关解决方法如下：

(1)缝制出现不合格品，须在不合格部位贴上标签粘纸，做好标记和记录，并将不合格品放置在规定的带颜色的标志塑筐内。

(2)缝制、锁钉的单件或少量不合格品由车间检验员或技术部检验员负责评审，并当场处置。

(3)检查服装组件时如果发现个别缺陷，应立即通知生产组长，告知相关员工立即返工。

(4)如果连续发现五个以上的相同缺陷，应立即通知组长对工位操作人员做停工处理。

(5)如果发现整批缺陷，应立即通知生产组长或车间主管，做不合格判定并予以返工处理，同时写出报告上交品质部主管。

(6)如果发现有重大问题时，要立即询问总经理，不可自行解决问题。

不合格品经检验合格后进入下道工序，仍不合格经返工直至合格后才能进入下道工序。

总之，服装缝制质量控制的关键是严格执行工艺技术规定，加强成衣半成品的中间质量检验。

(三)后整理过程

进入服装成衣生产的整理过程后，除缝制优良、熨整精细之外，还要求产品整洁、无糨糊、无粉迹、无沾污、无亮光、无水迹、无线头等。国外客户常把粉迹、亮光、沾污、线头称为“四害”。消除成衣的这些疵病，是保证成衣最终质量的重要环节。

1. 污渍处理 首先应根据面料及污渍的类别，选择合适的去污剂，既无毒、无害、无污染，又不能破坏面料的色泽和成分。可使用牙刷或小尼龙刷等，还可选用除污喷枪及除污清洁抽湿台。难以去除污渍的，要及时调整或换片。服装上常见污渍及其识别特征见表6－12。

表6－12 服装上常见污渍及识别特征

污渍分类	代表举例	明显识别特征
油污类	如机油、食物油、油漆、药膏等	油污类污渍除油漆、沥青、浓厚的机油之外，一般的油渍边线逐渐淡化，且往往呈菱形(经向长而纬向短)，这类污渍一般较易识别
水化类	如糨糊、汗、茶、糖、酱油、冷饮、水果汁、墨水、圆珠笔油、铁锈、红蓝墨水、红药水、紫药水、碘酒等	水化类污渍如红药水、紫药水、碘酒、红蓝墨水，有其鲜明的色彩 茶渍、水渍呈淡黄色且有较深的边缘，不发硬，这是和蛋白质类污渍的区别所在 薄的糨糊渍在织物上发硬，有时也有较深的边缘，但遇水就容易软化
蛋白质类	如血、乳、昆虫渍、痰涕、疮脓等	蛋白质类污渍在织物上一般无固定的形状，但都发硬，且有较深的边缘，其中除血渍、昆虫渍的颜色较深外，其余多数呈淡黄色

污渍处理注意事项：

(1)合理选用去污材料。毛织物是蛋白质纤维，它的染料一般以酸作媒介，因此要避免使用碱性去污材料，因为碱能破坏蛋白质(毛织物)，破坏酸性媒介(掉色黏胶织物一般用碱作染色媒介)，所以使用酸性材料后的变色要用纯碱或肥皂来还原。凡是深色织物，使用去污材料时以先试样为妥。

(2)正确使用去污方法。洗涤去污方法分水洗和干洗两种。要根据服装的质料和污渍种类，正确选用去污方法。

(3)去污渍后防止残留污渍圈。

2. 色差处理 审查服装不同部位色差是否存在，色差级别在不同部位存在情况，超过标准规定应及时处理，否则只有降等降级。

3. 布疵处理 服装衣料自身存在残疵或在生产加工、搬运、取放过程中，可能受到钩剐、撕拉等作用，都会造成不同程度的疵病。因此要对其进行修复，保证产品出厂时的正品率，以降低损耗，提高经济效益。布疵修复的原则是将大疵修整后成小疵或无疵，小疵修整成完好状态，以提高服装等级为原则。

4. 线头处理 线头又称毛梢，线头或毛梢的处理既是服装加工中最容易，也是最难解决的一道工序，这里面包含着人的因素和客观环境因素。“容易”指对毛梢的处理不够重视，总认为毛梢不是产品质量的直接问题，容易掉以轻心。“难”指场地、工作台、产品储存器的清洁指数问题。此外，工作人员身上如粘上毛梢后，也会使服装随时粘上毛梢。

线头分死线头和活线头两种。死线头是指缝纫工在加工过程中，开始缝制和结束时未将缝纫线剪除干净而残存在加工件上的线头。目前的大工业生产，进口设备多各有自动剪线器，其技术指标是线头长度不能大于4mm，大多线头还需用人工剪修。活线头是指服装产品在生产流程中所粘上的线头和纱头。一般可分三种方法处理：

(1)手工处理。用手将线头拿掉，放置在一个存器内，以防再次粘附在产品上。

(2)粘去法。用不干胶纸或胶滚轮将产品上的毛梢粘去。

(3)吸取法。这是目前最通用的方法，既省工，效率也高。它是采用吸尘器原理将产品上的毛梢、灰尘吸干净。

总体来看，服装整理过程的生产活动包括：不合格品的发现与处理，即对污渍进行辨别并采取正确的方法加以处理；对布疵进行修整；对毛梢进行处理。经过整理过程的加工处理，服装便可保质保量地进入下一道包装工序。

四、产品质量缺陷的判定与等级评定

(一)缺陷的判定

所谓缺陷判定，就是质量评价时依据合同或协议的质量标准或自身工艺文件所规定的技术质量要求，在服装的各个检验项目完成后，对服装质量中存在的缺陷轻重程度进行判定。缺陷一般可分为：轻缺陷、重缺陷和严重缺陷。

(1)轻缺陷：不符合产品标准的技术质量要求，但对产品的使用性能和外观影响微小的缺陷。

(2)重缺陷：不严重降低产品的使用性能，不严重影响产品外观，但较严重不符合技术标准所规定的缺陷。

(3)严重缺陷：违反产品质量要求与标准，严重降低了产品的使用性能，并严重影响了产品的外观。

只有对服装的缺陷轻重进行了判定，才能对产品的等级进行判定。

(二)等级判定

1. 单件产品等级判定　根据轻缺陷每处扣 1 分，重缺陷每处扣 4 分，严重缺陷每处扣 20 分的原则，对单件产品以缺陷程度及缺陷的数量来判定：

(1)优等品：96 分以上，即严重缺陷、重缺陷均为 0 分，轻缺陷≤4 分。

(2)一等品：93 分以上，即严重缺陷、重缺陷为 0 分，轻缺陷≤6 分；或严重缺陷为 0 分，重缺陷为 1 个，轻缺陷≤3 分。

(3)合格品：90 分以上，即严重缺陷、重缺陷为 0 分，轻缺陷≤10 分；或重缺陷为 2 个，轻缺陷≤2 分；或严重缺陷为 0，重缺陷为 1 个，轻缺陷≤6 分。

2. 批量产品等级判定　对于批量产品的等级判定则以单件产品的品质分等的数量来定级，一般可分为：

(1)优等品批：优等品≥90%，一等品、合格品≤10%。

(2)一等品批：一等品≥90%，合格品≤10%。

(3)合格品批：合格品以上≥90%，不合格品≤10%。

抽检中各批量判定数若符合标准规定的为等级批出厂，若不符合标准规定时应增加抽样数量一倍进行再次检验，如仍不符合规定应全部修整或降等级，甚至退货。因此，服装质量的要求一定要把好关，以免次品流入市场，影响产品与企业的形象和信誉。

五、残次品的处理

(1)返工。可以通过再加工或采取其他措施使不合格品完全符合规定标准和要求。返工后的产品必须再次经过检验程序的复验确认。

(2)返修。对采取补救措施后仍不能完全符合质量要求，但能基本满足使用要求的产品，判为止步回用品。在合同约束条件下，修复程序应得到需求方的同意认可。修复后也必须经过复验确认。

(3)原样使用。不合格程度轻微，不需要采取返修补救措施，仍能满足预期使用要求的产品，可以被直接让步接收回用。但在此情况下，必须依据严格的申请和审批制度，并征得用户的同意。

(4)降级。根据实际质量水平降低不合格产品的质量等级或作为处理品降价出售。

(5)报废。上述处理方法均不得采用时，只能将产品报废。报废时，应按照规定开出废品报告单。

以上处理方法均须建立规范的管理制度加以执行，执行过程中还应注意以下几方面问题:对于各生产车间在产品生产过程中发生的不能返工的残次品,不能作为正品包装入库时,应作为另类处理;凡是作为另类处理的残次品,各生产车间要分品种集中大包装,并在包装箱上注明品种、数量、残次品等字样;残次品统一转入成品可储存,并办理入库手续,成品库设残次品台账,纳入产品管理程序;残次品统一由被授权部门组织销售,销售收入上交公司财务。禁止各车间自行销售处理。

六、建立有效的质量控制程序

质量管理体系的建立必须以保证实现质量方针、目标为准。质量管理是一个系统活动,其核心是组织结构的运行方式,必须识别和确定各级质管部门、各类工作人员的职责、权限和相互关系。合理设置职能部门和岗位职责,各接口的关系要相互衔接,不重复、不留缺口。

日常事务的管理由各职能部门、岗位人员各司其职,质量管理负责部门再进行日常检查。及时分析产生不合格品的原因,按问题的大小分别处理,大问题或有代表性问题要采取纠正/预防措施,防止再次发生。

通过增加内审和管理评审的频次,广泛收集顾客对质量的需求信息,分析和评价现状,识别需求改进的方面。按质量管理标准要求完善纠正和预防措施的控制程序,强化过程控制的检查工作,及时纠正生产和服务过程的不合格,并采取有效措施防止再发生。同时,注意检查发现潜在的不合格,采取必要的预防措施,形成有利于本企业实现产品质量目标的有效控制程序。

第四节　产品质量检验

由于纺织品进出口的数量大、批次多、种类全,所以一般情况下对纺织品进行质量检验时多采用抽样检验方法来完成。鉴于此,本章介绍纺织品质量检验跟单实务时,着重介绍这一方法,并以实例来阐述该方法在实务中的应用。

抽样检验适用于全数检验不必要、不经济或无法实施的场合和情形,应用非常广泛,特别适用纺织服装产品等数量较大的产品的质量检验业务。抽样检验是按照数理统计原理预先设计的抽样方案,从待检总体(一批产品、一个生产过程等)取得一个随机样本,对样本中个体逐一进行检验,获得质量特征值的样本统计值,并和相应标准比较,从而对总体质量做出判断(接收或拒绝、受控或失控等)。

我国现有抽样方法标准很多,其中 GB/T 2828 是一种既实用又容易被掌握的检验标准和方法,本节将着重介绍 GB/T 2828 的基本内容和在纺织品质量检验实务中的运用方法。

一、GB/T 2828 概述

GB/T 2828 即《逐批检查计数抽样程序及抽样表(适用于连续批的检查)》,它属于调整型计数抽样方法标准,它可以在连续批产品质量检验中,随着产品质量水平的状况,随时调整抽验方案的严格程度。

GB/T 2828 标准中抽样方案有 5 个要素：批量、合格质量水平、检查水平、检查次数和严格度。

1. 批量 GB/T 2828 根据实践经验和经济因素，规定批量（N）为 15 档。1 ~ 8 位第一档，9 ~ 15 位第二档，依此类推。表 6 - 13 为批量范围、检验水平与样本量字码之间关系表。

表 6 - 13 批量范围、检验水平与样本量字码之间关系表

批量档次	批量数量	特殊检验水平				一般检验水平		
		S - 1	S - 2	S - 3	S - 4	Ⅰ	Ⅱ	Ⅲ
第一档	1 ~ 8	A	A	A	A	A	A	B
第二档	9 ~ 15	A	A	A	A	A	B	C
第三档	16 ~ 25	A	A	B	B	B	C	D
第四档	26 ~ 50	A	B	B	C	C	D	E
第五档	51 ~ 90	B	B	C	C	C	E	F
第六档	91 ~ 150	B	B	C	D	D	F	G
第七档	151 ~ 280	B	C	D	E	E	G	H
第八档	281 ~ 500	B	C	D	E	F	H	J
第九档	501 ~ 1200	C	C	E	F	G	J	K
第十档	1201 ~ 3200	C	D	E	G	H	K	L
第十一档	3201 ~ 10000	C	D	F	G	J	L	M
第十二档	10001 ~ 35000	C	D	F	H	K	M	N
第十三档	35001 ~ 150000	D	E	G	J	L	N	P
第十四档	150001 ~ 500000	D	E	G	J	M	P	Q
第十五档	500001 以上	D	E	H	K	N	Q	R

2. 合格质量水平 GB/T 2828 中把合格质量水平（AQL）从 0.010 ~ 1000 按 R_5 优先系数分为 26 级，其公比大约为 1.5，见表 6 - 14。用以确定样本量和一次、二次或多次正常检验、加严检验、放宽检验抽样方案的接收数 Ac 和拒收数 Re。

合格质量水平（AQL）的确定，原则上由供需双方商定，也可以在相应的标准或技术条件中规定，既可以定性规定也可以定量规定。一般的，单位产品的影响较大时，AQL 值选用较小数；A 类不合格原则上不用抽样检查，B 类不合格的 AQL 值小，C 类不合格的 AQL 值大；产品检查项目少时，宜选用较小的 AQL 值，检查项目较多时宜选用较大的 AQL 值；产品价格较高时，用较小的 AQL 值，反之可用较大的 AQL 值；重要检查项目的 AQL 值较小，次要项目的 AQL 值较大等。

3. 检查水平 检查水平（IL）是指按抽样方案的判断能力而拟定的不同样本大小。显然，样本量 n 大些，其判断能力就大些。因此检验费用低廉时，就可以将 n 选得大一些。

表 6-14　GB/T 2828 一次正常检查抽样方案

样本量字码	样本量	接收质量限 4.4ML																									
		0.010	0.015	0.025	0.040	0.055	0.10	0.15	0.25	0.40	0.65	1.0	1.5	2.5	4.0	6.5	10	15	25	40	65	100	150	250	400	650	1000
		AcRe	AcRe	AcRe	AcRe	AcRe	AcRe	AcRe	AcRe	AcRe	AcRe	AcRe	AcRe	AcRe	AcRe	AcRe	AcRe	AcRe	AcRe	AcRe	AcRe	AcRe	AcRe	AcRe	AcRe	AcRe	AcRe
A	2	↓	↓	↓	↓	↓	↓	↓	↓	↓	↓	↓	↓	↓	↓	0 1	1/3	1/2	1 2	2 3	3 4	5 6	7 8	10 11	14 15	21 22	30 31
B	3	↓	↓	↓	↓	↓	↓	↓	↓	↓	↓	↓	↓	↓	0 1	1/3	1/2	1 2	2 3	3 4	5 6	7 8	10 11	14 15	21 22	30 31	44 45
C	5	↓	↓	↓	↓	↓	↓	↓	↓	↓	↓	↓	↓	0 1	1/3	1/2	1 2	2 3	3 4	5 6	7 8	10 11	14 15	21 22	30 31	44 45	↑
D	9	↓	↓	↓	↓	↓	↓	↓	↓	↓	↓	↓	0 1	1/3	1/2	1 2	2 3	3 4	5 6	7 8	10 11	14 15	21 22	30 31	44 45	↑	↑
E	13	↓	↓	↓	↓	↓	↓	↓	↓	↓	↓	0 1	1/3	1/2	1 2	2 3	3 4	5 6	7 8	10 11	14 15	21 22	30 31	44 45	↑	↑	↑
F	20	↓	↓	↓	↓	↓	↓	↓	↓	↓	0 1	1/3	1/2	1 2	2 3	3 4	5 6	7 8	10 11	14 15	21 22	↑	↑	↑	↑	↑	↑
G	32	↓	↓	↓	↓	↓	↓	↓	↓	0 1	1/3	1/2	1 2	2 3	3 4	5 6	7 8	10 11	14 15	21 22	↑	↑	↑	↑	↑	↑	↑
H	50	↓	↓	↓	↓	↓	↓	↓	0 1	1/3	1/2	1 2	2 3	3 4	5 6	7 8	10 11	14 15	21 22	↑	↑	↑	↑	↑	↑	↑	↑
J	90	↓	↓	↓	↓	↓	↓	0 1	1/3	1/2	1 2	2 3	3 4	5 6	7 8	10 11	14 15	21 22	↑	↑	↑	↑	↑	↑	↑	↑	↑
K	125	↓	↓	↓	↓	↓	0 1	1/3	1/2	1 2	2 3	3 4	5 6	7 8	10 11	14 15	21 22	↑	↑	↑	↑	↑	↑	↑	↑	↑	↑
L	200	↓	↓	↓	↓	0 1	1/3	1/2	1 2	2 3	3 4	5 6	7 8	10 11	14 15	21 22	↑	↑	↑	↑	↑	↑	↑	↑	↑	↑	↑
M	315	↓	↓	↓	0 1	1/3	1/2	1 2	2 3	3 4	5 6	7 8	10 11	14 15	21 22	↑	↑	↑	↑	↑	↑	↑	↑	↑	↑	↑	↑
N	600	↓	↓	0 1	1/3	1/2	1 2	2 3	3 4	5 6	7 8	10 11	14 15	21 22	↑	↑	↑	↑	↑	↑	↑	↑	↑	↑	↑	↑	↑
P	800	↓	0 1	1/3	1/2	1 2	2 3	3 4	5 6	7 8	10 11	14 15	21 22	↑	↑	↑	↑	↑	↑	↑	↑	↑	↑	↑	↑	↑	↑
Q	1250	0 1	1/3	1/2	1 2	2 3	3 4	5 6	7 8	10 11	14 15	21 22	↑	↑	↑	↑	↑	↑	↑	↑	↑	↑	↑	↑	↑	↑	↑
R	2000	1/3	1/2	1 2	2 3	3 4	5 6	7 8	10 11	14 15	21 22	↑	↑	↑	↑	↑	↑	↑	↑	↑	↑	↑	↑	↑	↑	↑	↑

⇩ ——使用箭头下面的第一个抽样方案，如果样本量等于或超过批量，则执行 100%检验。

⇧ ——使用箭头上面的第一个抽样方案。

Ac ——接收数。

Re ——拒收数。

GB/T 2828 中把检查水平分为两类：一类是一般检查水平，用于没有特别要求的场合与情形，它又分为Ⅰ、Ⅱ、Ⅲ三级，一般无特别说明时优先选择第Ⅱ级；另一类为特殊检查水平，用于希望样本量 n 较小的情形，它又分为 S-1、S-2、S-3 和 S-4 共四级。

4. 检查次数　GB/T 2828 规定抽取样本的次数有三种，即一次、二次和五次。

5. 抽检方案的严格度　抽检方案的严格度是指采用抽检方案的宽严程度。GB/T 2828 规定了三种宽严程度，即正常检验、加严检验和放宽检验。

二、运用 GB/T 2828 求解抽验方案的方法

[**例 1**]某纺织外贸公司跟单员张三接到某服装厂送来一份交货检查通知书，其内容是该服装厂提前 5 天按合同要求交来服装 15000 件，请求跟单员张三进行交货检验。

检验方案如下：

首先，张三查阅该批服装的检查基准书，查出 AQL = 1.0%，检查水平(IL)为"I"；然后，张三按下列步骤求解出正常检验一次抽样方案。

(1)在表 6-13 中查阅，当 N = 15000 时属于第十二档，其所在的"行"与检查水平"I"所在的"列"交叉格中的样本量代码为 K。

(2)因为要求正常检验一次抽样方案，所以选用表 6-14 进行检索。

(3)在表 6-14 中，由代码 K 所在"行"向右，在样本量栏中查出 n = 125。

(4)在表 6-14 中，由代码 K 所在"行"与规定的 AQL = 1.0% 所在的"列"的交叉格中，查出[Ac,Re]为[3,4]。

(5)得出正常检验一次抽样方案为：n = 125，Ac = 3，Re = 4。

其方案解释为：从批量 15000 件的交验服装中，随机抽取 125 件样本进行检验，如果发现这 125 件服装中有 3 件以下不合格品，则判定为合格批，该批服装可以接受；如果发现这 125 件服装中有 4 件以上为不合格品，则判定该批服装为不合格，予以拒收。

[**例 2**]某纺织外贸公司跟单员李四接到某羊绒加工厂送来的一份交货检查通知书，其内容是该厂提前 10 天按合同要求交来的羊绒女式大衣 50 件，请求跟单员李四进行交货检验。

检验方案如下：

首先，李四查阅该批羊绒大衣的检查基准书，查出 AQL = 0.10%，检查水平(IL)为"Ⅱ"；然后，李四按下列步骤求解出正常检验一次抽样方案。

(1)在表 6-13 中查阅，当 N = 50 时属于第四档，其所在的"行"与检查水平"Ⅱ"所在的"列"交叉格中的样本量代码为 D。

(2)因为要求正常检验一次抽样方案，所以选用表 6-14 进行检索。

(3)在表 6-14 中，由代码 D 所在"行"向右，在样本量栏中查出 n = 9。

(4)在表 6-14 中，由代码 D 所在"行"与规定的 AQL = 0.10% 所在的"列"的交叉格中，查出[Ac,Re]为[↓]，这表明应选择箭头下面的第一个方案[0,1]。而在[0,1]所在"行"向左对应的样本量栏中查出 n = 125。

显然，样本量 125 大于批量 50，说明需要采用全数检验。

(5)得出正常检验一次抽样方案为：$n=50$，$Ac=0$，$Re=1$。

其方案解释为：从批量50件交验的羊绒大衣中，抽取50件样本进行检验，如果发现这50件羊绒大衣中有0件以下不合格品，则判定为合格批，该批羊绒大衣可以接受；如果发现这50件羊绒大衣中有1件以上为不合格品，则判定该批羊绒大衣为不合格，予以拒收。

三、服装验货工作流程实例

以服装成衣为例，服装的检验应贯穿于裁剪、缝制、锁眼钉扣、整烫等整个加工过程之中。成衣检验一般分四个阶段，即产前检验、生产初期检验、生产中期检验和生产尾期检查。图6－3为服装验货工作流程。

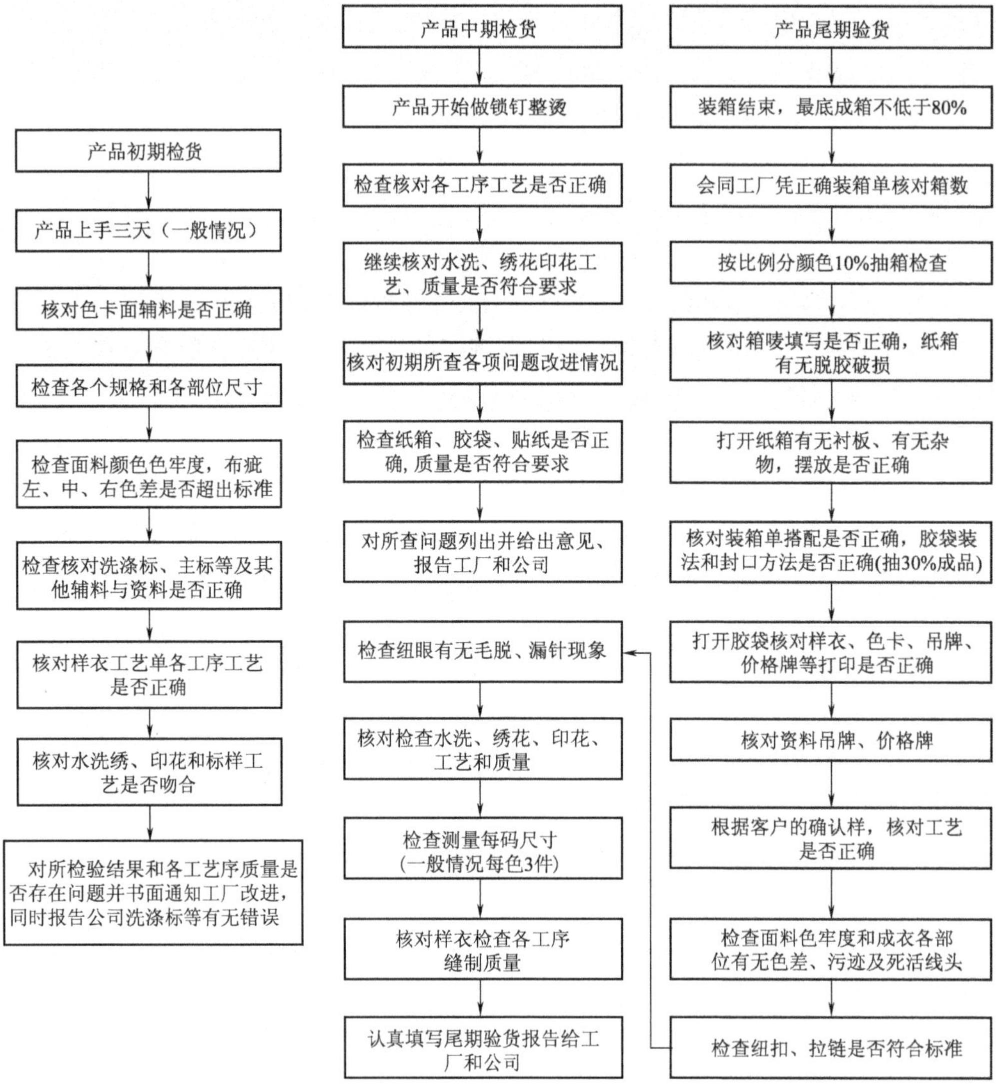

图6－3　服装验货工作流程

思考题

1. 质量检验的职能有哪些？请结合纺织服装企业的跟单管理现状举例说明。

2. 纺织服装企业生产过程的质量监控工作要充分体现“预防为主”的思想，请结合跟单员的具体工作流程，解释生产过程质量监控的内容。

3. 有哪些减少纺织服装企业不合格品的好的建议或措施，请举例说明。

4. 请简述生产过程质量监控的一般流程。

5. 不合格品的处理方法主要有哪些？

6. 某纺织外贸公司跟单员张三接到某长毛绒玩具厂送来的一份交货检查通知书，其内容是该玩具厂提前 15 天按合同要求交来的长毛绒玩具 38000 个，请求跟单员张三进行交货检验。张三查阅该批玩具的检查基准书，查出 AQL = 10%，检查水平（IL）为“Ⅱ”，请问张三应怎样求出正常检验一次抽样方案？

7. 某纺织外贸公司跟单员张三接到某服装厂送来的一份交货检查通知书，其内容是该服装厂按合同要求交来的服装 1550 件，请求跟单员张三进行交货检验。张三查阅该批服装的检查基准书，查出 AQL = 0.15%，检查水平（IL）为“Ⅰ”，请问张三应怎样求出正常检验一次抽样方案？

8. 某纺织外贸公司跟单员张三接到某服装厂送来的一份交货检查通知书，其内容是该服装厂按合同要求交来的男士西服 90000 套，请求跟单员张三进行交货检验。张三查阅该批西服的检查基准书，查出检验“重大缺陷”的 AQL = 1.0%，检验“次要缺陷”的 AQL = 2.5%，检查水平（IL）为“Ⅰ”。

请问：(1) 张三应怎样求出正常检验一次抽样方案？

(2) 假如通过抽样检验，属于重大缺陷的产品有 4 套，属于次要缺陷的产品有 9 套，那么该批西服是否合格？

第七章　纺织服装产品包装跟单

本章知识点

1. 包装的类型及作用。
2. 纺织服装常用包装材料的种类、包装方法及其各自特点。
3. 瓦楞纸板的分类标准及其种类。
4.包装标志的种类、内容及作用。
5.包装业的发展趋势及动态。

第一节　包装的意义及分类

一、包装的意义

包装是必不可少的，它不但能保护纺织品服装、方便储存、便于运输，还起到介绍产品、指导消费、宣传促销的作用，并具有区分服装、树立形象、创造价值的作用。许多国家对进（出）口服装产品的包装要求更高，商检及海关都十分重视。

服装包装是服装生产的继续，只有通过服装包装，才算完成生产过程，服装才能进入流通领域和消费领域，才能实现服装的使用价值和价值。包装是保护服装在流通过程中质量完好和数量完整的重要措施，有些服装甚至根本离不开包装，与服装包装成为不可分割的统一体。

二、包装的分类

纺织服装产品包装根据不同的分类目的，可分为不同类别。

（一）按用途分类

1. 销售包装　销售包装是以销售为主要目的的包装，它起着直接保护商品的作用。其包装件小、数量大，讲究装潢印刷。包装上大多印有商标、说明、生产单位，因此又具有美化产品、宣传产品、指导消费的作用。

2. 工业包装　工业包装是将大量的包装件用保护性能好的材料（纸盒、木板、泡沫塑料等）进行的大体积包装，其注重于牢固，方便运输，不讲究外部设计。

3. 特种包装　特种包装属于保护性包装，其材料的构成须由运送和接收单位共同商定，并有专门文件加以说明。

(二)按包装的层次分类

1. 内包装(直接包装)　内包装又称小包装、销售包装,有时也称直接包装,通常是指将若干件服装组成最小包装整体。内包装主要是为了加强对商品的保护、促销,便于再组装,同时也是为了分拨、销售商品时便于计量的需要。服装的内包装在数量上大多采用5件或10件,半打或一打(英制单位中,一打为12件,我国企业计数时也有将一打计为10件的)组成为一个整体。

2. 外包装(运输包装)　外包装又称运输包装或大包装,是指在商品的销售包装或内包装外面再增加一层包装。由于它的作用主要用来保障商品在流通过程中的安全,是保护和防止出现"货损"、"货差",便于装卸、运输、储存和保管的,因而具有提高产品的叠码承载能力,加速交接、点验等作用。

(三)按国际贸易的习惯做法分类

按国际贸易的习惯做法,通常采用服装中性包装,包括无牌中性包装和定牌中性包装。服装中性包装是指不标明生产国别、地名和厂商名称,或者不标明商标或品牌的服装包装。采用服装中性包装,是为了打破某些进口国家与地区的关税和非关税壁垒以及适应交易的特殊需要(如转口销售等),它是出口国家加强对外竞销和扩大出口的一种手段。

1. 无牌服装中性包装　无牌服装中性包装是指服装包装上既无生产国别和厂商名称,又无商标或品牌标志。

2. 定牌服装中性包装　定牌服装中性包装是指服装包装上仅有买方指定的商标或品牌,但无生产国别和厂商名称。

(四)按包装材料分类

根据包装所选用材料的不同,包装可分为纸包装、塑料包装、木包装、金属包装、玻璃包装、复合材料包装和其他天然材料包装等。这些不同的包装材料主要是适应产品本身的性质特点。

(五)按包装造型结构分类

根据包装造型结构的不同,包装可分为便携式包装、开窗包装、透明包装、悬挂包装、堆叠式包装、组合式包装和礼品式包装等。这种包装设计主要考虑产品本身的使用情况。

(六)按包装质量水平分类

根据包装质量水平的不同,包装可分为高档包装、中档包装和低档包装(或普通包装)。一般外销产品、专卖品、设计为礼品的纺织服装产品等多采用高档或较高档包装;团购产品、进超市销售的产品往往采用中档包装;低端客户产品一般采用低档包装。总之,包装质量档次要与产品档次匹配,做到"适销对路"。

(七)按包装使用次数(能否回收)分类

根据包装使用次数或包装能否回收再重复利用进行分类,包装可分为一次用包装和多次用包装。一般纺织品包装中的大包装均可以多次重复利用,以节约成本、减少物耗。

第二节 包装的基本材料

现代四大支柱包装材料分别是纸、塑料、金属、玻璃。其中,纸与塑料包装材料在纺织服装领域的应用最为广泛。

一、纸包装

纸包装材料之所以能受到大众的青睐,是基于它有一系列其他许多材料不能替代的优点,被认定为最有前途的绿色包装材料之一。由于纸质包装材料的主要成分是天然植物纤维,易被微生物分解,减少了处理包装废弃物的成本,在包装材料中占据主导地位。纺织服装品的主要包装材料即是纸质包装材料。

(一)纸包装的优点

首先,纸材料本身的性能优良。加工性能好、印刷性能优良、具有一定的机械性能;不透明、卫生安全性好、弹性和韧性好、品种多样、容易形成大批量生产、质量较轻、便于运输;收缩性小、稳定性高、不易碎且易切割。同时,使用薄型和具有阻隔性好的纸基复合材料包装物品,能够延长货架寿命。

其次,纸材料被誉为21世纪最具发展前景的绿色包装材料之一,因为其在环保方面与其他包装材料相比有不可比拟的优势。

(二)纸质包装材料的种类

常用的主要包装用纸包括纸袋纸、牛皮纸、鸡皮纸、玻璃纸、羊皮纸、仿羊皮纸、瓦楞原纸、邮封纸、糖果包装纸、茶叶装滤纸和感光防护纸等。

1. 纸袋纸 纸袋纸又称水泥袋纸,其强度较高,一般用于水泥、化肥、农药等工业品的包装。

2. 牛皮纸 牛皮纸属于高级包装纸,分为一号牛皮纸和二号牛皮纸,纺织品、绒线等多采用牛皮纸进行包装。其具有较高的耐破度和良好的耐水性,包装产品既有卷筒纸,也有平板纸。

3. 鸡皮纸 鸡皮纸是单面光的平板薄型包装纸,在纺织品包装中一般被用作印刷商标之用。

4. 玻璃纸 玻璃纸透明度高、光泽性好、印刷效果佳,常用于纺织品等产品的美化包装,因此高档纺织品的包装中常大量使用玻璃纸。

5. 瓦楞原纸 瓦楞原纸是制造各种瓦楞纸板及瓦楞纸箱的主要材料,瓦楞纸板可制作纸盒、纸箱及瓦楞衬垫。瓦楞纸盒或瓦楞纸箱是纺织品最常用的包装之一。

瓦楞纸板可制作成瓦楞纸盒和瓦楞纸箱。

瓦楞纸板的类别主要依据瓦楞纸板的规格型号、瓦楞形状和用纸层数三个方面来划分。瓦楞纸板的规格型号由瓦楞高度(楞谷与楞峰之间的高度)、不同的瓦楞数(楞与楞之间的疏密程度)和不同的瓦楞收缩率来确定,依次列为K、A、C、B、D、E、F等七种型号,其中A、C、

B、E 四种型号被普遍使用。瓦楞形状是指瓦楞剖面齿形轮廓的波纹形状,通常有三种即 U 形、V 形和 UV 形,不同楞形具有不同的性能特点,其性能特点比较见下表。瓦楞纸板的用纸层数指的是用以被制成瓦楞纸的厚纸层数,依据层数多少可将瓦楞纸板分为二层瓦楞纸板(又称单面瓦楞纸板)、三层瓦楞纸板(又称双面瓦楞纸板)、五层瓦楞纸板(又称双层瓦楞纸板)、七层瓦楞纸板(又称三层瓦楞纸板)。纺织品在选择包装瓦楞纸箱时可以根据产品的性质特点,结合瓦楞纸板的规格型号、瓦楞形状和用纸层数三个方面来进行综合选择。

不同瓦楞性能特点比较

瓦楞形状	平面抗压力	缓冲弹性	受压后回复能力	黏合剂耗用量	瓦楞辊磨损	瓦楞粘结线
U 形	弱	好	强	多	慢	宽
V 形	强	差	弱	少	快	窄
UV 形	较强	较好	较强	较少	较慢	适中

二、塑料包装

20 世纪 80 年代初,塑料以其巨大的优越性席卷了包装的各个领域,出现了全面取代或部分取代纸、木、玻璃甚至金属包装的趋势。可以说,现代包装技术是随着塑料工业的发展而发展起来的。

(一)塑料包装的优缺点

1. 塑料包装的优点

(1)透明性好。很多塑料呈透明状,用其包装产品,不必开封即可一目了然,见形见色。

(2)阻隔性好。对水分、水蒸气、气体有良好的阻隔性能,可有效保护产品。

(3)化学性能稳定。有较好的抗腐能力,有的塑料还能耐强酸、强碱,其性能大大超过玻璃容器。

(4)加工性良好。易于加工成所要的形状。

(5)机械性能好。塑料的强度比金属大。

(6)价格低廉。自从石油工业取得突破性的发展开始,塑料的获取变得非常容易,从而使得塑料的成本比纸要低得多。

2. 塑料包装的缺点

(1)塑料由树脂和添加剂组成,它的化学结构不稳定,在光、热等外界条件影响下,容易发生变化,分解出微量对人体有害的物质,会污染内装物品。

(2)塑料一般难以处理,有些难以分解,有些焚烧后会产生有害气体,对环境易造成较大的污染。

欧美许多国家已明令禁止使用塑料包装和泡沫塑料餐具。

在人类尚未彻底解决塑料对人体的危害及对环境污染的弊病之前,塑料包装的发展速度将会减慢。

(二)塑料包装在服装中的应用

塑料是应用最普遍和最广泛的袋包装的主要材料,有些塑料袋要求留有气孔。塑料包装具有防污染、保护服装、成本低廉、便于运输等优点,但存在支撑强度小、容易损坏等缺点。

服装塑料包装的款式、形状、大小、厚薄等应根据折叠后的服装而定;立体包装使用的是挂式塑料袋包装,顶端要有衣架孔,开口在下方。

三、纺织服装产品的包装方法

(一)折叠包装

折叠包装是家用纺织品和服装包装中最常用的一种形式。折叠时要把产品的特色之处、款式的重点部位,特别是必须将服装的吊牌(价格标牌)显示于可见位置。折叠应平服,视不同类服装分别减少服装叠位,尽量减少消费者拆装后的整烫工作。为防止松脱,在适当的部位要用大头针或胶夹固定。为防止产品变形,可衬垫硬纸板,折叠好后亦可装入相应的包装袋或包装盒。

(二)真空包装

真空包装是把纺织品服装装入封闭式塑料袋后,将袋内和纺织品服装中的空气抽掉,然后将袋口封合。真空包装可缩小服装体积和减少服装重量,方便储运,降低运输成本。特别适合体积大且蓬松的棉绒类服装和床品。

(三)立体包装

立体包装多用于高档服装,如毛呢、裘皮类服装以及一些特种定型效果的服装等,现在应用越来越广泛,一般时装也常采用立体包装。此包装是将服装套在衣架上,再套包装袋,克服了服装包装运输后产生皱褶的问题,可充分保证商品的外观质量,并有利于店铺陈列。但在保管和运输上要有专用挂架,成本较折叠包装高。

(四)内外包装

1. 内包装 内包装又称小包装。通常是在数量上以单件、套为单位的包装,以方便零售;或是以5件或10件、6件或12件等为单位的包装,以方便分拨、计量、再组装。

2. 外包装 外包装又称大包装或运输包装。这是在商品的内包装外再添加一层包装,使包装堆集强度增强。它的作用主要是保障商品在流通过程中的安全,同时,使装卸、运输、储存、保管和计量更为方便。

四、纺织服装产品装箱的分配方法

纺织服装产品常见的按规格装箱的分配方法如下:

(1)单色单码装按同种颜色、同一规格的服装进行装箱。

(2)单色混码装按一定的比例进行规格搭配装箱。

(3)混色单码装按一定的比例进行颜色搭配装箱。

(4)混色混码装先按一定的比例进行规格搭配,然后再考虑进行颜色搭配装箱。

第三节　包装标志

几乎商品的包装上都刷制了各种各样的标志，纺织品的包装上也不例外。这些标志的作用是为了方便货物的交接，防止错发、错运、错提货物，方便货物的识别、运输、仓储管理以及方便海关等有关部门依法对货物进行查验等。包装标志按其作用不同，可分为运输标志、指示性标志、警告性标志、辅助性标志等。

一、运输标志

运输标志（Shipping Mark），又称唛头，是商品包装上的主要标志，它一般由一个简单的几何图形、字母、数字及简单的文字、收/发货人名称简字代号、目的地名称以及件数等组成。按照国际标准化组织（ISO）的建议，运输标志包括四项内容：

（1）收/发货人名称简字首或简称。

（2）参照号码。例如买卖合同号码、订单号、发票号、货运单号、信用证号等。

（3）目的地。货物运送的最终目的地或目的港的名称。

（4）件数号码。本批每件货物的顺序号和该批货物的总件数。

为了便于刻唛、刷唛，节省时间和费用，便于制单及在信息传递过程中使用电信手段，国际标准化组织推荐的标准运输标志中不使用几何图形或其他图形。

运输标志的实例如下图所示。

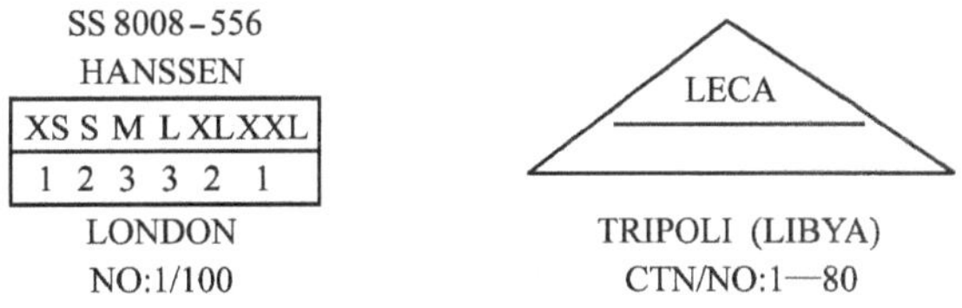

(1)　　(2)

唛头实例

二、指示性标志

指示性标志（Indicative Mark）是根据商品的特性，对易损、易碎、易变质的商品，在搬运装卸操作和存放保管条件方面所做出的要求和注意事项，用图形或文字表示的标志。例如，“小心轻放”（配图：玻璃杯）、“此端向上”（配图：箭头朝上）、“保持干燥”或“谨防潮湿”（配图：挡住雨水的雨伞）、“禁止用钩”（配图：起重钩上打叉）、“请勿践踏”（配图：大头皮鞋上打叉）等。

三、警告性标志

警告性标志（Warning Mark）又称危险品标志（Dangerous Cargo Mark），是指在易燃、易

爆、腐蚀性和氧化剂或放射物质等危险品的运输包装上用图形或文字表示的各种危险品的标志。其作用是警告有关装卸、运输和仓储保管人员注意按照货物特性采取必要的相应保护措施，以保障人身和货物的安全。

国际上一些标准组织或机构、我国的国家标准等对警告性标志都做出了相应的具体的规定，跟单员应熟悉这些标准。

四、辅助性标志

辅助性标志是指在商品的外包装上用于补充说明箱型尺寸、重量、产地标志等内容的起辅助说明作用的各类文字或图形的统称。主要包括：

(1)重量标志。在运输包装上说明包装货物的毛重及净重。

(2)体积标志。在运输包装上说明包装的最大外形尺寸。

以上两个辅助标志结合起来，可以很方便地判断出包装货物是“标货”、“重货”还是“轻货”，以确定计算运输费用的标准。

(3)产地标志。一般在商品包装上注明生产厂商或产地名称。一般情况下，商品产地是海关统计和征税的重要依据，海关往往会要求在商品包装上和单据上注明产地名称，跟单员跟单时应该照章办事。但如果合同中规定了“中性包装”条款，则应该在商品包装上和相应的单据上隐去产地名称和厂商名称。

(4)配码标志。配码标志是指包装内货物按规格装箱的分配方法的具体说明。可以单色单码按同种颜色、同一规格的服装进行装箱，可以单色混码按一定的比例进行规格搭配装箱，可以混色单码按一定的比例进行颜色搭配装箱，还可以混色混码先按一定的比例进行规格搭配，然后再考虑进行颜色搭配装箱。这些说明往往运用“配码标志”来呈现，当然也可在唛头中(参见上页图)展示出来。

第四节　包装的发展趋势

一、绿色包装

鉴于包装对于环境的负面影响和全世界范围内的绿色潮流和绿色经济的推动，实行绿色包装是实现包装业可持续发展，解决包装环境问题的必由之路。

目前实际上对于绿色包装尚无统一的定义，从绿色包装的发展及公认的评价标准中探求，一般认为绿色包装指对生态环境和人体健康无害，能循环复用和再生利用或降解腐化，可促进持续发展的包装。具体包含以下几个方面的内容：

(1)实行包装减量化(Reduce)。绿色包装在满足保护、方便、销售等功能的条件下，应使用最少量的适度包装。欧美等国已将包装减量化列为发展无害包装的首选措施。

(2)包装应易于重复利用(Reuse)或回收再生(Recycle)。通过多次重复使用或通过回收废弃物，生产再生制品、焚烧利用热能、堆肥化改善土壤等措施，达到再利用的目的。既不污染环境，又可充分利用资源。

(3)包装废弃物可降解腐化(Degradable)。不可回收利用的包装废弃物要能分解腐化,进而达到改善土壤的目的。当前世界各工业国家均重视发展利用生物或光降解的降解包装材料。

Reduce、Reuse、Recycle 和 Degradable,即当今世界公认的发展绿色包装的 3R1D 原则。

(4)包装材料对人体和生物应无毒无害,包装材料中不应含有毒性的元素、卤素、重金属或含有量应控制在有关标准以下。

(5)在包装产品的整个生命周期中,均不应对环境产生污染造成公害,即包装产品从原材料采集、材料加工、制造产品、产品使用、废弃物回收再生,直至最终处理的生命全过程均不应对人体及环境造成公害。

前面四点应是绿色包装必须具备的要求,最后一点是依据生命周期分析方法,用系统工程的观点,对绿色包装提出的最高要求。

近几年来,我国企业对绿色壁垒的认识也在逐渐增强,但大多企业只将突破绿色壁垒的重点放在生产绿色产品上,认为只要产品达到"绿色"标准就可以在国际市场畅通无阻,却忽视了绿色包装在国际贸易中的重要作用。这种思想意识的存在,使我国企业在对外贸易中,由于产品包装的低劣而严重制约了我国出口商品的质量和价格,据统计,因包装而造成的外贸损失每年竟高达 100 多亿元人民币。另外,由于不熟悉国外包装的相关法律法规,特别是国内没有配套措施,也给我国出口造成了极大的压力,很多商品包装达不到外商的要求,因而造成了重大损失。因此,我国只有尽快建立绿色包装体系,制定和采取相应的策略和措施,才能真正突破这道"绿色屏障"。

二、条形码技术应用

服装企业有其特殊的行业特性,服装产品的款式、颜色、尺码组合的特点决定了其单品数量随款式的增加而呈几何级增长;而服装销售体系又涵盖了直销、批发、特许加盟等多种业态。零售店数量众多,地理位置分散导致信息量急剧增长。显然,手工收集销售、物流、盘点、调配等环节的大量数据是不现实的,因此大多数服装企业在服装包装上采用了服装条形码技术。服装条形码是在服装跟单中经常遇到的一个常用知识。

(一)条形码概念

条形码是美国于 1949 年首先提出来的。近年来,随着计算机应用的普及,条形码的应用得到了很大的发展。条形码可以标出商品的生产国、生产厂家、商品名称、生产日期、服装分类号、品名规格、服装价格等,因此在商品流通、图书管理、邮电管理、银行系统等许多领域都得到了广泛的应用。所谓条形码(简称条码)就是一种利用光电扫描阅读设备识读并实现数据自动输入计算机的特殊符号。严格地讲,它是一组规则排列的条、空及其对应字符组成的标记,用以表示一定的信息。

(二)条形码的分类

条形码在服装企业的应用中,根据使用范围不同,一般分为商品码和物流码。一般情况下,物流码只在企业内部使用,而在进入商业流通领域后应使用商品码。

商品码:是经中国物品编码中心审批后,供服装企业产品在商业流通中使用的、代表一定商业信息的条码。商品码主要有 EAN—13 码。

物流码:是在服装企业内部使用的代表物流信息的条码,其编码原则可依服装企业而定。物流码编有大量价值信息,如有的企业编码原则是:订单号 + 序号 + 颜色代码 + 规格。

(三)商品条码的编码结构

(1)标准版商品条码(EAN—13)的结构。标准版商品条码所表示的代码由 13 位数字组成,其结构如下:

结构 1:X13X12X11X10X9X8X7 X6X5X4X3X2 X1

其中:X13……X7 七位数字表示厂商识别代码;X6……X2 五位数字表示商品项目代码;X1 一位数字为校验码。

结构 2:X13X12X11X10X9X8X7X6 X5X4X3X2 X1

其中:X13……X6 八位数字表示厂商识别代码;X5……X2 四位数字表示商品项目代码;X1 一位数字为校验码。

当前三位数字 X13X12X11 为 690、691 时,其代码结构同结构 1;当 X13X12X11 为 692 时,其代码结构同结构 2。

(2)缩短版商品条码(EAN—8)的结构。缩短版商品条码由 8 位数字组成,其结构是:X8X7X6 X5X4X3X2 X1。

其中,X8X7X6 的含义同标准版商品条码的 X13X12X11;X5X4X3X2 表示商品项目代码,由 EAN 编码组织统一分配(在我国是由中国物品编码中心统一分配);X1 为校验码。计算时,需在缩短版商品条码的代码前加五个“0”,然后按照标准商品条码的计算方法计算。

(四)服装条形码的应用

目前,国际上已经普遍在服装包装上使用条形码标签。在销售部门,当把顾客选定的所有服装的条形码全部扫描后,计算机能立即报出总价并把购物清单打印出来。这样,商店只配备少量的售货员便能迅速、准确地完成结账、收款等工作,既方便顾客,也为商店自身改善管理、提高销售效率、降低销售成本创造了条件。而就批发、仓储运输部门而言,通过使用条形码技术,可使服装分类、运输、查找、核对等情况迅速、准确地汇总,大大缩短服装流通和库内停留时间,减少服装损耗。不少国家和地区为了适应服装流通的需求,限定在服装包装上必须印刷条形码标志,否则不准进口。因此,在国际上服装条形码的应用已成为服装现代化包装的一个重要内容。

(五)我国条形码的申请和管理

1988 年底成立的“中国物品编码中心”是我国条形码技术与应用的对 El 管理单位。凡使用服装条形码的企业,一律要通过设在各地的“分中心”向中国物品编码中心提出申请,由中国物品编码中心统一分配企业代码。生产和经营出口服装的企业使用条形码,还需由中国物品编码中心统一向国际条形码组织申请注册手续。

思考题

1. 请结合实际分析纺织服装包装的意义。

2. 对出口纺织品包装有哪些基本要求?

3. 出口运输包装应符合哪些要求?

4. 纺织品出口的外包装上一般应该有哪些标志?

5. 什么是唛头? 请设计一个纺织出口运输包装上的唛头。

6. 纸质包装材料与塑料包装材料的未来发展趋势有哪些?

7. 请简要叙述绿色包装的含义。

8. 什么是中性包装? 什么是"定牌"业务?

9. 为什么在纺织外贸业务中会经常出现"中性包装"或"定牌"业务? 请结合我国纺织外贸实际展开论述。

10. 合同规定男式T恤装入纸箱内,每箱4打即48件T恤。卖方按合同规定的总件数交付了货物,但其中有一部分是装在40件T恤的纸箱内。货交到买方所在地后,买方以包装不符合合同规定为由拒绝接收整批货物,卖方则坚持认为应该接受全部货物,理由是经买方所在地的公证人证实:不论是48件一箱或是40件一箱,其每件T恤零售的市场价格完全相同。于是引起诉讼。假设你是办案法官该如何判决? 依据是什么?

第八章　外贸运输跟单

本章知识点

1. 国际货物运输方式的分类及特点。
2. 各种运输方式下的运费计算。
3. 铁路运输跟单的要领及流程。
4. 铁路运输方式的分类。
5. 海洋运输的营运方式及特点。
6. 空运运费计算标准及方法。
7. 集装箱运输的特点与优势。
8. 集装箱运输中的货物交接方式。
9. 集装箱的装箱方法及其计算。
10. 各种货运单据的性质与作用。

第一节　外贸运输跟单概述

外贸运输跟单是跟单员的中心工作和富有挑战性的任务，它既包括国内运输，还包括国际运输。生产跟单时，主要处理企业内部运输和国内运输等业务；外贸跟单时，更多处理的是国际运输业务，当然其中也包括部分国内运输业务。

一、运输方式的种类

（一）根据运输跟单业务发生的区间范围分类

1. 企业内部运输　企业内部货物运输是指发生在企业内部各车间、各部门、各生产单元之间或者物流的上下游之间的运输，鉴于生产跟单员的职责范围与此相适应，该类运输跟单主要由生产跟单员来负责完成。跟单员跟单时，必须精心设计运输路线，做到运输路线满足生产需要的前提下运输路线最短、运输路线最优且路线不交叉、不回流。

2. 企业外部运输　企业外部运输是指发生在企业之外的各类运输，包括国内运输和国际运输等。一般来说，国内运输跟单可由生产跟单员来完成，也可由外贸跟单员来完成，而国际运输（即进出口运输）业务往往有外贸跟单员负责完成。跟单员跟单时，必须选择适应纺织品进出口的运输方式，做到运费最省、货损货差最少。

（二）根据运输工具不同分类

1. 水上运输　水上运输是指借助船舶完成的运输方式，包括内河运输、江海运输等。其特点是运量大、运费低廉，但运速较慢、有一定风险。纺织品贸易一般交易量大，为节省运输费用，因此绝大多数情况下是通过水上运输来完成的。

2. 铁路运输　铁路运输是借助连续的铁轨完成连续运输，甚至跨国运输而不必动箱中货物的连贯运输方式，适用于国内运输、到港澳运输、陆上与我国接壤的国家的贸易运输等。其特点是连贯性强、运量较大、运费较低廉、运速较快。尤其是借助于铁路运输还可以实现大陆桥运输。纺织贸易中采用铁路运输的比重也不小。

3. 公路运输　公路运输是借助公路网实现陆上小额交货的运输形式，其特点是运输灵活、可实现“门到门”服务，但其运量较小、费用较高、运输途中风险较大。纺织品国际贸易较少采用此类运输方式，但国内贸易业务中采用此运输方式却很常见。

4. 航空运输　航空运输是借助飞机完成国际间的高质量的一种运输方式，其特点是运输迅速、安全准时、运输质量高、可实现“桌到桌”服务，但运费昂贵。考虑到纺织贸易的特点，一般纺织外贸跟单较少选用航空运输完成交货，一般只在寄送纺织品样品时才选用此运输方式。

5. 邮政运输　邮政运输是借助国际邮联运输系统来完成的跨国运输方式，其特点是运输迅速快捷、运输质量较高、可实现“桌到桌”服务，但其运量较小、对包装要求较高、运输成本较高。一般情况下，在纺织外贸跟单时较少选用该运输方式，与航空运输一样，邮政运输多被选择来完成寄送样品的任务。

（三）根据运输工具组合情况分类

根据运输工具组合情况，可分为单一运输和联合运输。如只采用上述的任何一种运输方式来完成交货，不涉及转运，那么这种运输方式即为单一运输；而如果采用两种或两种以上相同或不同的运输方式组成连贯运输的方式来完成交货，那么这种运输方式即为联合运输，又称多式联运或国际多式联运。

（四）根据包装方式分类

1. 散装运输　散装运输是指大宗散装货或裸装货等不必进行包装，而直接将散装货装入驳船或其他运载工具上完成交货的运输方式。纺织品几乎都是包装货，所以基本上不会采用散装运输方式。

2. 集装箱运输　集装箱运输是借助于集装箱、集装袋或托盘将货物集合包装于其中，或者将单件商品组合在一个大包装中形成组合包装或成组包装来完成交货的一种先进、高效的运输方式。

二、外贸运输跟单的一般程序

外贸运输跟单的核心是做好“三平衡”工作，即做好货、证、运的平衡与衔接。货是指备货；证是指信用证，即泛指落实支付方式等；运即指运输方式、运输工具、运输单据等。一般情况下，货的相关工作主要由生产跟单员来负责完成，证与运的相关工作则主要由外贸跟单员来完成,因此,外贸跟单员在运输跟单环节既要突出自己的职责,又要善于与生产跟单员协调配合,在运输跟单时确保货与运的衔接,做到货不等船、船不等货,以减少相关的附属费用和成本。

一般情况下,外贸运输跟单包括:选定货运代理(货代)、选定运输代理(船代)、签订运输合同、托运、制作包装单、制作装货单、制作装船通知、支付运输费用、取得运输单据。

三、运输方式的特点及选择

不同运输方式的特点差异较大,跟单员要结合纺织品贸易的具体特点,选择在合理时间、以最经济的运输方式完成交货。跟单员应注重考察各种运输因素,如运输时间、运输货量、运费计算标准、运费计算方式、运输质量、舱位、信誉等,再结合考虑货物的特点、运量的大小、路程的远近、交货时间的缓急、运输成本的高低、运输对货物的影响、舱位拥挤程度、装卸方式、气候与自然条件、运输途中可能遭遇的社会风险或自然风险大小等因素,做出综合评判,慎重选择合理运输方式。主要运输方式的特点比较见表8-1,跟单员可根据实际情况做出选择。

表8-1 主要运输方式的特点比较

运输方式	运输能力	运输时间	运输成本	适用范围
水上运输	最大,运输能力几乎不受限制	最长	最低	运量大、运距长、运费低、交货期较长
航空运输	较小,受重量、容积、舱门、地板承受力等限制	最短	最高	小量交货、样品寄送
铁路运输	较大,受车厢容积和载重限制	较快	远距离运费低,近距离运费高	运量大、可靠性高
公路运输	较小,运输灵活	较快	较低	门到门服务
多式联运	运输能力伸缩性大	较快	较低(适中)	门到门服务、运量灵活、长距离运输的货物

四、主要运输单据

不同运输方式中将出现不同的货运单据,跟单员在跟单时应该熟悉不同货运单据的名称、性质特点、格式内容等。为方便跟单员跟单,表8-2列明了不同运输方式下出现的各种货运单据,仅供跟单员参考。

表8-2 主要运输单据种类比较

运 输 方 式	出口跟单(议付)之单据	进口跟单(提货)之单据
海运(班轮运输)	提单 B/L	提单 B/L

续表

运 输 方 式	出口跟单(议付)之单据	进口跟单(提货)之单据
海运(租船运输)	海运单(不可转让)	提货单
国际铁路联运	国际铁路联运运单(副本)	国际铁路联运运单
到港/澳铁路运输	承运货物收据	承运货物收据
航空运输	航空运单	提货通知单(以正本第三份换)
邮政运输	邮包收据	邮包收据
多式联运(海运)	联运提单 Through B/L	联运提单 Through B/L
国际多式联运	国际多式联运单据 MTD	国际多式联运单据 MTD
集装箱运输	集装箱提单 CTB/L 或 MTD	集装箱提单 CTB/L 或 MTD
公路运输	公路运单 RWB	公路运单 RWB
内河运输	内河运单 WWB	内河运单 WWB

第二节　铁路运输跟单

铁路运输是使用铁路列车完成交货的一种运输方式，根据业务区间范围不同可分为：国内铁路运输跟单、至港澳铁路运输跟单和国际铁路运输跟单。一般的，铁路运输经济里程应在200公里以上，因此，跟单员跟单时应对运输里程合理规划、恰当选择。

一、国内铁路运输跟单

铁路货物运输分为整车、零担、集装箱三种，如果根据一批货物的重量、体积或形状的要求，需要一辆30公吨以上的火车运输的，应该采用整车托运；不够整车托运的，则按零担运输；符合集装箱运输条件的，则可办理集装箱托运。跟单员必须注意：按零担托运的货物，每一单件的体积最小不得小于0.02立方米(一件重量在10千克以上的除外)，每一批不得超过300件。

(一)铁路货物的托运、承运

铁路实行计划运输，跟单员应向铁路部门申请月度要车计划，车站则根据要车计划受理货物。在进行货物托运时，发货人或跟单员应向车站按批提出货物运单一份。对于整车要求分卸的货物，除提出基本货物运单一份外，每一分卸站应该另增加分卸货物运单两份(分卸站、收货人各一份)。

对同一批托运的纺织品因种类较多，跟单员不能在运单内逐一填记，或托运集装箱货物，以及同一包装内有两种以上的货物，跟单员应提交纺织分类商品清单一式三份，其中一份由发运站存查，一份随同运输单据递交到达站，一份退回发货人或跟单员。对在货物运单和物品清单内所填记事项的真实性，跟单员或发货人应承担完全责任，谎报货物品名的，则应按照有关规定核收违约罚款。

对于托运的纺织品货物，跟单员应根据纺织品的性质、重量、运输要求以及装载系数、积载系数等条件，选择便于运输、装卸同时又能保证货物质量的包装。对有国家包装标准或专业包装标准的，应按其规定进行包装；对没有统一规定包装标准的，跟单员或发货人应会同车站协商制订货物运输包装暂行标准，此时跟单员应特别注意进口人所在国的相关规定。

托运零担货物时，应该在每一件货物上标明清晰明显的标记，在使用拴挂的标记（货签）时，应用坚韧材料制作，在每一件货物两端各拴挂、粘贴或钉固一个。不适宜用纸制作货签时应使用油漆在货件上书写标记，或者采用布条、塑料板等材料制成的标记，无论采用何种标记都必须保证不能沾污、损坏包装中的纺织品货物。

零担和集装箱货物由发运站接收完毕，整车货物装车完结，发运站在货物运单上加盖承运日期戳记时，即为承运。跟单员交由车站的整车货物、承运前的零担货物，铁路方从接收完毕时起负有承运前的保管责任。对办理海关、检验检疫及其他特殊情况的证明文件，以及有关货物数量、质量、规格的单据，跟单员或发货人可委托铁路方代递至到货站交给收货人。

（二）铁路运输的装车、卸车

凡在铁路车站装车的货物，跟单员或发货人应在铁路指定的日期将货物运至车站，车站接收到货物时，应对货名、件数、运输包装、标记等进行检查。对整车运输的货物，跟单员必须在规定的日期内将货物全部运至车站。

凡在车站内进行装车或卸车的，均由铁路方负责完成，装车或卸车不在车站完成的，均由发货人或收货人负责完成。由发货人或收货人在其他处所完成装车或卸车的，车站必须将调车的时间通知发货人或收货人；发货人或收货人在装卸作业完成后，应将装卸完毕时间通知铁路车站。对由发货人或收货人负责组织装卸作业的，如果装卸作业超过规定的装卸时间，发货人或收货人应承担滞期费。

（三）铁路运输的到达与交付

凡由铁路负责卸车的货物，到达站应不迟于卸车完毕的次日内，用电话或书信向收货人发出催领通知，并在货票内证明通知的方法与时间。此外，收货人也可以与到达站商定其他通知方法。收货人应于铁路发出或寄发催领通知的次日（不能实行催领通知或合同收货人卸车的货物为卸车的次日）起算，在两天内将货物提走，超过这一期限的将收取货物暂存费。从铁路发出催领通知起（不能实行催领通知时，则从卸车完毕的次日起）满 30 天仍无人领取货物（包括收货人拒收，发货人又不提出处理意见的货物），铁路则按无法交付货物处理。

收货人在领取货物时，应出示提货凭证，并在货票上签字或盖章。在提货凭证未到或遗失的情况下，则应出示单位的证明文件。收货人在到货站办妥提货手续和付清有关费用后，铁路将货物连同运单一并交收货人。

（四）铁路运输的期限

铁路承运货物的期限一般从承运货物的次日起算，终止时间为：由到站铁路负责卸车的从铁路卸车完毕时止，或由收货人负责卸车的从货车调至卸车地点或货车交接地点时止。但货物运输期限最少为 3 天。具体时间按照下述规定计算：

（1）货物运输期间，每 250 运价公里或未满的为 1 天；按快运办理的整车货物每 500 运价公里或未满的为 1 天。

(2)运价里程超过250公里的零担货物和零担集装箱货物另加2天,超过1000公里的则加3天。

(3)一件货物的重量超过2公吨,体积超过3立方米,或其长度超过9米的零担货物及零担危险货物另加2天。

(4)整车分卸的货物每增加一个分卸站另加1天。

(5)直通运输的整车货物另加1天。

一般情况下,铁路运输中超过规定期限时,铁路应按所收运费的百分比向收货人支付延误运输罚款。运输途中如发生造成运输滞留的情况,则应从实际运输时间中扣除,应扣除的情况主要包括:不可抗力导致的运输延误;由于发货人责任使货物在运输途中换装、整理造成的滞留;发货人、收货人要求运输变更造成的滞留;运输途中道路上所发生的滞留;其他非铁路责任而导致的滞留。

(五)货物运输的变更

发货人或收货人由于特殊原因,对铁路承运后的货物可向铁路提出运输变更要求,如变更收货人、变更到达站等。但在提出运输变更时,发货人、收货人应提出提货凭证和运输变更申请书。如不能出示提货凭证时,则应出示其他有效证明文件,并在货物运输变更申请书上注明。车站在处理变更时应在货票记事栏内注明变更的理由,变更运输票据、车牌、标记(货签)等有关记载事项,并加盖车站日期戳或带有站名的印章。

铁路一旦受理货物运输变更,应按规定核收变更手续费。但在下述情况下铁路不办理运输变更:违反政府有关规定;违反货物流向、运输限制;重复变更到站;新运输期限大于允许运输期限的变更。

(六)货运事故处理

铁路应对货物由其保管、运输期间所发生的灭失、损害、有货无票或有票无货都应按批编制货运记录。在不能判明损害、灭失原因和程度时,铁路应在交付前联系收货人进行检查或申请检验,并按每一货运记录分别编制签订书。货物在运输过程中,如发现有违反政府命令或危及运输安全的情况,或铁路无法处理的意外情况,应立即通知发货人或收货人处理。

发货人或收货人在向铁路提出赔偿时,应按批向到站提出赔偿要求书,并附货物运单、货运记录和相关证明文件。货物损失的赔偿:灭失货物的价格,损坏时,则按损坏货物所降低的价格计算。

二、至香港、澳门的铁路运输跟单

供应香港、澳门地区或经香港、澳门转口贸易的货物由产地经铁路运至深圳北站或广州南站,该段运输属于国内铁路运输,但又有其不同之处。例如供港货物先到深圳北站,由收货人指定的口岸代理运输公司接货后,需再办理港段铁路托运手续,货物抵达九龙站后,交给港方收货人;到澳门的铁路运输中,货物运到广州南站后,须再办理水上运输或公路运输将货转至澳门。出口企业凭国际货运代理公司出具的承运收据办理收汇手续。

三、国际铁路运输跟单

(一)国际铁路出口联运

1. 托运前的工作 在托运前必须将货物的包装和标记严格按照合同中有关条款,国际货协和议定书中规定的条款办理。

货物包装应能充分防止货物在运输中灭失和腐坏,保证货物多次装卸不致毁坏。

货物标记、标示牌及运输标记、货签等的内容主要包括商品的记号和号码、件数、站名、收货人名称等。字迹均应清晰,不易擦掉,保证在多次换装中不致脱落。

2. 货物的托运和承运 发货人在托运货物时,应向车站提出货物运单和运单副本,以此作为货物托运的书面申请。车站接到运单后,应进行认真审校,对整车货物应检查是否有批准的月度、旬度货物运输计划和日要车计划,检查货物运单各项内容是否正确,如确认可以承运,车站即在运单上签证时写明货物应进入车站的日期和装车日期,即表示接受托运。发货人按签证指定的日期将货物搬入车站或指定的货位,并经铁路根据货物运单的记载查对实货,若认为符合国际货协和有关规章制度的规定,则车站方可予以承认,整车货物一般在装车完毕,发站在货物运单上加盖承运日期戳,即为承运。发运零担货物,发货人在托运时,不需要编制月度、旬度要车计划,即可凭运单向车站申请托运,车站受理托运后,发货人应按签证指定的日期将货物搬进货场,送到指定的货位上,经查验过磅后,即交由铁路保管。从车站将发货人托运的货物,连同货物运单一同接受完毕,在货物运单上加盖承运日期戳时,即表示货物业已承运。铁路对承运后的货物负保管、装车发运责任。

总之,承运是铁路负责运送货物的开始,表示铁路开始对发货人托运的货物承担运送义务,并负运送上的一切责任。

3. 货运单据 国际铁路联运运单(International Through Rail Waybill)。该单据是发货人与铁路之间缔结的运输契约,它规定了铁路与发、收货人在货物运输业务中的权利、义务与责任,对铁路及发、收货人都具有法律效力。

添附文件。我国出口货物必须添附出口货物明细单、出口货物报关单和出口外汇核销单,另外根据规定和合同的要求还要添附出口许可证、品质证明书、商检证、卫生检疫证明、动植物检查证明文件以及装箱单、磅码单、原产地证明、发运清单等有关单证。

4. 出口货物交接的一般程序 首先,联运出口货物实际交接是在接收路国境站进行。口岸外运公司接铁路交接所传递的运送票据后,依据联运运单审核其附带的各种单据份数是否齐全,内容是否正确,若有矛盾、不符等缺陷,则应根据有关单证或函电通知订正、补充。

其次,报关报检。运送单证经审核无误后,将出口货物明细单截留三份(纺织印染用的染化料等将截留两份),然后将有关运送单证送各联检单位审核放行。

再次,货物的交接。单证手续齐备的列车出境后,交付路在邻国国境站的工作人员会同接受路工作人员进行票据和货物交接,依据交接单进行对照检查。交接分为一般货物铁路方交接和易腐货物贸易双方交接。除部分染化料外,纺织贸易交接通常为一般货物铁路方交接。

(二)国际铁路进口联运

国际铁路进口联运与国际铁路出口联运在货物和单据的流转程序上基本相同,只是在流转方向上正好相反。

1. 进口货物发运前的必要准备

(1)编制运输标志。

(2)审核联运货物的运输条件。联运进口货物的运输条件是合同不可缺少的重要组成部分,因此必须认真审核,以确认是否符合国际联运和国内有关规章制度所规定的条件。具体审核内容包括:运输标志是否正确、商品品名是否准确具体、货物的性质和数量是否符合到达站的办理类别、包装是否符合有关规定等。

(3)向国境站寄送合同资料。合同资料是国境站核放货物的重要依据,各进出口企业应及时将一份合同中文抄本寄送货物进口口岸的外运分支机构。对于由外运分支机构接受分拨的小额订货,必须在抄寄合同的同时,按合同内容添附货物分类表。合同资料包括:合同的中文抄本和它的附件、协议书、补充协议、变更申请书、更改书和有关确认函电等。

2. 进口货物的交接　进口国境站有关单位根据货车的预报和确报,通知交接所和海关做好检查准备工作,货车到达后铁路方会同海关接车,然后进口站交接所根据交接单办理货物和车辆的现场交接。进口国境站交接所通过内部联合办公做好单据接收、货物报关、货物报检等工作,然后由铁路方负责将货物调往换装线进行换装作业,并按流向编组向国内发运。

3. 进口货物的接收　进口合同资料是接收货物的唯一资料和依据,也是纠正货物错运、错配、错发的重要依据。口岸外运在收到合同资料后,如发现内容不齐全、有错误、字迹不清晰,应迅速联系有关当事人修改更正。进口货物抵达国境站时,口岸外运根据合同资料对各种单证进行审核,只有做到“单”、“证”、“票”、“货”完全相符,才可以接收货物。

4. 联运进口货物的分拨与分运　对于小额订货、合装货物或者混装货物(采用LCL方式交运),通常以口岸外运分公司作为收货人。因此,在双方国境站办理完货物交接手续后,口岸外运分公司应及时向铁路提取货物,进行开箱分拨,并按合同缮制有关货运单据,向铁路重新办理托运手续。在分运货物时,必须做到:货物包装牢固、单货相符,同时要办理海关申报手续。

第三节　海洋运输跟单

海洋运输是国际贸易中最常用的一种运输方式,纺织贸易运输大多采用海洋运输完成交货。

一、海运船舶营运方式

海洋货物运输,按船舶的营运方式来分,有班轮运输和租船运输两种。

(一)班轮运输

班轮运输(Liner Shipping)也称定期船运输,它是在一定航线上,在一定的停靠港口,定期开航的船舶运输。班轮运输具有以下几个特点。

1. 四固定 四固定是指船舶公司按固定航线、固定停靠港口、固定船期航行，并按照相对固定的运费率计收运费。

2. 一负责 一负责即承运人负责货物配载和装卸工作，承运人和托运人双方不计算装卸货时间、在合同中不计算速遣费和滞期费。

3. 承运人的责任以签发的班轮提单为依据 班轮运输的"四固定"特点为进出口商订立买卖合同中的交货条款、掌握交接货时间、安排货物的运输提供了必要的依据。班轮船舶承运货物的品种、数量比较灵活，适用于零星成交、批次较多、到港分散的货物的运输；班轮船舶负责办理货物的装卸及中途转运，且定期公布船期表，为货主提供了极大的方便。

（二）租船运输

租船运输（Shipping by Charter）是指租船人向船东租赁船舶用于运输货物的一种方式。一般有租赁整船和租赁部分舱位两种业务方式。在租船运输业务中，船舶航运的时间、行驶的航线、停靠港口和船方收取的运费或租金以及装卸费用等均由出租方与租船人双方临时议定，并写入合同中。

在国际海运业务中，租船方式使用较多的主要有定程租船和定期租船两种。

定程租船（Voyage Charter）又称程租船或航次租船，是指船舶按航程租赁，依照承租人与出租人双方事先约定的条件，船舶按时到装运港装货后，再驶抵卸货港卸货，以完成整个航程的运输任务。定程租船又可分为单航次租船、来回程航次租船、连续航次程租船等。

定期租船（Time Charter）又称期租船，是指在一定期限内租赁船只，船东（船舶所有人）按期限收取约定的租金。租船人可将租赁的船舶作为班轮营运，或作为程租船经营，甚至也可以将其转租给第三者，自己充当二船东。

近年来，国际上发展起一种介于航次租船和定期租船之间的租船形式，即航次期租，它是以完成一个航次运输为目的，按完成航次所花的时间，按约定的租金率计算租金的一种租船方式。

二、海上货物运输费用

海上货物运输费用分为班轮运费、程租船运费和期租船租金三种。

（一）班轮运费

班轮运费是班轮公司运输货物而向货主收取的费用。它包括货物的装卸费以及货物从装运港至目的港的海上运费。班轮运费是按照班轮运价表的规定计算的。不同的班轮公司或班轮公会有不同的班轮运价表。班轮运价表的结构一般包括：说明及相关规定、货物分级表、航线费率表、附加费率表、冷藏货及活牲畜费率表等。目前，在我国海洋班轮运输业务中，常见的运价表主要有：中国远洋运输集团总公司制订的集团运价表和中国对外贸易运输总公司制订的中外运运价表。

班轮运费由基本运费和附加费用构成。

1. 基本运费 基本运费的计算标准主要有八种：

(1)按货物的毛重,即以重量吨(W)为计算单位计收。1 重量吨为 1 公吨或 1 长吨,视船舶公司采用公制还是英制计量而定。按此方式计收运费时,班轮运价表中的货物名称后面均标注"W"字样。

(2)按货物的体积,即以尺码吨(M)为计算单位计收。1 尺码吨以 1 立方米或 40 立方英尺为计费单位,视船舶公司采用公制还是英制计量而定。按此方式计收运费时,班轮运价表中的货物名称后面均标注"M"字样。

以上重量吨与尺码吨统称为运费吨(Freight Ton,F/T)。

(3)按照货物的价格计收,又称从价运费。一般以货物的 FOB 总价值按一定百分比收费。按此方式计收运费时,班轮运价表中的货物名称后面均标注"A. V."字样。

(4)按货物重量或尺码从高计收,即在重量吨或尺码吨两种计算标准中选择其中较高者计收。运价表中用(W/M)表示。

(5)按货物重量、尺码或价值三者中从高计收。运价表中用(W/M or A. V.)表示。

(6)按货物重量或尺码比较从高计收后,再加上从价运费计收。运价表中用(W/M plus A. V.)表示。

(7)按每件货物计收。运价表中用(N)表示。

(8)临时议定运价,即由货主与船舶公司临时协商约定运费率。运价表中用(Open)表示。

2. 附加费　班轮附加费的名目繁多,主要有:燃油附加费(Bunker Adjustment Factor, BAF)、超重附加费(Heavy – Lift Additional)、超长附加费(Long Length Additional)、直航附加费(Direct Additional)、转船附加费(Transhipment Surcharge)、港口附加费(Port Surcharge)、港口拥挤附加费(Port Congestion Surcharge)、选择港附加费(Optional Fees)、变更卸货港附加费(Alteration Surcharge)等。班轮附加费通常以基本运费的百分比计收,或以每运费吨若干金额计算。

班轮运费的具体计算方法是:先根据货物的英文名称从货物分级表中查出有关货物的计费等级和其计算标准;然后再从航线费率表中查出有关货物的基本费率;最后加上各项需支付的附加费率,所得的总和就是有关货物的单位运费(每重量吨或每尺码吨的运费),再乘以计费重量吨或尺码吨即得该批货物的运费总额。如果是从价运费,则按规定的百分率乘以货值即可。

[**例**]某企业出口服装一批,共 120 箱,总毛重为 5.65M/T,总体积 10.676m^3。由青岛装船,经香港转船运至苏丹港,试计算该企业应付船舶公司运费多少?

分析:首先,按服装的英文名称"Ladies jacket"查阅货物分级表,查出服装属于 8 级货,计算标准是 W/M;然后在中国内地——香港航线费率表中查出 8 级货从青岛至香港的费率为:每运费吨 22 美元,香港中转费为 13 美元;再从香港——红海航线费率表中查出 8 级货的费率为:每运费吨 95 美元;最后查附加费率表,了解苏丹港需加收港口拥挤附加费,费率为基本运费的 10%。由于计费标准为 W/M,得出:

$$(22+13+95+95\times10\%)\times 10.676=1489.302(美元)$$

(二)程租船运费

程租船运输费用主要包括程租船运费(从装运港至目的港的海上运费)、程租船的装卸费及装卸时间、速遣费、滞期费等。

1. 程租船运费 程租船运费是指货物从装运港至目的港的海上运费。程租船运费的计算方式与支付时间需由租船人与船东在所签订的程租船合同中明确规定。其计算方式主要有两种:一种是按运费率,即规定每单位重量或单位体积的运费额,同时规定是按装船时的货物重量或按卸船时的货物重量来计算总运费;另一种是整船包价,即规定一笔整船运费,船东保证船舶能提供的载货重量和容积,不管租方实际装货多少,一律照整船包价付。

影响程租船运费率的高低有许多因素:租船市场运费水平、承运的货物价格和装卸货物所需设备和劳动力、运费的支付时间、装卸费的负担方法、港口费用高低及船舶经纪人的佣金高低等。

2. 程租船的装卸费 程租船运输情况下,有关货物的装卸费用由租船人和船东协商确定后在程租船合同中做出具体规定。具体做法主要有以下四种:

(1)船方负担装货费和卸货费,又可称为"班轮条件"(Liner Terms 或 Gross Terms)。

(2)船方负责装不负责卸(Free Out,F. O.),即船方负担装货费,但不负担卸货费。

(3)船方负责卸不负责装(Free In,F. I.),即船方负担卸货费,而不负担装货费。

(4)船方装货和卸货均不负责(Free In and Out, F. I. O.),即船方既不负担装货费,也不负担卸货费。这种条件一般适用于散装货。纺织贸易较少出现散装货交易,因此也较少采用该条款。

3. 装卸时间、速遣费和滞期费 程租船运输情况下,装卸货时间的长短影响到船舶的使用周期和在港费用,直接关系到船方利益。因而在租船合同中,除需规定装卸货时间外,还需规定一种奖励处罚措施,以督促租船人实现快装快卸。

装卸时间又称装卸期限,是指租船人可用于有效装卸的限定时间。装卸时间的计算,通常有以下几种方法:

(1)按日(Days)或连续日(Running Days)计算。是指时间连续满 24 小时就算一日或一个连续日。

(2)按工作日(Working Days)计算。按港口习惯,属于正常工作的日子就算入其中。

(3)按晴天工作日(Weather Working Days)计算。是指既是工作日,又是适宜装卸的时间才计算为装卸时间。

(4)按连续 24 小时晴天工作日计算。明确了在天气适宜装卸工作日内连续走 24 小时算一个工作日。

在规定的装卸期限内,如果租船人未能完成装卸作业,为了弥补船方的损失,租船人对超过的时间应向船方支付一定的罚金,这种罚金称为滞期费或延滞费(Demurrage Money)。反之,如果租船人在规定的装卸期限内,提前完成装卸作业,则可加速船舶的周转效率,船方应向租船人支付一定的奖金,这种奖金称为速遣费(Despatch Money)。通常速遣费率为滞期费率的二分之一。

(三)期租船租金

在定期租船情况下,租船人为使用船舶而付给船舶所有人的代价称为租金。租金率取决于船舶的装载能力和租期的长短,通常规定为按月每载重吨若干金额计算或整船每天若干金额计算。

租船人必须按时按规定的金额支付租金,如租金未在到期之日付到船舶所有人指定的收款银行,则船舶所有人有权撤回船舶。

三、海运进口运输跟单

海运进口指根据贸易合同中有关运输条件,把向国外的订货加以组织,通过海运方式运进国内的一种业务。这种业务取决于价格条件的选择,如果是 CIF/CIP 或 CFR/CPT 条件,则由卖方办理租船订舱工作,如果是 FOB/FCA 条件,则由买方办理租船订舱工作,派船前往国外港口接运。由于经营外贸业务的公司或有外贸经营权的企业一般本身不掌握运输工具,运输工作主要依靠国内、外的有关运输部门来完成。因此,跟单员应根据合同规定,妥善组织安排运输,使船货相互衔接,密切配合,按时、按质、按量完成进口运输任务。

海运进口货物运输工作一般包括以下环节。

(一)租船订舱

按照贸易合同的规定,负责货物运输的一方,要根据货物的性质和数量来决定租船或订舱。大宗货物需要整船装运的,可洽租适当的船舶承运;小批量的杂货,大多向班轮公司订舱。不论租船或订舱,均需办理租船或订舱手续。除个别情况外,一般跟单员可委托代理(货代或船代)来办理。在我国,一般是委托中国对外贸易运输总公司及其分公司来办理。在办理委托时,跟单员需填写《进口租船订舱联系单》(以下简称"联系单")并提出具体要求。联系单的内容一般包括货名、重量、尺码、合同号、包装种类、装卸港口、交货期、买货条款、发货人名称和地址、电报挂号、电子邮箱等项目。如有其他特殊要求事项,也应在联系单中注明。填写联系单时应注意以下几点:

(1)货名、重量、尺码、包装、件数要用中、英文两种文字填写。对重量一项,应填毛重。对长、大件货物,要列明其长、宽、高的尺寸。对集重货物,要列明最大件的重量和件数。

(2)"买货条款"一栏要与贸易合同条款相一致,对合同中的装运条件另有规定者,要在联系单上详细列明,以便划分责任、风险和费用。

(3)贵重物品要列明其售价。

(4)危险货物要注明危险品性质和国际危规的页码 IMDGC(International Maritime Dangerous Goods Code Page)及联合国编号(UN No....)。国际危规把危险品分为爆炸品、气体、易燃液体、易燃固体、氧化剂和有机氧化物、有毒和有感染性的物质、放射性物品、腐蚀性物品和其他危险物品等九大类。在填写联系单时还需注明其类别。填写货物品名时,必须用其学名(技术名称),不要使用其俗称。对易燃液体还必须注明其闪点(Flash Point)。在纺织贸易中出现的印染化料等运输，跟单员应给予足够重视。

(5)《租船订舱联系单》的内容必须与贸易合同完全一致。如是租整船，还须附贸易合同副本。

(二)掌握船舶动态

掌握进口货物船舶动态，对装卸港的工作安排，尤其对卸货港的卸船工作安排极为重要。船舶动态主要包括船名、船籍、船舶性质、装卸港顺序、预抵港日期、船舶吃水和该船所载货物的名称、数量等方面的信息。船舶动态信息来源可获自各船运公司提供的船期表、国外发货人寄来的装船通知、单证资料、发货电报以及有关单位编制的进口船舶动态资料等。

(三)收集和整理单证

进口货物运输单证一般包括商务单证和船务单证两大类。商务单证有贸易合同正本或副本、发票、提单、装箱单、品质证明书和保险单等。船务单证主要有载货清单、货物积载图、租船合同或提单副本。如是程租船，还应有装卸准备就绪通知书(Notice of Readiness)、装货事实记录(Loading Statement of Facts)、装卸时间表(Time Sheet)等，以便计算滞期费、速遣费。

单证一般由装货港口的代理或港口轮船代理公司、银行、国外发货人提供。近洋航线的单证也可由进口船舶携带而来。

进口货物的各种单证是港口进行卸货、报关、报验、接交和疏运等项工作不可缺少的资料，因此负责运输的部门收到单证后，应以此与进口合同进行核对。若份数不够，要及时复制，分发有关单位，以便船只到港后，各单位相互配合，共同做好接卸疏运等工作。

(四)报关

进口货物需向海关报关，填制《进口货物报关单》。报关单的内容主要有船名、贸易国别、货名、标志、件数、重量、金额、经营单位、运杂费和保险费等项，货主凭报关单、发票、品质证明书等单证向海关申报进口。办理报关的进口货物，经海关查验放行，交纳进口关税后，方可提运。

根据《中华人民共和国海关法》第二章第二十四条规定，进口货物的收货人应当自运输工具申报进境之日起 14 天内向海关申报。超过规定期限未向海关申报的，由海关征收滞报金。

非贸易进口货物的货主需填制《免领许可证进口物品验放凭证》，连同有关证件，向海关申报，通过查验后放行。

凡不在港口查验放行的贸易货物的货主，需填制《国外货物转运批准单》，并向港口申报，经海关同意并监管运至目的地后，由目的地海关查验放行。

对国外免费赠送的样品，需填制《进口非贸易样品申报单》，并附发票一份向海关申报。如是使领馆物品，则凭使领馆或有关单位证明文件向海关申报。

(五)报验

进口货物按我国《中华人民共和国进出口商品检验法》的规定，必须向商检局申请办理检验、鉴定手续，查验进口商品是否符合我国规定或订货合同的有关规定，以保护买方利益。

报验进口货物需填写《进口商品检验申请单》，同时需提供订货合同、发票、提单、装箱单、理货清单、磅码单、质保书、说明书、验收单、到货通知单等资料。

凡列入《商检机构实施检验的商品种类表》（以下简称《种类表》）的进口商品，需接受法定检验。但表内所列商品如属援助物资、礼品、样品及其他非贸易物品，一般可免予检验。

对列入《种类表》的进口商品，商检机构接受报验后，在《进口货物报关单》上加盖印章，海关据此验放。对未列入《种类表》内的进口商品，收货或用货部门应向所在地区商检机构申报后自行检验，在索赔有效期内将检验结果报告商检机构。如检验不合格需要提出索赔，应及时申请商检机构复检出证。在法定检验商品之外，对外贸关系人还可申请商检机构对进口货物进行各项检验、鉴定工作，此为公证鉴定。公证鉴定的货物范围广、项目多。但它不是强制性的，对外贸易关系人可根据需要而自行申请。进口货物的质量检验、重量和数量的鉴定、货载吨位衡量、残损鉴定等最为常见。

如进口的是危险品，应在船舶到港前向港口、航运、铁路等部门提供《进口危险货物技术说明书》，其中品名与危规号必须正确无误。对尚未列入我国危险品货物品名表的进口货，订单单位或用货部门应提供详细的中文资料，说明货物的化学性质、消防和急救方法以及装卸搬运过程中应注意的事项，以便安排接、卸、运工作。

（六）监卸和交接

一般由船方申请理货，负责把进口货物按提单、标记点清件数，验看包装情况，分批拨交收货人。监卸人员一般是收货人的代表，履行现场监卸任务。监卸人员要与理货人员密切配合，把好货物数量和质量关。港方卸货人员应按票卸货，严禁不正常操作和混卸。已卸存库场的货物应按提单、标记分别码垛、堆放。对船边现提货物和危险品货物，应根据卸货进度及时与车、船方面有关人员联系，做好衔接工作，防止因卸货与拨运工作脱节而产生等车卸货或车到等工的现象，对于超限货物或集重货物应事先提供正确尺码和重量，以便准备接运车驳，加速疏运进度。对重点货物，如规格复杂的羊毛绒纺织品、毛毯、时装、工业用纺织品等，要有专人负责，以防错乱。货物从大船卸毕后，要检查有无漏卸情况，在卸货中如发现短损，应及时向船方或港方办理有效鉴定证明，并共同做好验残工作。验残时要注意查清：

（1）货物内包装的残损和异状。

（2）货物损失的具体数量、重量和程度以及受损货物或短少货物的型号、规格。

（3）判断并确定货物致残或短少的原因。

在验残时，应坚持实事求是，分清责任方，以维护国家的利益。

（七）保险

若是我方以 FOB 或 CFR 条件成交的进口货物，由我方办理保险。我方负责进口的单位在收到发货人装船通知后应立即办理投保手续。目前为简化手续和防止发生漏保现象，一般采用预约保险办法，由负责进口的单位与保险公司签订进口货物预约保险合同。

四、海运出口运输跟单

海运出口货物运输业务，指根据贸易合同中的运输条件，把售予国外客户的出口货物加以组织和安排,通过海运方式运到国外港口的一种业务。凡以 CIF 和 CFR 条件签订的出口合同,皆由卖方安排运输。卖方须根据买卖合同中规定的交货期安排运输工作。如凭信用证方式结汇的,卖方须等收到信用证后方可安排运输。海运出口货物运输工作一般包括以下环节。

(一)审核信用证中的装运条款

出口单位在收到信用证以后,要对其进行严格审核,如发现信用证中的有关条款与贸易合同中内容不符,应及时要求进口方修改信用证。

审核信用证中的装运条款,要重点审核装运期、装运港、结汇日期、转船和分批装运等,要根据货物出运前的实际情况,决定对信用证中的有关运输条款是否接受、修改或拒绝。

(二)备货、报验和领证

出口方收到信用证后,要按信用证上规定的交货期及时备好出口货物,并按合同及信用证的要求对货物进行包装、刷唛。

对需经检验机构检验出证的出口货物,在货物备齐后,应向检验机构申请检验,取得合格的检验证书。

(三)租船和订舱

履行以 CIF 和 CFR 价格条件对外成交的出口贸易合同,由卖方派船装运出口货物。卖方要按照合同或信用证规定的交货期(或装运期),办理租船、订舱手续。对出口数量多的、需要整船装运的大宗货物,应洽租适当的船舶装运;对成交批量件不大的杂货,则应洽订班轮舱位。租整船运输出口货物,一般是委托租船经纪人(Shipbroker)在国际租船市场上洽租所需船舶。

(四)出口货物集中港区

洽妥船舶或舱位后,货方应在规定的时间内将符合装船条件的出口货物发运到港区内指定的仓库或货场,以待装船。向港区集中时,应按照卸货港口的先后和货物积载顺序发货,以便按先后次序装船。处理大宗出口货物可联系港区提前发货。对可以直接装船的货物,按照装船时间将货物直接送至港区船边现装,以简化进出仓的手续,节省费用。对需特殊运输工具、起重设备和舱位的特殊商品,如危险品、重大件、冷冻货或鲜活商品、散油、染化料等,应事先联系安排好调运、接卸和装船作业。发货前要按票核对货物品名、数量、标志、配载船名、装货单号等各项内容,做到单、货相符和船、货相符。同时还要注意发货质量,如发现货物外包装有破损现象,发货单位要负责修理或调换。

(五)出口报关和装船

货物集中港区后,发货单位必须备妥出口货物报关单、发票、装货单(或磅码单)、商检证(如检验机构来不及出证时,可由检验机构在报关单上加盖合格单)及其他有关单证向海关申报出口。经海关人员对货物查验合格后,在装货单上加盖放行章方可装船。如果海关发现货物不符合出口要求,则不予放行,直到符合要求时为止。

海关查验放行后,发货单位(包括外运分公司和各进出口分公司)应与港务部门和理货人员联系,做好装船前的准备和交接工作。发货单位的现场工作人员应严格按照港口的规章与港方办妥交接手续，做好现场记录，以便划清船、港、货三方面的责任。在办理交接过程中，如货物数量短少或包装破损、污染等，应由发货单位补齐、换货、修理或更换包装。

在装船过程中，发货单位应派人进行监装，随时掌握装船情况和处理装船过程中所发生的问题。对舱容紧、配货多的船只，应联系港方和船方配合，合理装载以充分利用舱容，防止货物被退关。如舱位确实不足，应安排快到期的急运货物优先装船。对必须退关的货物，应及时联系有关单位设法处理。

跟单员或监装人员对一级危险品、重大件、贵重品、特种商品和驳船来货的船边接卸、交接工作，要随时掌握情况，防止接卸和装船脱节。对装船过程中发生的货损，应取得责任方的签证，并联系原发货单位做好货物调换和包装修整工作。

（六）投保

如果合同规定需要在装船时发出装船通知，由国外收货人自办保险，发货人应及时发出装船通知。如因发货人延迟或没有发出装船通知，致使收货人不能及时或没有投保而造成损失，发货人应承担责任（依据《2000年国际贸易术语解释通则》）。若由发货人负责投保，一般应在船舶配妥后及时投保。

（七）支付运费

船舶公司为正确核收运费，在出口货物集中港区仓库或库场后申请商检机构对其进行衡量。对需要预付运费的出口货物，船舶公司或其代理人必须在收取运费后签给托运人运费预付的提单。如属于到付运费货物，则在提单上注明运费到付，其运费由船舶公司卸港代理在收货人提货前向收货人收取。

（八）出口货运单证

（1）托运单。托运单又称订舱委托书，由托运人根据贸易合同条款的内容填制，并凭此单向承运人或其代理人办理货物托运。其内容包括托运人、启运港、目的港、货名、标志及号码、件数、数量、体积、装船日期、运费支付方式、结汇日期、可否转船、可否分批装运等项，为承运人配载提供参考，如有特殊条款，也需列出。

（2）装货单。装货单是远洋运输中的主要货运单证之一，它是作为承运人的船舶公司或其代理人在接受托运人提出托运申请后，签发给托运代理人的证明，又是海关监管进出口货物的单证，还是通知码头仓库或船长将单上货物装船的命令。其作用体现在三方面：第一，装货单是承运人确认承运货物的证明；第二，装货单是海关对出口货物进行监管的单证，所以装货单又称“关单”；第三，装货单是承运人通知码头仓库或装运船舶接货装船的命令。

（3）收货单。收货单又被称为大副收据。收货单是货物装船后，承运船舶的大副签发给托运人的货物收据。它表示该船已收到货物并已经将其装船。

同装货单一样，收货单也是远洋运输中的主要货运单证之一。首先，收货单是划分承、托双方责任的重要依据。在装船过程中，承运船舶的大副必须仔细核对货物的实际情况与装货单的记载是否相符。如有不符，大副需将货物的不符情况以及货物的外表状况及其他不良情况记载在收货单上，这就是大副批注。有大副批注的收货单，表明所批注货物的不良状况发生在装船以前,承运人对此不承担责任。所以在日后处理索赔案件时,收货单是承运人据以免责的重要依据,它又是制作提单的重要依据。其次,收货单是据以换取已装船提单的单证。

(4)提单。提单是海洋运输所使用的最核心的单证。它对所装运的商品和数量起了收据和证明文件的作用,表明承运人与托运人之间的运输合同有效成立(提单是运输契约的证明),表明承运人已经接管了该单项下的货物(提单是货物收据),同时它还能代表货物的所有权(提单是"物权凭证"),每一个合法持有提单的人均可以通过转让提单而转让提单项下的货物。因此,对货物进行精确的描述和点数是至关重要的,在货物发生灭失、损坏或延误的情况下,提单是请求损害赔偿最基本的证明。提单上所指定的个人或买主是货物唯一真实的受领人,承运人则有责任按照提单上所载明的指示适当地交付货物。除统一提单外,其他常用的提单类型还有订货通知提单或可转让提单、出口提单和政府提单。

(5)装货清单。装货清单是承运人根据装货单留底,将全船所装货物按目的港和货物性质加以归类,依航次靠港顺序排列而制成的全船装运货物的汇总清单。装货清单是承运船舶的大副编制积载计划的重要依据,其内容包括装货单编码、货名、件数、包装种类、毛重、尺码以及对装运的要求(如装在水线下,不可靠近锅炉)等,其内容正确与否,对编制积载计划有重要影响。除凭此编制积载计划外,它还是现场理货人员进行理货、港口安排驳运、货物进出仓库、货物以及承运人掌握托运人备装情况的业务单证。

(6)载货清单。载货清单又称舱单,是根据收货单或提单,按目的港分票编制的全船出口货物的汇总清单。其内容包括船名、航次、船长、启运港和目的港、开航日期、发货人、收货人、货名、包装、标志及号码、件数、毛重、尺码等项。载货清单是海关对载货船舶进出国境进行监管的单证,它被作为:办理船舶进(出)口报关手续的单证;船舶载运所列货物的证明;有关业务联系的单证。

(7)货物积载计划。货物积载计划是大副在装货前根据装货清单按货物装运要求和船舶性能绘制的一个计划受载图,所以又称为货物积载图。图中列明各批货物应装入船舶的具体舱位,用以指导有关方面安排泊位、出仓、下驳、搬运等。货物装船后再按实际装船情况进行改正。这是船方进行货物运输、保管、卸货等项工作必要的查阅资料,也是卸货港的港方、卸货部门用来安排泊位、货物进仓、派驳调车、理货人员进行理货的原始资料。

(8)危险品清单。装运危险品,承运人往往要求托运人提供危险品清单。

五、国际海运提单的缮制

海运提单(Bill of Lading,B/L)简称提单,是目前海运业务使用最为广泛和主要的运输单据。

海运提单的种类很多,但使用较广的是已装船的清洁的指示提单。理论上提单应由船舶公司填制,但实际上都是由托运人制作,跟单员在缮制提单时应注意以下问题:

(1)如来证无特殊规定,提单上的发货人(Shipper)应为信用证的受益人,如来证规定以第三者为发货人时,可以以国内运输机构或其他公司的名义为发货人,如来证规定以开证人为发货人时则不能接受。

(2)提单的收货人(Consignee)习惯上称为抬头人。绝大多数信用证都要求做成空白指示抬头(To Order),又称空白抬头。这种提单必须经发货人背书,方可流通转让。也有极少数信用证要求做成凭开证银行指示(To Order of Issuing Bank)或凭收货人指示(To Order of Consignee),这种提单无须发货人背书。另外,提单抬头还分记名和不记名两种,对这两种提单发货人均不背书,对于不可转让提单无须背书。

(3)提单上的背书又分空白背书和记名背书。凡是空白抬头必须是空白背书。空白背书是由发货人在提单背面加盖印章,无须加任何文句,而记名背书除加盖印章外,还应注明"交付给××(Deliver To ××)"字样。

(4)提单的抬头与背书直接关系到物权归谁所有和能否转让等问题,因此,一定要严格按照信用证要求办理。值得一提的是,若货物运输的目的港为法国或阿根廷的某港口,则发货人必须在提单正面签署。

(5)信用证上如要求加注被通知人 Notify Party 名称者,应照办。如来证规定仅通知某人(Notify Party Only),则通知栏内不能省去"Only"字样,来证如规定在提单上须表示出买方名称,则应在提单上加注"买方×××(Name of Consignee ×××)"。如来证未要求加注被通知人,则在正本提单上的被通知人一栏留空不填,但应在副本提单的被通知人一栏内加注开证申请人的名称,以便货到目的港时船方通知其办理提货手续。

(6)若为联运提单(C. T. B/L),其上有:

①前段运输(Pre - carriage by),本栏应填写第一段运输方式的运输工具名称。如货物从西安经陆路运往天津,再装船运往美国。则此处填:"by Wagon No. ××"或"by Train"。

②收货地点(Place of Recceipt),本栏填写前段承运人接受货物的地点,如上例中应填"西安"。

③船名及航次号(Ocean Vessel Voy. No.),如第一程运输不是海运,在签发联运提单时此栏可填:"Intended Vessel(预期船只)"。根据 UCP600 有关规定,银行可以接受这样填制的单据。

④装运港(Port of Loading),本栏填海运段实际的装运港名称,但应与信用证上的规定相一致。

⑤卸货港(Port of Discharge),本栏填实际的卸货名称,但应与信用证上的规定相一致。

⑥交货地点(Place of Delivery),是指最终目的地,如从上海海运至美国旧金山,然后再由旧金山陆运至芝加哥,则交货地点应填"芝加哥"。

⑦提单上的唛头必须与其他单据上的相一致。如信用证规定有唛头则应按信用证上的规定制作。如为散装货应注明"N/M"(即 No Marks)或"In Bulk"字样。纺织贸易中较少见裸装货物,如果在别的业务中遇到裸装情形,比如裸装货钢材,若钢材端部涂刷的是红色,则在提单的唛头栏内注明"Red Stripe",若涂刷的是白色,则填"White Stripe"。

⑧提单上的货物名称,可作一般概括性的描述,不必列出详细规格(可用货物名的统称

或简称)。有时同一货物,但使用不同货名可以节约运费。因此,应尽可能事先通知对方在来证中采用收取运费较低的货名,或使对方在来证中加注“提单使用××货名可以接受”等类似词句。

⑨提单上除有阿拉伯文字的件数外,尚需有英文大写的件数,两者的数量要相一致。

⑩提单上的重量,除信用证有特别规定者外,仅列毛重,并应与发票、重量单上的重量相一致。

⑪如为CFR或CIF价格,提单上加注“运费预付(Freight Prepaid)”或“运费已付(Freight Paid)”字样,除非信用证另有规定,否则运费预付或已付提单可不必加注运费金额。如为FOB价格,提单上须加注“运费到付”(Freight Collect或Freight to Collected)。

⑫提单上签发日期必须与信用证上规定的装船期相适应,也就是最晚不得迟于信用证或合约上规定的最迟装运日期,在提单日期之后,必须填写签发地点。

⑬提单正本须按信用证规定的份数签发,如无规定,应签发正本一式两份。如信用证上规定受益人提供“全套提单(Full set B/L或Completes set B/L)”,这就是指承运人在提单上所注明的全部正本份数。如要求出具“2/3 origin B/L”,则应制作三份正本,其中两份送交议付银行议付,另一份正本应按照L/C的有关规定办理,如该项规定不合理,应立即通知开证人改证。每份正本提单的效力是相同的,只要其中一份提货,其他各份正本提单即同时失效。

⑭如签发提单人为外运代理,而承运人为“MAESK LINE”,则应在外代之后加注“AS AGENT FOR THE CARRIER MAESK LINE”等字样。

第四节　航空运输跟单

航空运输是使用飞机或其他航空器进行运输的一种形式。航空运输的单位成本很高,因此,主要适合运载的货物有两类:一类是价值高、运费承担能力较强的货物,如贵重设备的零部件、高端产品或高档产品等;另一类是紧急需要的物资,如救灾抢险物资等。在纺织贸易业务中,一般较少采用航空运输,但在样品寄送、参加大型展会(如贸洽会、时装发布会等)、赶制(或销售)节令商品时也往往采用航空运输完成交货。

一、国内航空运输跟单

(一)货物托运条件

货物托运人在托运货物时应注意以下要点:

(1)凭单位介绍信或其他有效证件,填写货物托运单,向承运人或其代理托运手续。

(2)货物托运单的内容应填写清楚,如收/发货人具体单位、姓名、地址;货物的名称、种类、包装、价值、件数;是否办理货物航空保险;运输要求等。

(3)如托运货物属于限制的货物,以及需要办理公安和检疫等各项手续的货物,均应附有效证明文件。

(4)托运的货物中不得夹带禁止运输和限制运输的物品、危险品、贵重物品、现钞、证券等。

(5)对不同的运输条件,或根据货物性质不能同一运输的货物,则应分别填写货物托运单。

(二)货物包装要求

航空运输对托运的货物的包装有特殊要求和规定,因此托运的货物的包装应力求做到以下几点:

(1)对货物的包装要保证在运输途中货物不致散失、渗漏、损坏或污染飞机设备和其他物件。凡国家主管机关规定有标准包装的货物,则应按国家标准包装。

(2)托运人应在每件货物上标明发站、到站、收/发货人的单位、姓名、地址等。

(3)民航接收的每件货物均应粘贴或拴挂货物标签,如发货人利用旧包装,则必须除去原包装件上所有遗留的残旧标志。

(三)货物重量和尺码计算

相比而言,对空运货物的重量、尺码的计算标准和方法比较特殊,其计量原则和方式方法主要包含以下几点:

(1)如货物重量按毛重计算,计量单位为"千克"(注意:这里不是公吨),尾数不足1千克的则按四舍五入处理。

(2)如每千克货物的尺码超过6000立方厘米(注意:这里不是立方米)则为轻货货物(简称为轻货)。以每6000立方厘米折合1千克计重。

(3)每一件货物的重量一般不能超过80千克,尺码一般不能超过40厘米×60厘米×100厘米,超过者则为超限货物,每件货物的最小尺码长、宽、高合计不得少于40厘米,最小一边长不得少于5厘米。

(4)如发货人托运超限货物,则应提供货物的具体重量、体积,并经民航同意后办理托运,且按承运人的规定支付超限货物的附加费。

(四)货物押运

根据需要,有时对承运的货物需要安排押运,则托运人必须与承运人或其代理协商好相关事宜。一般情况下,考虑到货物的性质或本次业务的特殊性,货物运输途中确需专人照料、监护的,在征得承运人同意的情况下,可由托运人委派专人押运。对由押运人负责照料、监护的货物,承运人应协助押运人完成押运任务。当然,押运人员必须按照承运人的有关规定办理客票和乘机手续。

二、进口货物航空运输跟单

进口货物航空运输跟单的基本流程主要包括以下步骤:

(1)委托申请。在国外客户发货前,进口人就应该将合同副本、订单及其他有关单证送交进口空港所在地的"空代",作为委托保管、接货的依据。

(2)货物到达后,空代接到航空公司"到货通知"时,应从机场或航空公司营业处取单

(航空运单第三联——Original for the Consignee)。取单时应关注以下两个要点:第一,航空公司免费保管货物的期限为三天,超过此期限取单应额外支付保管费;第二,进口货物应自运输工具进境之日起14天内办理报关手续。如通知取单日期已临近或超过期限,应先征得收货人同意缴纳滞报金的情况下方可取单。

(3)取回运单后应认真与合同副本或订单核对。如合同号、唛头、品名、数量、收货人或通知人等无误,应立即填制"进口货物报关单"等,并附上必要的单证,向设在空港的海关办理报关。如由于单证不全而无法报关时,应立即通知收货人补齐单据或通知收货人自行处理,以免承担延期报关而需缴纳滞报金的责任和费用,此时收货人必须立即答复或处理。

(4)海关审单通过后,空代应按海关出具的税单缴纳关税及其他有关费用,然后凭交费收据将所有报关单据(包括报关单、合同副本、商业发票、装货单或下货纸、装箱单及其他需要提交单据)送海关放行部。海关验货、验单无误后盖章放行;对无须验货的货物直接在航空运单上加盖放行章;对单货不符的由海关扣留,另行查处。

(5)海关放行后,属于当地货物立即送交货主;如为外地货物,立即通知货主到口岸提取或按事先的委托送上门。

(6)对需要办理转运的货物,如不能就地报关的,应填制"海关转运单"并附有关单据交海关制作"关封"随货转运。

(7)提货时如发现缺少、残损等情况,空代应向航空公司索取商务记录,通知货主向航空公司索赔,也可根据货主委托办索赔。如提货时包装外表完好,但内部货物的质量或数量有问题,则属于"原残",应由货主向商检部门申请检验出证,向国外发货人交涉索赔。

(8)如一张运单上有两个或两个以上的收货人,则空代应按照合同或分拨单上的品名、数量、规格、型号,开箱办理分拨与分交。收货人应向空代出具收货证明并签字,注明日期。

(9)如货物是样品、样本、礼品,应由进口单位填写样品、礼品单交空代办理报关。

(10)如集中托运的货物是驻华使领馆、商社代表或外籍工程技术人员的物品,空代应通知收货人自行办理报关提货,如海关同意,空代也可接受委托代办报关。

三、出口货物航空运输跟单

出口货物航空运输跟单主要包括以下步骤:

(1)出口单位如委托空代办理空运输出口货物,应向空代提供"空运出口货物委托书"和出口合同副本各一份,对需要包机运输的大宗货物出口单位应在发运货物前40天填写"包机委托书"送交空代。对需要紧急运送的货物或必须在中途转运的货物,应在委托书中说明,以便空代设法利用直达航班运送和安排便于衔接转运的航班运送。

(2)空代根据发货人的委托书向航空公司填写"国际货运托运书"办理订舱手续。托运书上要写明货物名称、体积、重量、件数、目的港和要求启运的时间等内容。订妥舱位后,空代应及时通知发货人备货、备单。

(3)出口单位备妥货物、备齐所有出口单证后送交空代,以便空代向海关办理出口报关手续。

(4)空运出口货物要进行恰当的、妥善的包装,每件货物上要有收货人、托运人的姓名、地址、箱号、标志、拴挂或粘贴有关的标签,对需要特殊处理或照管的货物要粘贴指示性标志。空代在接货时要根据发票、装箱单逐一清点和核对货物名称、数量、合同号、标志,检查包装是否符合要求,有无残损状况等。

(5)对于大宗货物和集中托运货物,一般由货代在自己的仓库场地装箱,也可在航空公司指定的场地装板、装箱。在装板、装箱时要注意以下问题:第一,不要用错板型、箱型。因为不同航空公司的集装板、集装箱的尺寸不同,用错了会导致货物无法装机;第二,货物装板、装箱时不得超过规定的重量、高度和尺寸。一定型号的板、箱用于一定的机型。一旦超装,就无法装机,所以既不可超装,又要用足板、箱的负荷和尺寸,尽量实现"满箱又满重"的最优状态;第三,要封盖塑料薄膜以防潮防雨,要衬垫平稳、整齐,使结构牢靠,系紧网索,以防倒塌;第四,对于整票货尽可能装一个或几个板、箱,以防散乱、丢失。

四、航空运输费用

航空运费一般是按实际重量或体积重量计算的,以两者中较高者为准(即从高计算的原则)。一般而言,体积重量是按6000立方厘米(cm^3)或365立方英寸折合为1千克的,至于尾数,一般采用四舍五入法;对于特殊货物,航空公司采用"附加附减"的原则,如书报、杂志是在正常运价的基础上"附减"一定的百分比,而对于如灵柩等的特殊商品,则是在正常运价的基础上"附加"一定的百分比。

航空货运单(Air Waybill)是航空运输的正式凭证,是承运人收到货物后出具的货物收据,也是航空运输合同的证明。货物运抵目的地后,承运人向收货人发出"到货通知",收货人凭"到货通知"提取货物,并在货运单上签收。因此,航空货运单与海运提单不同,它不是物权凭证,因此不得背书、转让。

第五节 集装箱运输跟单

集装箱运输是以集装箱为集合包装和运输单位,适合多式联运并可实现"门到门"交货的高质量的成组运输方式,是成组运输的高级形态。集装箱运输方式是国际贸易运输方式的一场"革命",目前已成为国际上使用最广泛的一种重要的运输方式。

一、集装箱的含义及种类

集装箱又称货柜或货箱,原意是一种容器,即具有一定的强度和刚度的专供周转使用并便于机械操作和运输的大型货物容器,因其外形像一只箱子,又可集装成组货物,故称集装箱。

按国际标准化组织ISO/TC 104技术委员会的规定,集装箱应具备下列条件:第一,能长期反复使用;第二,途中转运货物时,不动容器中的货物,可直接换装;第三,能快速装卸,并能从一种运输工具上直接和方便地换装到另一种运输工具上;第四,便于货物的装满与卸空;第五,每个容器具有$1m^3$(或35.32立方英尺)或者以上的容积。

国际标准化组织为统一集装箱的规格，推荐了三个系列13种规格的集装箱，而在国际航运业务中使用最多的还是20英尺和40英尺集装箱两种，即1A型8英尺×8英尺×40英尺、1AA型8.6英尺×8英尺×40英尺和1C型8英尺×8英尺×20英尺。

为适应运输各类货物的需要，集装箱除通用的干货集装箱外，还有罐式集装箱、冷冻集装箱、框架集装箱、平台集装箱、开盖集装箱、通风集装箱、牲畜集装箱、散货集装箱、挂式集装箱等种类。

二、集装箱运输的特点及其优势

集装箱是用钢、铝、胶合板、玻璃钢或这些材料混合制成的。它具有坚固、密封和可以反复使用等优越性，这是任何运输包装都无法与之比拟的。集装箱放在船工上等于是货舱，放在火车上等于是车皮，放在卡车上等于是货车箱。因此，无论在单一运输方式下或多式运输方式下均不必中途倒箱，集装箱的内部容量较大，而且易于装满和卸空，在装卸设备配套情况下它能迅速搬运。

集装箱运输的优点如下：

(1)可露天作业，露天存放，不怕风雨，节省仓库。

(2)可节省商品包装材料，既可减少货物运杂费支出，又可保证货物质量、数量，有效减少货损、货差。

(3)便于装卸作业机械化，节省劳动力和减轻劳动强度。

(4)提高装卸速度，加快运输工具、货物和资金的周转，减少港口拥挤，扩大港口吞吐量。据统计，一个集装箱码头的作业量可顶7～11个普通码头，一台起吊设备装卸集装箱要比装卸普通件杂货快30倍，一艘集装箱船每小时可装卸货物400公吨，而普通货轮每小时只能装卸35公吨，每小时的装卸效率相差11倍。

(5)简化货运手续，减少运输环节，可进行门到门的运输，从而加快了货运速度，缩短了货物的在途时间。

三、集装箱装箱量的计算实例

计算集装箱装箱量，是一门较复杂的技术工作。科学的装箱方法可以降低运输成本。目前在计算集装箱装箱量上，有专门的集装箱装箱计算软件。对于不同规格的货物进行最科学的计算，以达到降低运输成本的目的。纺织品多采用纸箱包装，下面以纸箱为例，探讨跟单员计算集装箱装箱量的一般方法。

(一)对一批相同尺寸纸箱计算装箱量

计算公式为：

$$V_{集装箱内体积} \geq Q \times L \times H \times W$$

式中：Q——纸箱的数量；

L——纸箱的长；

H——纸箱的高；

W——纸箱的宽，单位为米（m）。

（二）对一批不同尺寸纸箱计算装箱量

计算公式为：

$$V_{集装箱内体积} \geqslant (Q_A \times L_A \times H_A \times W_A) + (Q_B \times L_B \times H_B \times W_B) + (Q_C \times L_C \times H_C \times W_C) + \cdots$$

式中：Q_A——A 型纸箱的数量；

L_A——A 型纸箱的长；

H_A——A 型纸箱的高；

W_A——A 型纸箱的宽，单位为米（m）；

Q_B、Q_C 等以此类推。

（三）实例介绍

［**例 1**］装箱条件：一批 T 恤出口，T 恤产品所用包装纸箱尺寸为长 580mm × 宽 380mm × 高 420mm，用 40 英尺钢质集装箱装箱，箱内尺寸为：长 12050mm × 宽 2343mm × 高 2386mm，容积 67.4m^3，计算该集装箱最多可装多少个纸箱？

解：跟单员需考虑纸箱在集装箱内有多种不同的放置方法，根据计算找出最佳装箱方案。

纸箱放置方法一：

集装箱内尺寸：长 12050mm × 宽 2343mm × 高 2386mm

纸箱在集装箱内的对应位置为：长 580mm × 宽 380mm × 高 420mm

集装箱长、宽、高共可装箱量为：长 20.776 箱 × 宽 6.166 箱 × 高 5.681 箱

除纸箱误差后集装箱可装纸箱数为：长 20 箱 × 宽 6 箱 × 高 5 箱 = 600 箱

最后计算出纸箱所占体积约为 55.54m^3。

纸箱放置方法二：

集装箱内尺寸：长 12050mm × 宽 2343mm × 高 2386mm

纸箱在集装箱内的对应位置为：宽 380mm × 长 580mm × 高 420mm

集装箱长、宽、高共可装箱量为：长 31.71 箱 × 宽 4.04 箱 × 高 5.68 箱

除纸箱误差后集装箱可装纸箱数：长 31 箱 × 宽 4 箱 × 高 5 箱 = 620 箱

最后计算出纸箱所占体积约为 57.39m^3。

纸箱放置方法三：

集装箱内尺寸：长 12050mm × 宽 2343mm × 高 2386mm

纸箱在集装箱内的对应位置为：高 420mm × 长 580mm × 宽 380mm

集装箱长、宽、高共可装箱量为：长 28.69 箱 × 宽 4.040 箱 × 高 6.279 箱

除纸箱误差后集装箱可装纸箱数为：长 28 箱 × 宽 4 箱 × 高 6 箱 = 672 箱

最后计算出纸箱所占体积约为 62.21m^3。

所以，经过上述测算，“方法三”是最佳的装箱方案，即纸箱的高度方向对应集装箱的长度方向、纸箱的长度方向对应集装箱的宽度方向、纸箱的宽度方向对应集装箱的高度方向，

如此装箱,该集装箱可装672个纸箱,纸箱总体积为62.21m^3。

在参加交易会、展览会等情况下,或者交货很急的情形下,有时是需要快速估算集装箱可装纸箱的数量的,下面举例说明集装箱可装纸箱的速算方法。

[**例2**]装箱条件同例1,请采用速算法快速估算该集装箱最多可装多少个纸箱?

解:速算法的适用公式为:

$$可装纸箱数量 = 集装箱内容积 \times 0.9误差系数 / (纸箱长 \times 宽 \times 高)$$

即:$12.05 \times 2.343 \times 2.386 \times 0.9 / (0.58 \times 0.38 \times 0.42) = 655$(箱)

则体积约为60.63m^3。

四、集装箱运输货物交接方式

集装箱运输有整箱货(Full Container Load, FCL)和拼箱货(Less than Container Load, LCL)之分。凡装货量达到一个集装箱容积的75%的或达到一个集装箱载重量的95%的即为整箱货,由货主或货代自行装箱后以箱为单位向承运人进行托运,装箱既可在货主的仓库进行,也可在集装箱堆场(Container Yard, CY)进行;凡货量达不到以上标准的,则需将货物进行拼箱,即由货主或货代将货物送交至集装箱货运站(Container Freight Station, CFS),货运站收到货物后即按照货物的性质、目的地等进行分类,将运往同一目的地的货物集合拼装到同一集装箱内再进行发运。两种货物交接方式都很常见,尤其在纺织贸易业务中更是如此。表8-3是集装箱运输中货物交接方式的比较。

表8-3 集装箱运输货物交接方式

装箱方式		交接方式	
FCL/FCL	整箱交/整箱收	Door to Door	门到门
		CY to CY	场到场
		CY to Door	场到门
		Door to CY	门到场
FCL/LCL	整箱交/拆箱收	Door to CFS	门到站
		CY to CFS	场到站
LCL/FCL	拼箱交/整箱收	CFS to Door	站到门
		CFS to CY	站到场
LCL/LCL	拼箱交/拆箱收	CFS to CFS	站到站

五、集装箱运输的费用

(一)集装箱运输的费用

集装箱运输的费用包括内陆或装港市内的运输费、拼箱服务费、堆场服务费、集装箱及其他设备使用费、主运费等。目前,集装箱货物运价体系比较成熟,基本上分为两大类:一类是沿用件杂货运费计算方法,即以每运费吨为单位(俗称散货价),再加上相应的附加费;另一类是以每个集装箱为计费单位(俗称包箱价)。

集装箱运输计收运费方式以第二类居多。常见的包箱费率有三种规定方法。

1. FAK 包箱费率(Freight for All Kinds) 此种标准不分货物种类,也不计货量,只规定统一的每个集装箱收取的费率,其形式见表 8-4。

表 8-4 中国—新加坡航线集装箱费率表 单位:美元,in USD

装运港	货物类别	CFS/CFS	CY/CY	
		(per F/T)	20′FCL	40′FCL
大连	杂货	85.50	1280.00	2543.00
上海	杂货	82.00	1225.00	2156.00
新港	杂货	83.00	1226.00	1950.00
…	…	…	…	…

2. FCS 包箱费率(Freight for Class) 该费率是按不同货物等级制订的包箱费率,其形式如表 8-5。

表 8-5 中国—澳大利亚航线集装箱费率表 单位:美元,in USD

基本港:Brisban, Melbourne, Sydny, Fremantle				
货物等级	计收标准	20′ CY/CY	40′ CY/CY	LCL (per F/T)
1~7	W/M	1700	3230	95
8~13	W/M	1800	3430	100
14~20	W/M	1900	3510	105

3. FCB 包箱费率(Freight for Class & basis) 该费率是按不同货物等级或货物类别以及计算标准制订的费率,其形式如表 8-6。

表 8-6 中国—地中海航线集装箱费率表 单位:美元,in USD

基本港:Algiers, Genoa, Marseiles-FOS				
货物等级	LCL per W	LCL per M	FCL 20′CY/CY	FCL 40′CY/CY
1~7	131	100	2250	4200
8~13	133	102	2330	4412
14~20	136	110	2450	4640

值得注意的是,许多班轮船公司根据自己的需要,订出了不同的包箱费率表,即使是同一船公司的费率表,不同航线也可能采用不同的包箱费率。

(二)集装箱运费计算

[**例**]出口货物一批,总重量为 582 公吨,总体积为 $1000m^3$。已知 40′和 20′柜的限定载

重量分别为24.5公吨和17.5公吨、容积分别为67m³和30m³、装运该货物的亏箱率分别为18%和20%、(由甲地到乙地)每箱的运费率分别为750美元和400美元。试计算选用哪种规格的集装箱运费最省？需要多少个集装箱？运费共需多少美元？

解题思路：

1. 集装箱选用原则 选用原则为在每个集装箱既满载(重量)又满箱(容积)的情况下使总运费最低廉。

2. 需要计算或考察的数据

(1)货物容重："公吨/m³"

(2)集装箱的限定载重量："公吨"

(3)集装箱的有效容积(扣除了亏箱率)："m³"，注意，亏箱率是经验数据！不同集装箱装同一种货物亏箱率不同，同一集装箱装不同货物的亏箱率也不同。

(4)集装箱的双满容重 =(2)/(3)："公吨/m³"

3. 结论 如果(1)=(4)，则既满载又有满箱。集装箱的载重量和容积都没有浪费。

如果(1)>(4)，则为相对"重货"，装箱结果就会满载不满箱，而且大得越多，箱的容积浪费越大。当计算某批货物所需要的箱数时，要用货物的总重量除以集装箱的限定载重量。

如果(1)<(4)，则为相对"轻货"，装箱结果就会满箱不满载，而且小得越多，箱的载重量浪费就越大。当计算某批货物所需要的箱数时，要用货物的总体积除以集装箱的有效容积。

解：(1)货物容重：582 / 1000 = 0.582(公吨/m³)

(2)载重量：40′柜为24.5公吨；20′柜为17.5公吨

(3)有效容积：40′柜 67 ×(1－18%) = 54.94 (m³)

20′柜 30 ×(1－20%) = 24.00 (m³)

(4)双满容重：40′柜 24.5 / 54.94 ≈ 0.446(公吨/m³)

20′柜 17.5 / 24 ≈ 0.729(公吨/m³)

(5)若选用40′柜，因(1)>(4)，故应以重量标准计算

箱数 = 582 / 24.5 = 24(个)(零舍一入)

若选用20′柜，因(1)<(4)，故应以容积标准计算

箱数 = 1000 / 24 = 42(个)(按有效容积计算、零舍一入)

(6)运费分别为：

若选用40′柜，750 × 24 = 18000美元

若选用20′柜，400 × 42 = 16800美元

结论：选用20′柜运费较省，共需42个20′柜，运费为16800美元。

六、集装箱运输中的主要单证

集装箱运输中的单证主要有托运单(含场站收据)、装箱单、设备交接单、提单和提货单。

考虑到集装箱运输的特殊性，这里只介绍托运单、设备交接单和提货单，而装箱单、提单与海运或其他运输单据并无二致。

（一）托运单

集装箱托运单一般一式九联（含场站收据 D/R，Dock Receipt），由发货人或货代根据船舶公司印就的格式进行填制。船舶公司或其代理接受订舱后在托运单上加列船名、航次及编号（不得手写），然后托运人持托运单办理发货、报关等事宜。当货物运至集装箱码头堆场或货运站时，由接运货物的工作人员在“场站收据”上签字后，将该联退还给托运人。托运单各联的名称及作用见表 8－7。

表 8－7　托运单各联的名称及作用

系列联	颜　色	名　称	作　用　说　明
第一联	白色	集装箱托运单	货主留存
第二联	白色	集装箱托运单	货代留存
第三联	白色	集装箱托运单	货代留存，如未经货代托运则此联无用
（未编号）	白色	空白联	由堆场或货运站收到货物后留存
第四联	浅蓝色	场站收据副本	港方留存，相当于“装货单”，用于报关和通知船长接收货物
第五联	粉红色	场站收据副本大副联	相当于海运中的“大副收据”，理货公司留存
第六联	黄色	场站收据	托运人凭此向承认人换取提单
第七联	白色	海关副本	由海关验放货物后留存
第八联	浅蓝色	港口费用结算联	供港方向货主或货代结算费用，并由港方留存

（二）设备交接单

设备交接单（Equipment Interchange Receipt，EIR）是供集装箱所有者与租箱者/运箱者之间划分责任义务的依据，也是租箱者/运箱者进出港区、场站进行提箱、还箱的凭证，也是运输索赔的重要单证之一。跟单员在跟进时，一般应做到“一箱一单、箱单同行、箱单相符”。

设备交接单为一式六联，前三联是供集装箱出场站时使用的，其上均印有“OUT”字样，其中第一联、第二联于发放空集装箱后由堆场留存，第三联由租箱人/运箱人留存；后三联是供集装箱进入场站时使用的，其上均印有“IN”字样，其中第四联、第五联交付港区道口，而后由港区将第四联转交船方以掌握该箱的去向，第五联由港区留存，第六联由租箱人/运箱人留存备查。办理集装箱和设备交接单的手续通常都是在堆场的入口处进行的。

（三）提货单

进口人或收货人或其代理在收到“到货通知后”，可持正本提单向承运人或其代理换取“提货单”，然后向海关办理报关，经海关在“提货单”上盖章放行后，才能凭该单向承运人委托的堆场或货运站办理提箱或提货。提货时收货人或其代理须在提货单上签字、盖章，以表明承运人的责任终止。

提货单一般为一式五联,第一联为"提货单",该联由港方留存;第二联为"费用账单",该联由收货人留存;第三联也是"费用账单",该联由港方留存;第四联、第五联均称为"交货记录",提货时由收货人在此两联上签字、盖章方能提货,其中第四联由港区留存,第五联由港区转船代留存。

七、集装箱运输跟单流程

如前所述,集装箱运输跟单的主要内容和方法已基本清楚,下面仅就一般流程稍作归纳整理。

(一)集装箱出口运输跟单流程

(1)订舱/订箱。

(2)接受托运并制作场站收据。

(3)发送空箱。

(4)整箱货(FCL)的装箱与交货,或拼箱货(LCL)的装箱与交货。

(5)货物进港。

(6)换取提单。

(7)货箱装船。

(8)寄送资料给船方。

(9)出运。

(二)集装箱进口运输跟单流程

(1)取得卖方或船方寄送的资料。

(2)领取"到货通知"。

(3)换取"提货单"。

(4)报关。

(5)提箱或提货。

(6)商品检验。

(7)索赔、理赔。

思考题

1. 货物运输的方式主要有哪几种?各有何特点?

2. 结合纺织外贸出口实际,说明应如何选择不同的运输方式?

3. 什么是选择港?跟单员跟单时遇到选择港条款时应如何把握跟单要领?

4. 班轮提单的性质作用表现在哪些方面?

5. 联运提单与国际多式联运单据有何异同点?

6. 什么是滞期费、速遣费?

7. 不同运输方式下用于议付的货运单据分别是什么？供买方提货的货运单据又分别是什么？

8. 空运运费计算的标准有哪几种？体积重量如何计算？

9. 集装箱运输中货物交接方式有哪几种？

10. 出口服装一批，共计8.53公吨、11.45m^3，由上海装船经香港转运至温哥华港。经查，上海至香港的运费计收标准为"W/M"，等级为8级，基本运费率为每运费吨28.60美元；香港至温哥华的运费计收标准为"W/M"，等级为8级，基本运费率为每运费吨105.80美元；在香港要加收中转费，按每运费吨13.00美元收取；香港至温哥华的国际航线还要加收燃油附加费8%，加收货币贬值附加费5%。请跟单员计算该批货的总运费。

11. 某公司出口货物一批，共2640件，总重量为37.8公吨，总体积为124.486m^3，由船舶公司装了一个20英尺和两个40英尺集装箱，从上海装船经香港转运至荷兰鹿特丹港，运费计收标准为"M"，等级为1~8级，从上海至鹿特丹港的直达费率和香港转船费率分别是USD 1850/20′、USD 3515/40′和USD 2050/20′、USD 3915/40′。装箱费率分别是USD 120/20′和USD 240/ 40′。

(1)请跟单员计算该批货物的总运费。

(2)该批货物原报价为"每件24.00美元FOB上海"，试求"CFR鹿特丹"价。

12. 我某外贸公司以"FOB青岛"条件与新加坡客户达成一笔出口交易，新商开来信用证的金额和单价均按"FOB青岛"计，但要求货运日本横滨港，并在提单上注明"运费已付(Freight Prepaid)"字样。问：我方可否接受对方的要求？我方又应该如何处理？

第九章 货物运输保险跟单

本章知识点

1. 货物运输保险的概念。
2. 保险业务的基本原则。
3. 风险、损失、费用的概念、分类及体现的近因原则。
4. 保险条款的类别。
5. 不同运输方式下的保险承保的责任范围。
6. 保险费的计算方法。
7. 保险单的形式与类别。
8. 保险跟单的业务流程。

第一节 保险跟单概述

一、货物运输保险的概念

在国际货物买卖中,货物由卖方所在地运到买方所在地的整个运输、装卸和储存过程中,可能会因遇到各种难以预料的风险而遭受损失。为了在货物遇险受损时能得到一定的经济补偿,买方或卖方就需要事先办理货物运输保险。货物运输保险(Cargo Transportation Insurance)就是被保险人(The insured)或投保人(Applicant)在货物装运以前,估定一定的投保金额(即保险金额)向保险人(Insurer)或承保人(Underwriter),即保险公司投保货物运输险。被保险人按投保金额、投保险别及保险费率,向保险人支付保险费并取得保险单据。被保险货物若在运输过程中遭受保险事故并造成损失,则保险人负责对保险险别责任范围内的损失,按保险金额及损失程度赔偿保险单据的持有人。

二、保险合同遵循的原则

跟单员跟踪保险合同时,应熟悉保险合同所需遵循的基本原则。保险合同遵循的原则包括以下几方面。

(一)保险利益原则

保险利益(Insurable Interest),又称可保权益,是指投保人对保险标的具有的法律上承认的利益。投保人对保险标的应当具有保险利益。投保人对保险标的不具有保险利益的,保险合同无效,这就是保险利益原则或称可保利益原则。就货物运输保险而言,反映在运输货物上的利益,主要是货物本身的价值,但也包括与此相关联的费用,如运费、保险费、关税和预期利润等。当保险标的安全到达目的地时,被保险人就受益或权益得到保障;当保险标的遭到损毁灭失时,被保险人就受到损害或负有经济责任。

(二)最大诚信原则

最大诚信原则是指投保人和保险人在签订保险合同以及在合同有效期内,必须保持最大限度的诚意,双方都应恪守信用,互不欺骗隐瞒。保险人应当向投保人说明保险合同的条款内容,并可以就保险标的或者被保险人的有关情况提出询问,投保人应当如实告知。对被保险人来说,最大诚信原则主要有两方面的要求:一是重要事实的申报;二是保证。重要事实的申报是指投保人在投保时应将自己知道的或者在通常业务中应当知道的有关保险标的的重要事实如实告知保险人,以便保险人判断是否同意承保或者决定承保的条件。保证(warranty),是指被保险人在保险合同中保证要做或不做某种事情;保证某种情况的存在或不存在;或保证履行某一条件。

(三)补偿原则

各种保险合同(人身保险合同除外)都是补偿性合同,所有补偿性合同都是建立在补偿基础之上的。保险的补偿原则(Principle of Indemnity),又称损害赔偿原则,是指当保险标的遭受保险责任范围内的损失时,保险人应当依照保险合同的约定履行赔偿义务。但保险人的赔偿金额不得超过保险单上的保险金额或被保险人遭受的实际损失。保险人的赔偿不应使被保险人因保险赔偿而获得额外利益。

(四)近因原则

近因(Proximate Cause)原则是保险理赔工作中必须遵循的一项基本原则,也是在保险标的发生损失时,用来确定保险标的所受损失是否能获得保险赔偿的一项重要依据。这一原则是指保险人只对承保风险与保险标的损失之间有直接因果关系的损失负赔偿责任,而对保险责任范围之外的风险造成的保险标的的损失,不承担赔偿责任。

三、货物运输保险条款及惯例

目前,保险市场上常被援引的保险条款主要有三种。

(一)英国伦敦协会货物保险条款

英国伦敦协会货物保险条款(Institute Cargo Clauses, I. C. C.),是由英国伦敦保险业协会制定的专业条款,该系列条款至今已沿用200余年,在国际保险界处于垄断地位。它是世界上影响最深远也最广泛的保险条款,尽管许多保险公司均有自己的保险条款,但基本上都以该条款为母本,内容也与I. C. C. 基本相同。

"I. C. C. 条款"的主要内容及其险别包括:

(1) 协会货物保险条款:包括三个基本险条款,即I. C. C. (A)、I. C. C. (B)、I. C. C. (C),(1/1/1982)。

(2)协会散装油条款 Institute Bulk Oil Clauses (1/2/1983)。

(3)协会货物战争险条款 Institute War Clauses (Cargo)。

(4)协会货物罢工险条款 Institute Strike Clauses (Cargo)。

(5)恶意损害险条款 Malicious Damage Clauses。

(二)中国保险条款

中国保险条款(China Insurance Clause,C. I. C.),其全称为"中国人民保险公司海洋运输货物保险条款"。C.I.C.是中国人民保险公司参照国际通行做法并结合我国实际情况拟订的,经过几十年的应用与实践,已被国际贸易、航运、保险界广泛接受。

(三)美国协会条款

美国协会条款简称 AICC,它包括:

(1)美国协会货物条款 American Institute Cargo Clause (1/4/1966),简称 AICC。

(2)美国散装油条款 Bulk Oil Clauses (January,1962)。

第二节　货物运输保险的范围

国际货物运输保险因运输方式不同可分为海洋运输货物保险、陆上运输货物保险、航空运输货物保险和邮包运输货物保险。在各种运输货物保险业务中,起源最早,历史最久的是海洋运输货物保险,后来才陆续开办陆运、空运、邮运货物保险。不同运输方式的货物保险,保险公司承保的责任有所不同,但所保障的范围都是相似的。由于国际货物买卖大部分通过海洋运输,而且陆运、空运、邮运货物保险都是借鉴海运货物保险的基本原则和做法并在此基础上发展起来的,所以海洋运输货物保险在国际贸易中占有重要地位。准确掌握海洋运输货物保险保障的风险、损失以及不同险别的责任范围、保险期限等基本概念,不仅在国际贸易中对正确处理海运货物投保和保险索赔事宜时必不可少,而且对于理解和掌握其他各种运输方式下的货物保险也具有重要意义。

一、风险

海洋运输货物保险的风险分海上风险和外来风险两类。

(一)海上风险

海上风险(Perils of the Sea)又称海难,一般是指船舶或货物在海上运输过程中发生的或随附海上运输所发生的风险,包括自然灾害和意外事故。在保险业务中,海上风险有特定的内容。

1. 自然灾害(Natural Calamity)　自然灾害是指不以人的意志为转移的自然界力量所引起的灾害,如恶劣气候、雷电、海啸、地震、洪水、火山爆发、浪击落海等。这些灾害在保险业务中都有其特定的含义。

2. 意外事故(Fortuitous Accidents)　意外事故是指由于偶然的、难以预料的原因造成的事故,如船舶搁浅、触礁、沉没、焚毁、互撞或与流冰或其他固体物体相撞(如与码头碰撞)以及失火、爆炸等原因造成的事故。

需要指出的是，按照国际保险市场的一般解释，海上风险并非局限于海上发生的灾害和事故，那些与海上航行有关的发生在陆上或海陆、海河或与驳船相连接之处的灾害和事故，如地震、洪水、火灾、爆炸及海轮与驳船或码头碰撞等，也属海上风险。

（二）外来风险

外来风险（Extraneous Risks）是指由于海上风险以外的其他外来原因引起的风险。外来风险可分为一般外来风险和特殊外来风险两种。例如雨淋、短量、偷窃、沾污、渗漏、破碎、受潮、受热、串味、锈损和钩损等为一般外来风险；战争、罢工和交货不到、拒收等则为特殊外来风险。

二、损失与费用

（一）海上损失和费用

海上损失和费用是指被保险人因被保险货物在运输途中遭遇海上风险而造成的损失和引起的费用，通常表现为两种形式：一种是货物本身遭到损坏或灭失的损失；另一种是为营救货物而支出的费用。按各国保险业习惯，海上损失和费用也包括与海运相连接的陆上或内河运输中所发生的损失和费用。

运输途中被保险货物本身遭到损坏或灭失的损失，按其损失程度可分为全部损失和部分损失。

1. 全部损失（Total Loss，TL） 全部损失简称全损，是指整批或不可分割的一批被保险货物在运输途中遭受损失。全部损失按其性质分类，可以分为实际全损和推定全损。

（1）实际全损（Actual Total Loss，ATL）。实际全损是指该批被保险货物在运输途中完全灭失，或者受到严重损坏完全失去原有的形体、效用，或者不能再归被保险人所拥有。例如全部的服装被焚毁、水泥遭浸泡或者载货船舶失踪经过一定时间（如两个月）后仍没有获知其消息的，视为实际全损。

被保险货物在遭到实际全损时，被保险人可按其投保金额获得保险公司全部损失的赔偿。

（2）推定全损（Constructive Total Loss，CTL）。推定全损是指被保险货物在运输途中受损后，实际全损已经不可避免，或者为避免发生实际全损所需支付的费用与继续将货物运抵目的地的费用之和超过保险价值，也就是恢复、修复受损货物并将其运送到原定目的地的费用将超过该保险标的目的地的货物价值。

被保险货物发生推定全损时，被保险人可以要求保险人按部分损失赔偿，也可以要求按全部损失赔偿。如果要求按全部损失赔偿，被保险人必须向保险人发出委付通知（Notice of Abandonment）。所谓委付，就是被保险人表示愿意保险标的的一切权利和义务转移给保险人，并要求保险人按全部损失赔偿的一种行为。委付必须经保险人同意后方能生效，但是保险人应当在合理的时间内将接受委付或不接受委付的决定通知被保险人。委付一经保险人接受，不得撤回。

2. 部分损失（Partial Loss，PL） 部分损失是指不属于实际全损和推定全损的损失，即没有达到全部损失程度的损失。在保险业务中，按照造成损失的原因（性质）不同，部分损失又可分为共同海损与单独海损两种。

（1）共同海损（General Average，GA）。共同海损是指在同一海上航程中，船舶、货物和其他财产遭遇共同危险，为了共同安全，因有意合理地采取措施而直接造成的特殊牺牲、支付的特殊费用。

共同海损是保险业务中一个特殊而又具有特定含义的专有术语，其认定也具有特殊性。构成共同海损，必须具备以下基本条件：

①真实性。导致共同海损的危险必须是真实存在的或不可避免的，不能是主观臆造的。

②共同性。有关各方所遭遇的风险是共同的，或者说风险可能会危及所有利益方的利益，而且船方所采取的措施必须是为了解除影响船、货等各方的共同危险。

③故意性。船方所采取的措施是有意识的有意行为，而不是过失或无意行为。

④特殊性。因采取有意措施所导致的牺牲具有特殊性，支出的费用也是额外的，它们都是为了解除危险的后果，而不是由危险直接造成的。

⑤合理性。“有意的措施”所导致的牺牲和费用的支出最终必须是有效的，也就是说经过采取某种措施后，船舶和（或）货物的全部或一部分最后安全抵达航程的终点港或目的港，从而避免了船、货同归于尽的局面。

根据惯例，共同海损的牺牲和费用应由受益方，即船舶、货物和运费三方按最后获救的价值多寡，按比例进行分摊。这种分摊称之为共同海损分摊（General Average Contribution），业务中又常称为“摊水”。

（2）单独海损（Particular Average，PA）。单独海损是指除共同海损以外的部分损失，即指既没有达到全部损失的程度又不具备共同海损的性质的损失。被保险货物遭遇海上风险出现该种损失后，其损失应由受损方单独承担。

共同海损与单独海损均属部分损失，两者的主要区别为：单独海损是由海上风险直接造成的货物损失，没有人为因素在内，而共同海损则是因采取人为的故意的措施而导致的损失；单独海损的损失由受损方自行承担，而共同海损的损失是由各受益方按获救财产价值的多少，按比例共同分摊。

3. 费用 海上货运保险的费用是指为营救被保险货物所支出的费用，主要有：

（1）施救费用（Sue and Labour Expenses）。施救费用是指保险标的在遭遇保险责任范围内的灾害事故时，被保险人或其代理人、雇佣人员和保险单受让人对保险标的所采取的各种抢救、防止或减少货损的措施而支出的合理费用。保险人对这种施救费用负责赔偿。

（2）救助费用（Salvage Charges）。救助费用是指保险标的遭遇保险责任范围内的灾害事故时，由保险人和被保险人以外的第三者采取了救助措施并获得成功而向其支付的报酬。保险人对这种费用也负责赔偿。

（二）外来风险的损失

外来风险的损失是指海上风险以外的其他外来风险所造成的损失，又称其他损失。按不同的原因，又可分为一般外来风险的损失（一般其他损失）和特殊外来风险所致的损失

（特殊其他损失）。前者指在运输途中由于偷窃、短量、钩损、碰损、雨淋、沾污等一般外来风险所致的损失；后者是指由于军事、政治、国家政策法令以及行政措施（如由于战争、罢工、交货不到、拒收）等特殊外来风险所造成的损失。

三、货物运输保险的险别

在我国，进出口货物运输保险最常用的保险条款是中国保险条款 。该条款是由中国人民保险公司根据我国保险业务的实际情况，参照国际保险市场的习惯做法制定的，并经中国人民银行及中国保险监督管理委员会审批颁布实施。中国保险条款按运输方式分为海洋、陆上、航空和邮包运输保险条款。它对某些特殊商品，还配备有海运冷藏货物、陆运冷藏货物、海运散装桐油及活牲畜、家禽的海陆空运输保险条款。另外，中国保险条款适用于上述各种运输方式货物保险的各种附加险条款。

（一）海运保险的险别

1. 基本险　基本险是可以单独办理投保的险种，它承保的责任范围主要是基于海上风险所导致的海上损失及费用。基本险主要包括平安险、水渍险和一切险三种。

（1）平安险（Free from Particular Average，F. P. A. ）。平安险的含义源自 I. C. C. 中的 I. C. C.（C）险的解释，其含义即为 Free from Particular Average，直译为单独海损不赔，也就是说保险公司对因为海上风险所引起的单独海损不负责赔偿，但在具体合同中，其解释也有很多特殊性。保险公司对平安险的承保责任范围是：

① 保险货物在运输途中由于恶劣气候、雷电、海啸、地震、洪水等自然灾害造成整批货物的全部损失或推定全损。当被保险人要求赔付推定全损时，须将受损货物及其权利委付给保险公司。被保险货物用驳船运往或运离海轮的，每一驳船所装的货物可视作一个整批。

② 由于运输工具遭受搁浅、触礁、沉没、互撞、与流水或其他物体碰撞，以及失火、爆炸等意外事故造成货物的全部或部分损失。

③ 在运输工具已经发生搁浅、触礁、沉没、互撞、焚毁意外事故的情况下，货物在此前后又在海上遭受恶劣气候、雷电、海啸等自然灾害所造成的部分损失。

④ 在装卸或转运时由于一件或数件整件货物落海造成的全部或部分损失。

⑤ 被保险人对遭受承保责任内危险的货物采取抢救、防止或减少货损的措施而支付的合理费用，但以不超过该批被救货物的保险金额为限。

⑥ 运输工具遭遇海难后，在避难港由于缺货所引起的损失，以及在中途港、避难港由于卸货、存仓以及运送货物所产生的特别费用。

⑦ 共同海损的牺牲、分摊和救助费用。

⑧ 运输契约订有“船舶互撞责任”条款，根据该条款规定应由货方偿还船方的损失。

（2）水渍险（With Average 或 With Particular Average，W. A. 或 W. P. A. ）。“水渍险”的含义源自于 I. C. C. 中的 I. C. C.（B）险的解释，其含义为“With Particular Average”，有时又简写为“With Average”，直译为“单独海损要赔”，但并不是说保险公司只负责赔偿单独海损，而是说保险公司除负责上列平安险的各项责任外，还负责被保险货物由于恶劣气候、雷电、海啸、地震、洪水自然灾害所造成的部分损失。由此可看出:水渍险的承保责任范围包含了平安险的承保责任范围。

(3)一切险(All Risks,AR)。一切险(All Risks)的责任范围是:除包括上列平安险和水渍险的各项责任外,还负责被保险货物在运输中由于一般外来风险所造成的全部或部分损失。

投保人可根据货物的特点、运输路线等情况选择投保平安险、水渍险和一切险三种险别中的任一种。

对海洋运输货物保险的三种基本险别,保险公司规定有下列除外责任(Exclusions):被保险人的故意行为或过失所造成的损失;属于发货人责任所引起的损失;在保险责任开始前,被保险货物已存在的品质不良或数量短差所造成的损失;被保险货物的自然损耗、本质缺陷、特性以及市价跌落、运输延迟所引起的损失或费用;属于海洋运输货物战争险条款和货物运输罢工险条款规定的责任范围和除外责任。

与国际保险市场的习惯做法一样,我国的海洋运输货物保险条款规定的保险责任起讫期限,也是采用"仓至仓"条款(Warehouse to Warehouse Clause,W/W Clause),即保险公司的保险责任自被保险货物运离保险单所载明的起运地仓库或储存处所开始运输时生效,包括正常运输过程中的海上、陆上、内河和驳船运输在内,直至该项货物到达保险单所载明目的地收货人的最后仓库或储存处所或被保险人用作分配、分派或非正常运输的其他储存处所为止。如未抵达上述仓库或储存处所,则以被保险货物在最后卸载港全部卸离海轮后满60天为止。如在上述60天内被保险货物需转运至非保险单所载明的目的地时,则以该项货物开始转运时终止。

以上三种基本险别的索赔时效,自被保险货物在最后卸载港全部卸离海轮后起算,最多不超过两年。

2. 附加险(Additional Risk) 附加险是对基本险的补充和扩大。投保人只能在投保一种基本险的基础上才可加保一种或数种附加险。目前,《中国保险条款》中的附加险有一般附加险和特殊附加险两种。

(1)一般附加险(General Additional Risk)。一般附加险所承保的是由于一般外来风险所造成的全部或部分损失,其险别共有下列11种:

① 碰损、破碎险(Clash and Breakage)。承保被保险货物在运输过程中由于震动、碰撞、受压所造成的破碎和碰撞损失。

② 串味险(Taint of Odour)。承保被保险的食用物品、中药材、化妆品原料等货物在运输过程中因受其他物品的影响而引起的串味损失。

③ 淡水雨淋险(Fresh Water and/or Rain Damage)。承保被保险货物因直接遭受雨淋或淡水所造成的损失。

④ 偷窃、提货不着险(Theft,Pilferage and Non-delivery, T. P. N. D.)。承保被保险货物因偷窃行为所致的损失,和整件提货不着等的损失。

⑤ 短量险(Shortage)。承保被保险货物在运输过程中因外包装破裂或散装货物发生数

量散失和实际重量短缺的损失,但不包括正常的途耗。

⑥ 渗漏险(Leakage)。承保被保险货物在运输过程中因容器损坏而引起的渗漏损失,或用液体储藏的货物因液体的渗漏而引起的货物腐败等损失。

⑦ 混杂、沾污险(Intermixture and Contamination)。承保被保险货物在运输过程中因混进杂质或被沾污所造成的损失。

⑧ 钩损险(Hook Damage)。承保被保险货物在装卸过程中因遭受钩损而引起的损失,并对包装进行修补或调换所支付的费用负责赔偿。

⑨ 受潮受热险(Sweat and Heating)。承保被保险货物在运输过程中因气温突变或由于船上通风设备失灵致使船舱内水汽凝结、发潮或发热所造成的损失。

⑩ 锈损险(Rust)。对被保险的金属或金属制品一类货物在运输过程中发生的锈损负责赔偿。

⑪ 包装破裂险(Breakage of Packing)。承保被保险货物在运输途中因搬运或装卸不慎,致使包装破裂所造成的短少、沾污等损失。此外,为继续运输安全需要而产生的修补包装或调换包装所支付的费用也均由保险公司负责赔偿。

当投保险别为平安险或水渍险时,可加保上述 11 种一般附加险中的一种或数种险别。但如果已投保了一切险,就不需要再加保一般附加险,因为保险公司对于承保一般附加险的责任已包含在一切险的责任范围内。

(2)特殊附加险(Special Additional Risk)。特殊附加险承保由于特殊外来风险所造成的全部或部分损失,主要包括以下 9 种险种:

① 进口关税险(Import Duty Clause)。

② 舱面险(On Deck Clause)。

③ 拒收险(Rejection Clause)。

④ 黄曲霉素险(Aflatoxin Clause)。

⑤ 易腐货物险(Perishable Goods Clause)。

⑥ 交货不到险(Failure to Deliver Clause)。

⑦ 出口货物到香港(包括九龙在内)或澳门存仓火险责任扩展条款(Fire Risk Extension Clause〈or Storage of Cargo at Destination Hongkong Including Kowloon or Cacao〉)。

⑧ 码头检验条款(Survey at Jetty Risk)。

⑨ 罢工险(Strikes Risk)。

3. 专门险　在我国海洋运输货物保险中,还有专门适用于海运冷藏货物的海洋运输冷藏货物保险、海运散装桐油的海洋运输散装桐油保险以及活牲畜、家禽运输的保险。这三种保险均属基本险性质。

(1)海洋运输冷藏货物保险。根据中国人民保险公司 1981 年 1 月 1 日修订的《海洋运输冷藏货物保险条款》的规定,海洋运输冷藏物保险(Ocean Marine Insurance-frozen Products)险别分为冷藏险(Risks for Frozen Products)和冷藏一切险(All Risks for Frozen Products)两种。

冷藏险的责任范围除负责水渍险承保的责任外，还负责赔偿由于冷藏机器停止工作连续达24小时以上所造成的被保险货物的腐败或损失。

冷藏一切险的责任范围，除包括冷藏险的各项责任外，还负责赔偿被保险货物在运输途中由于一般外来原因所造成的腐败或损失。

(2)海洋运输散装桐油保险。根据中国人民保险公司1981年1月1日修订的《海洋运输散装桐油保险条款》的规定，海洋运输散装桐油保险(Ocean Marine Insurance-woodoil Bulk)是保险公司承保不论何种原因造成的被保险散装桐油的短少、渗漏、沾污或变质的损失。

海洋运输散装桐油保险的责任起讫也按"仓至仓"条款负责，但是，如果被保险散装桐油运抵目的港不及时卸载，则自海轮抵达目的港时起满15天，保险责任即行终止。

(3)活牲畜、家禽运输保险。

(二)陆上运输货物保险险别

根据中国人民保险公司1981年1月1日修订的《陆上运输货物保险条款》(Overland Transportation Cargo Insurance Clauses)的规定，陆上运输货物保险的基本险别分为陆运险与陆运一切险两种。适用于陆运冷藏货物的专门保险，即陆上运输冷藏货物险，其性质也属基本险。此外，还有附加险，陆上运输货物战争险(火车)。

1. 陆运险与陆运一切险 陆运险(Overland Transportation Risks)的承保责任范围与海洋运输货物保险条款中的水渍险相似。保险公司负责赔偿被保险货物在运输途中遭受暴风、雷电、洪水、地震等自然灾害，或由于运输工具遭受碰撞、倾覆、出轨，或在驳运过程中因驳运工具遭受搁浅、触礁、沉没、碰撞，或由于遭受隧道坍塌、崖崩或失火、爆炸等意外事故所造成的全部或部分损失。此外，被保险人对遭受承保责任内危险的货物采取抢救、防止或减少货损的措施而支付的合理费用，保险公司也负责赔偿，但以不超过该批被救货物的保险金额为限。

陆运一切险(Overland Transportation All Risks)的承保责任范围与海上运输货物保险条款中的"一切险"相似。保险公司除承担上述陆运险的赔偿责任外，还负责被保险货物在运输途中由于一般外来原因所造成的全部或部分损失。

以上责任范围均适用于火车和汽车运输，并以此为限。

陆运险与陆运一切险的除外责任与海洋运输货物保险的除外责任相同。

陆上运输货物保险的责任起讫也采用"仓至仓"责任条款。

2. 陆上运输冷藏货物险

3. 陆上运输货物战争险(火车) 陆上运输货物战争险(火车)(Overland Transportation Cargo War Risks-by Train)是陆上运输货物保险的特殊附加险，只有在投保了陆运险或陆运一切险的基础上经过投保人与保险公司协商方可加保。对于陆运战争险，国外私营保险公司大都不予承保。但为适应外贸业务需要，我国的保险公司一般均接受加保，但目前仅限于火车运输。

(三)航空运输货物保险险别

根据中国人民保险公司1981年1月1日修订的《航空运输货物保险条款》(Air Transportation Cargo Insurance Clauses)规定,航空运输货物保险的基本险别分为航空运输险和航空运输一切险两种。此外,还有航空运输货物战争险(附加险)。

1. 航空运输险与航空运输一切险　航空运输险(Air Transportation Risks)的承保责任范围与海洋运输货物保险条款中的"水渍险"大致相同。保险公司负责赔偿被保险货物在运输途中遭受雷电、水灾、爆炸或由于飞机遭受恶劣气候或其他危难事故而被抛弃,或由于飞机遭受碰撞、倾覆、坠落或失踪等意外事故所造成的全部或部分损失。

航空运输一切险(Air Transportation All Risks)的承保责任范围除包括上述航空运输险的全部责任外,保险公司还负责赔偿被保险货物由于一般外来原因所造成的全部或部分损失。

航空运输险和航空运输一切险的除外责任与海洋运输货物保险的除外责任基本相同。

航空运输货物保险的两种基本险的保险责任也采用"仓至仓"条款,但与海洋运输保险的"仓至仓"责任条款不同的是:如货物运抵保险单所载明的目的地而未运抵保险单所载明的收货人仓库或储存处所,则以被保险货物在最后卸载地卸离飞机后满 30 天保险责任即告终止。如在上述 30 天内被保险货物需转运送到非保险单所载明的目的地时,则以该项货物开始转运时终止。

2. 航空运输货物战争险　航空运输货物战争险(Air Transportation Cargo War Risks)是航空运输货物险的一种附加险,只有在投保了航空运输险或航空运输一切险的基础上经过投保人与保险公司协商方可加保。

加保航空运输货物战争险后,保险公司承担赔偿在航空运输途中由于战争、类似战争行为和敌对行为、武装冲突以及各种常规武器和炸弹所造成的货物的损失,但不包括因使用原子或热核制造的武器所造成的损失。

航空运输货物战争险的保险责任是自被保险货物装上保险单所载明的启运地的飞机时开始,直到卸离保险单所载明的目的地的飞机时为止。如果被保险货物不卸离飞机,则以载货飞机到达目的地的当日午夜起计算,满 15 天为止。如被保险货物在中途转运时,保险责任以飞机到达转运地的当日午夜起算,满 15 天为止;俟装上续运的飞机,保险责任再恢复有效。

(四)邮包运输保险险别

根据中国人民保险公司 1981 年 1 月 1 日修订的《邮包保险条款》(Parcel Post Insurance Clauses)规定,邮包运输保险基本险别分为邮包险和邮包一切险两种。此外还有邮包战争险(附加险)。

1. 邮包险和邮包一切险　保险公司对邮包险(Parcel Post Risks)的承保责任范围是负责赔偿被保险邮包在运输途中由于恶劣气候、雷电、海啸、洪水等自然灾害或由于运输工具搁浅、触礁、沉没、碰撞、出轨、倾覆、坠落、失踪,或由于失火、爆炸等意外事故所造成的全部或部分损失;另外,还负责被保险人对遭受承包责任内危险的货物采取抢救、防止或减少货损的措施而支付的合理费用,但以不超过该批被救货物的保险金额为限。

邮包一切险(Parcel Post All Risks)的承保责任范围除包括上述邮包险的全部责任外,还负责被保险邮包在运输途中由于一般外来原因所致的全部或部分损失。

2. 邮包战争险 邮包战争险(Parcel Post War Risks)是邮政包裹保险的一种附加险，与海运保险中的战争险类似，只有在投保了邮包险或邮包一切险的基础上经过投保人与保险公司协商方可加保。

邮包战争险的保险责任是自被保险邮包经邮局收讫后自储存处所开始运送时生效，直至该项邮包运达保险单所载明的目的地邮局送交收件人为止。

必须指出的是，在附加险方面，除战争险外，海洋运输货物保险中的一般附加险和特殊附加险险别和条款均可适用于陆、空、邮运输货物保险。

综上所述，保险业务的核心内容是保险公司的承保责任范围，其关键是保险合同中所约定的风险与损失是否存在“近因”关系、损失与险别之间是否符合“近因”原则。为方便跟单员完成好保险跟单业务，将风险、损失的分类归纳总结为图 9－1、图 9－2，并将保险合同中的“近因关系”归纳总结成下页表的内容，供跟单员查阅。跟单员在签订、审核、跟踪保险单时一定要做到不多保、不漏保、不重保、不错保。

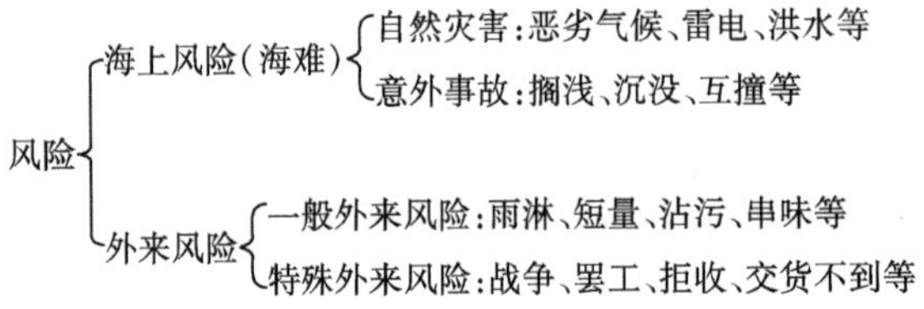

图 9－1 风险的分类

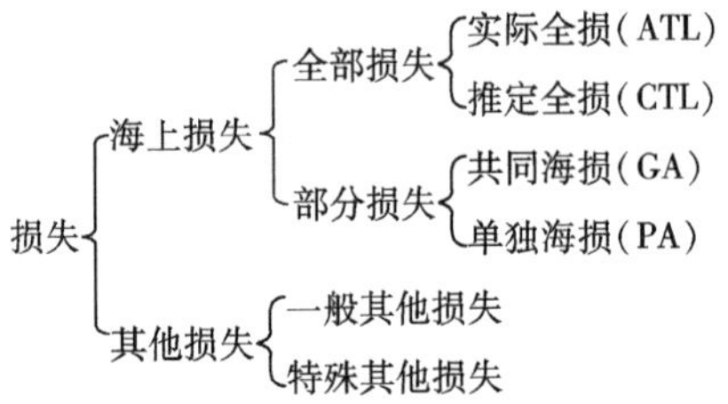

图 9－2 损失的分类

风险、损失及险别间的近因关系

近因关系 \ 损失 / 风险与险别			海上损失				其他损失	
			全部损失		部分损失		一般其他损失	特殊其他损失
			ATL	CTL	GA	PA		
风险	海上风险	自然灾害	●	●	●	●		
		意外事故	●	●	●	●		
	外来风险	一般外来风险					●	
		特殊外来风险						●

续表

近因关系 损失 风险与险别			海上损失				其他损失	
			全部损失		部分损失		一般其他损失	特殊其他损失
			ATL	CTL	GA	PA		
险别	基本险	平安险	●	●	●	※		
		水渍险	●	●	●	●		
		一切险	●	●	●	●	●	
	附加险	一般附加险					●	
		特殊附加险						●

※ 承保特定条件下的单独海损(自然灾害造成的单独海损不赔,但因搁浅、触礁、沉没、焚毁等意外事故造成的货物在此之前或之后又遭遇自然灾害所造成的单独海损应负责赔偿)。

第三节　保险跟单程序

跟单员进行保险跟单时,其工作流程主要包括:确定保险金额、办理投保和交付保险费、领取保险单据,出现货损时办理保险索赔等。

一、确定保险金额

保险金额(Insured Amount)指保险人承担赔偿或者给付保险金责任的最高限额,也是保险人计算保险费的基础。投保人在投保货物运输保险时应向保险人申报保险金额。保险金额是根据保险价值(Insurable Value)确定的。保险价值一般包括货价、运费、保险费以及预期利润等。如保险人与被保险人未约定保险价值的,根据我国《海商法》第219条(2)规定,"货物的保险价值是保险责任开始时货物在起运地的发票价格或者非贸易商品在起运地的实际价格以及运费和保险费的总和。"即相当于CIF价格,不包括预期利润。我国《海商法》第220条又规定:"保险金额由保险人与被保险人约定。保险金额不得超过保险价值;超过保险价值的,超过部分无效。"

在国际货物买卖中,凡按CIF或CIP条件达成的合同一般均规定保险金额,而且,保险金额通常还须在发票金额的基础上增加一定的百分率,即所谓"保险加成",这是由国际贸易的特定需要决定的。如合同对此未作规定,按《2000年国际贸易术语解释通则》和《跟单信用证统一惯例》(国际商会第600号出版物)规定,卖方有义务按CIF或CIP价格的总值另加10%作为保险金额。

保险金额的计算公式是:

$$保险金额 = CIF(或CIP)价 \times (1 + 投保加成率)$$

由于保险金额一般是以CIF或CIP价格为基础加成确定的,因此,在仅有货价与运费

(即已确定 CFR 或 CPT 价)的情况下,CIF 或 CIP 价可按下列公式进行换算:

$$\text{CIF(或 CIP)价} = \frac{\text{CFR(或 CPT)价}}{1 - [\text{保险费率} \times (1 + \text{投保加成率})]}$$

为简化计算程序,中国人民保险公司制订了一份保险费率常用表。将 CFR(或 CPT)价格直接乘以表内所列常数,便可算出 CIF 或 CIP 价格。

我国进口货物的保险金额,在原则上虽也按进口货物的 CIF 或 CIP 货值计算,但在目前,我国进口合同较多采用 FOB(或 FCA)条件,为简化手续,方便计算,一些企业与保险公司签订预约保险合同,共同议定平均运费率(也可按实际运费计算)和平均保险费率。其计算保险金额的公式如下:

$$\text{保险金额} = \text{FOB(或 FCA)价格} \times (1 + \text{平均运费率} + \text{平均保险费率})$$

这里的保险金额即估算的 CIF(或 CIP)价而不另加成。如投保人要求在 CIF(或 CIP)价基础上加成投保,保险公司也可接受。

二、办理投保和交付保险费

(一)选择合适的险别

出口合同采用 CIF 或 CIP 条件时,保险由我方办理。出口企业在向当地的保险公司办理投保手续时,应根据买卖合同或信用证的规定,在备妥货物并确定装运日期和运输工具后,按规定格式逐笔填制投保单,具体列明被保险人名称、被保险货物名称、数量、包装及标志、保险金额、起讫地点、运输工具名称、起航日期、投保险别等,送交保险公司申请投保。

跟单员在选择保险险别时应遵循“不多保、不漏保、不重保、不错保、保障有力”的原则。投保险别选择不当,就会造成货物受损时得不到应有的赔偿,或因投保了不必要的险别而多支出了保险费用。一般来说,选择投保险别要考虑货物的性质、包装、用途、运输工具、运输路线和货物的残损规律等。在采用陆运、空运、邮运货物时要分别投保陆运、空运、邮包运输等险种。由于运输路线的不同,要根据启运地、中转地和目的地的具体情况考虑是否要加保受潮、受热险、偷窃险等。至于货物的残损规律是根据大量的以往货物受损情况的积累统计,经过分析而得出的规律,这可作为选择险别的参考。跟单员要注意既往经验的积累和运用。

(二)保险费的计算与交付

投保人交付保险费,是保险合同生效的前提条件。在被保险人支付保险费前,保险人可以拒绝签发保险单据。保险费是保险人经营业务的基本收入,也是保险人所掌握的保险基金(即损失赔偿的基金)的主要来源。

保险费率是计算保险费的依据,它是保险公司在货物损失概率和赔付率基础上确定的。商品品种、运输线路、运输工具、投保险别及货物目的地的国别(地区)不同,保险费率也不同。一般而言,远洋航线中的普通商品,其保险费率比较低;对于那些特殊商品且是远洋航线的,则保险率比较高。

目前,我国的出口货物保险费率按不同商品、不同目的地、不同运输工具和不同险别分有“一般货物费率”和“指明货物加费费率”两大类。前者适用于所有的货物,后者仅指特别订明的货物。凡未列入“指明货物加费费率”中的货物,统属“一般货物费率”的范围。保险费率表中还有“货物运输战争险、罢工险费率”和“其他规定”,“其他规定”是解决上述三项费率表中所不能解决的问题,如一般附加险和特殊附加险的收费标准、转运及联运货物计费方法、内陆运输和保险责任扩展加费等。

凡属“指明货物加费费率”表中所列的货物,如投保一切险,则在计算费率时,应先查出“一般货物费率”,然后再加上“指明货物加费费率”。例如,从上海通过海运运往海外某港的一批染化料投保一切险,一般货物费率为0.6%,指明货物加费费率为1.5%,则应收费率为2.1%。

保险公司收取保险费的计算方法是:

$$保险费=保险金额\times保险费率$$

如按CIF或CIP加成投保,上述公式可改为:

$$保险费=CIF(或CIP)\times(1+投保加成率)\times保险费率$$

[例]一批货物由上海出口至某国某港口CIF总金额为30000美元,投保一切险(保险费率为0.6%)及战争险(保险费率为0.03%),保险金额按CIF总金额加10%计算。则投保人应付的保险费为:

$$\begin{aligned}投保人应付的保险费&=30000\times(1+10\%)\times(0.6\%+0.03\%)\\&=33000\times(0.006+0.0003)\\&=33000\times0.0063\\&=207.90(美元)\end{aligned}$$

进口货物保险费有“进口货物保险费率”和“特约费率”两种。“进口货物保险费率”分“一般货物费率”和“指明货物加费费率”两项。“一般货物费率”按不同运输方式,分险别和地区制订,但不分商品,除“指明货物加费费率”中列出的商品以外,还适用于其他一切货物。至于指明货物加费费率,是对一些指定的商品投保一切险时采用。“特约费率”是各保险公司在进口货物保险费率的基础上,与有关企业协商拟订的,是一种优惠的费率,主要适用于预约保险合同项下的进口货物。

三、领取保险单据

保险单据是保险人与被保险人之间订立保险合同的证明文件,它反映了保险人与被保险人之间的权利和义务关系,也是保险人的承保证明。当发生保险责任范围内的损失时,它又是保险索赔和理赔的主要依据。保险单据的形式主要有五种。

(一)保险单(Insurance Policy)

保险单俗称大保单,又称全式保单或繁式保单,是使用最广的一种保险单据。货运保险单是承保一个指定航程内某一批货物的运输保险的基本单据。它具有法律上的效力,对双方当事人均有约束力。一般情况下,保险单上必须载明:当事人的名称和地址;保险标的名称、数量或重量;包装方式、包装数量及包装唛头;运输工具;保险金额;保险险别;保险适用条款;保险人签章;赔款偿付币种和地点;经保险人与被保险人双方约定的其他事项等内容。保险单背面载明的保险人与被保险人之间权利和义务等方面的保险条款,也是保险单的重要内容。

(二)保险凭证(Insurance Certificate)

保险凭证俗称小保单,又称简式保单或略式保单,是一种简化的保险单据。它只有正面内容,而没有背面条款。这种凭证除背面不载明保险人与被保险人双方的权利和义务等保险条款外,其余内容均与保险单相同。保险凭证与上述保险单具有同等法律效力。但近年来,为实现单据规范化和标准化,不少保险公司已废弃此类保险凭证。

(三)联合凭证(Combined Certificate)

联合凭证俗称小小保单。联合凭证是一种将发票和保险单相结合的,比保险凭证更为简化的保险单据。保险公司将承保的险别、保险金额以及保险编号等内容加注在投保人的发票上,并加盖印戳,其他项目均以发票上列明的内容为准。这种凭证既起到商业发票的作用,又起到保险单据的作用,较好地将商业发票和保险单结合在一起,故称为联合凭证。这种凭证曾在我国对某些特定地区的出口业务中使用,现已较少使用。

(四)预约保单(Open Policy)

预约保单又称预约保险合同(Open Cover),它是被保险人(一般为进口人)与保险人之间订立的总合同。订立这种合同的目的是为了简化保险手续,又可使货物一经装运即可取得保障。合同中规定承保货物的范围、险别、费率、责任、赔款处理等条款,凡属合同约定的运输货物,在合同有效期内自动承保。

在实际业务中,预约保单适用于我方自国外进口的货物。凡属预约保单规定范围内的进口货物,一经启运,我国保险公司即自动按预约保单所订立的条件承保。但被保险人在获悉每批货物装运时,应及时将装运通知书(包括货物名称、数量、保险金额、船名或其他运输工具名称、航程起讫地点、开航或启运日期等内容)送交保险公司,并按约定办法缴纳保险费,即完成了投保手续。事先订立预保合同,可以防止因漏保或迟保而造成的无法弥补的损失,因为货物在未投保前出险,再向保险公司投保,按惯例不能被接受,当发生损失时,就得不到保险赔偿。

(五)批单(Endorsement)

保险单出立后,投保人如需要补充或变更其内容时,可根据保险公司的规定,向保险公司提出申请,经同意后即另出一种凭证,注明更改或补充的内容,这种凭证即称为批单。保险单一经批改,保险公司即按批改后的内容承担责任。其批改内容如涉及保险金额增加和保险责任范围扩大,保险公司只有在证实货物未发生出险事故的情况下才同意办理。批单原则上须粘贴在保险单上,并加盖骑缝章,作为保险单不可分割的一部分。

与海运提单一样,货运保险单和保险凭证可以经背书或其他方式进行转让。保险单据的转让无须取得保险人的同意，也无须通知保险人。即使在保险标的发生损失之后，保险单据仍然可以有效转让。在 CIF（或 CIP）条件下，保险单据的形式和内容，必须符合买卖双方约定的要求，特别是在信用证支付条件下，必须符合信用证的有关规定。

保险单据的出单日期不得迟于运输单据所列货物装船或发运或承运人接受监管的日期。因此，办理投保手续的日期也不得迟于货物的装运日期。这是跟单员必须高度重视和注意的问题。

四、保险索赔

进出口货物在保险责任有效期内发生属于保险责任范围内的损失，被保险人按照保险单的有关规定向保险公司提出赔偿要求，称为保险索赔。保险公司或其代理人对保险索赔的受理或处理即为保险理赔。在索赔工作中，被保险人或跟单员应做好下列工作。

（一）损失通知

当被保险人获悉或发现被保险货物已遭损失，应立即通知保险公司或保险单上所载明的保险公司在当地的检验、理赔代理人，并申请检验。保险公司或指定的检验、理赔代理人在接到损失通知后即应采取相应的措施，如检验损失、提出施救意见、核实损失原因、确定保险责任和签发检验报告等。检验报告是被保险人向保险公司申请索赔时的重要证件。

（二）向承运人等有关方面提出索赔

被保险人或其代理人在提货时发现被保险货物整件短少或有明显残损痕迹，除向保险公司报损外，还应立即向承运人或有关当局（如海关、港务当局等）索取货损货差证明。如货损货差涉及承运人、码头、装卸公司等方面责任的，还应及时以书面形式向有关责任方提出索赔，并保留追偿权利，有时还要申请延长索赔时效。

（三）采取合理的施救、整理措施

被保险货物受损后，被保险人应迅速对受损货物采取必要合理的施救、整理措施，以防止损失的继续扩大。被保险人收到保险公司发出的有关采取防止或者减少损失的合理措施的特别通知的，应当按照保险公司发出的有关采取防止或者减少损失的措施而支付的合理费用的，可由保险公司负责，但以不超过该批被救货物的保险金额为限。

（四）备妥索赔单证

被保险货物的损失经过检验，并办妥向承运人等第三者责任方的追偿手续后，应向保险公司或其代理人提出赔偿要求。提出索赔时，除应提供检验报告外，通常还须提供其他单证，包括：保险单或保险凭证正本；运输单据，包括海运提单、海运单、铁路或公路运单、航空运单、邮包收据、多式运输单据等；发票；装箱单或重量单；向承运人等第三者责任方请求赔偿的函电及其他必要的单证或文件；货损货差证明；海事报告（Sea Protest）摘录或海事声明书；列明索赔金额及计算依据，以及相关费用的项目和用途的索赔清单。

对易碎和易短量货物的索赔，应了解是否有免赔的规定：即所谓不论损失程度（Irrespective of Percentage，I. O. P.）均予赔偿；或规定免赔率。免赔率有相对免赔率和绝对免赔率之分。如果损失额没有超过免赔率，则保险公司不予赔偿；超过免赔率的，规定相对免赔率条件的应不扣除免赔率全部予以赔偿,规定绝对免赔率条件的要扣除免赔率,保险公司只赔偿超过免赔率的部分。我国保险公司(CIC 条款)现在实行的是绝对免赔率,但现行的伦敦保险业协会的《协会货物条款》(ICC 条款)则无免赔率的规定。

(五)代位追偿

在保险业务中,为了防止被保险人双重获益,保险人在履行全损赔偿或部分损失赔偿后,在其赔付金额内,要求被保险人转让其对造成损失的第三者责任方要求全损赔偿或相应部分赔偿的权利。这种权利称为代位追偿权(Right of Subrogation),或称代位权。在实际业务中,保险人需首先向被保险人进行赔付,才能取得代位追偿权。其具体做法是,被保险人在获得赔偿的同时签署一份权益转让书,作为保险人取得代位权的证明。保险人便可凭此向第三者责任方进行追偿。

思考题

1. 简述保险的基本原则。

2. 我国海洋运输保险的基本险有哪三种?三种基本险的责任范围有何区别?

3. 什么是实际全损和推定全损?它们有何异同点?

4. 构成共同海损应具备什么条件?

5. 什么是共同全损和单独全损?它们有何异同点?

6. 我国某公司按 CIF 贸易术语对外出口服装一批,若按下列险别作为保险条款是否妥当?如有不妥请说明理由并改正。

(1) 平安险 + 水渍险 + 串味险 + 战争险。

(2) 一切险 + 偷窃、提货不着险 + 受潮受热险 + 钩损险 + 罢工险。

(3) 平安险 + 渗漏险 + 沾污险 + 淡水雨淋险 + 交货不到险 + 进口关税险。

(4) 水渍险 + 锈损险 + 淡水、雨淋险 + 渗漏险 + 沾污险 + 短量险 + 拒收险。

(5) 包装破裂险 + 短量险 + 混杂、沾污险 + 碰损、破碎险 + 偷窃、提货不着险。

(6) 战争险 + 罢工险 + 黄曲霉素险 + 舱面险 + 进口关税险 + 串味险。

(7) 航空运输一切险 + 罢工险 + 受潮受热险 + 淡水、雨淋险。

(8) 散装桐油险 + 渗漏险 + 沾污险 + 拒收险 + 卖方利益险。

(9) 陆运险 + 陆运战争险 + 陆运罢工险 + 短量险 + 受潮受热险。

(10) 邮包运输一切险 + 包装破裂险 + 邮包战争险 + 黄曲霉素险。

(11) ICC(A) + ICC(战争险) + ICC(罢工险) + 拒收险 + 沾污险。

7. 何谓预约保单?预约保险对被保险人来说有何好处?

8. 为什么保险单据的出单日期不能迟于运输单据的签发日期?

9. 我国按 CIF 合同对外出口服装一批,发票金额为 25800 美元,加一成投保一切险和战争险,保险费率分别为 0.8% 和 0.05%,请计算保险金额是多少?应付保险费多少?

10. 我国某公司按"每打248美元CFR达班含2%佣金"条件出口服装一批,现客户要求将价格改报成"CIF"价,加一成投保水渍险、沾污险和战争险,保险费率分别是1%、0.08%和0.06%,试计算:在不影响收汇的前提下的CIF价。

11. 我国某公司按"每打265美元CIF达班含1%佣金"条件出口服装一批,现客户要求将价格改报成"CFR达班含2%佣金"价,原合同加一成投保水渍险、沾污险和战争险,保险费率分别是1%、0.08%和0.06%,试计算:在不影响收汇的前提下的"CFR达班含2%佣金"价。

12. 我国某公司按CFR条件出口服装一批,在从出口公司仓库运至码头待运过程中,服装因火灾而全部被焚毁,请问该损失应由何方负责?如果买方已经向保险公司办理了货物运输保险,保险公司对该项货物损失是否给予赔偿?为什么?

13. "中盛"公司按CIF术语向新加坡某客户出口服装一批,向中国人民保险公司投保一切险,并规定采用信用证付款。中盛公司按信用证规定出运货物,取得了已装船清洁提单,正准备到议付行去议付货款,突然接到新加坡客户发来电传。客户称:"装货海轮在海上失火,服装有2/3被烧毁,另外1/3被海水浸泡,这完全属于不可抗力事故,我方有理由拒付货款,同时我方已通知开征银行及议付银行拒绝受理贵公司单据及付款。请贵公司直接向保险公司索赔,致歉!"客户还附寄了经核实的失事报告。

原来货轮自天津新港驶出不久,货舱起火,大火蔓延到机舱,船长下令采取紧急措施,往舱中灌水灭火,火虽被扑灭,但由于主机受损,无法继续航行,于是船长决定雇用拖轮将货轮拖回新港修理,检修后重新驶往新加坡。事后证实此次失事造成的损失有:A. 中盛公司的服装有2/3被烧毁,另外1/3被为灭火所灌海水浸泡;B. 同船甲货主的染化料全部被海水浸渍;C. 同船乙货主的坯布全被甲的染化料沾污;D. 丙货主的茶叶全被焚毁;E. 丁货主的200箱货物因存放舱底其中50箱被挤坏;F. 主机与部分甲板被烧坏; G. 拖船费用,等等。

(1)以上各项损失从程度和性质上看各属于什么损失?

(2)新加坡客户的电传是否合法合理?为什么?

(3)中盛公司应如何处理?为什么?

第十章 纺织服装贸易结算跟单

本章知识点

1. 票据的概念、法律特征及种类。
2. 汇票、本票和支票的格式内容及使用。
3. 汇付的定义、分类、业务流程及性质特点。
4. 托收的定义、分类、业务流程及性质特点。
5. 信用证的定义、分类、业务流程及性质特点。
6. “三票”的比较。
7. 汇付、托收与信用证三种结算方式的比较。
8. 结算方式的选择。
9. 结算业务跟单程序。

第一节 结算工具的选择

在国际纺织品贸易业务中使用的结算工具主要是货币(或称现金)和票据。

一、货币

货币(Currency)在国际贸易中可作为计算价格的单位,用于债权债务的结算,也可作为支付的一种手段。买卖双方在进出口中选用什么货币通常由双方自愿约定,一般情况下有三种选择,即出口国货币、进口国货币和第三国货币。

在使用货币支付时应注意两方面的问题:一方面是要从政治角度考虑,不能接受与我国不友好国家的货币作为支付手段;另一方面要从经济角度考虑,所选用的货币要有可兑换性和稳定性。可兑换性是指此种货币可以在国际金融市场自由兑换。稳定性是指此种货币的汇率比较稳定,波动不大。在原则上,出口业务尽量采用汇率较稳定并呈上升趋势的“硬币”,在进口中尽量采用汇率呈下降趋势的“软币”。由于国际货物交易周期比较长,所以汇率对支付的影响很大,可以考虑在合同中订立保值条款或从事远期外汇买卖,以减少和避免汇率风险损失。

由于使用货币支付有诸多不便之处,一般的纺织品买卖中,货款结算很少直接使用货币支付,而是更多地选用票据。

二、票据

票据(Bill)是商品经济发展到一定阶段的产物,是社会经济生活中的重要支付手段。商品经济越发达就越需要运用票据做媒介,来应付大量频繁的经济活动和清偿彼此之间的债权债务;而票据使用和流通的发展,反过来又推动和促进了商品经济和国际贸易的发展。

票据是以支付金钱为目的的证券,是由出票人签名于票据上,约定由自己或指定另一人无条件地支付确定金额给特定人的可流通转让的书面支付委托。票据可代替货币执行流通手段或支付手段,为保证票据的流通性,票据具有非常重要又非常显著的法律特征,即无因性、要式性和文义性。

票据可分为汇票、本票和支票三种。在国际货款结算中,主要使用汇票,有时也使用本票和支票。

(一)汇票

汇票(Draft; Bill of Exchange)是出票人签发给受票人即付款人的一张无条件的书面支付命令,要求付款人在指定的时间内按票面金额付给指定的受款人或持票人的委托。汇票的基本当事人有三个,他们是:出票人(Drawer),即签发汇票的人,在外贸业务中通常是卖方或其指定的人;受票人(Drawee),即汇票的付款人,在外贸业务中通常是买方或买方指定的银行或其他被指定的人;受款人(Payee),即受领汇票金额的人,在外贸业务中通常是卖方或卖方指定的银行或其他被指定的人。如果汇票经过了转让或有保证(保兑)的情形时,则还有背书人(Endorser)、被背书人或称受让人(Endorsee)及持票人(Bearer)、参加保兑人等非基本当事人。

1. 汇票的基本内容　一张完整有效的汇票必须要式齐全,即应当具备必要的形式和内容。汇票必要记载项目包括:

(1)必须写明“汇票”字样。

(2)无条件支付的委托,即要有适当的文句表示为无条件的支付命令。

(3)确定金额,包括有大写和小写的货币金额。

(4)受票人名称或付款人名称。

(5)写明出票日期和地点。

(6)写明付款期限。

(7)写明受款人的名称。

(8)要有出票人名称和签字。

以上内容缺少其中之一的,汇票无效。

2. 汇票的种类

(1)按是否随附货运单据分类,汇票可分为光票(Clean Bill)和跟单汇票(Documentary Bill),货款支付中绝大部分使用跟单汇票。

光票又称净票或白票,是指不随附货运单据的汇票;随附有货运单据的汇票即是跟单汇票。

(2)按付款期限分类,汇票可分为即期汇票(Sight Bill)和远期汇票(Time Bill; Usance

Bill)。

即期汇票是指出票人指示付款人见票即付的汇票,如:At sight or on demand pay to the order of John Smith. 而远期汇票是指出票人指示付款人在指定的未来某一时间支付款项给收款人的汇票。

(3)按出票人不同分类,汇票可分为商业汇票(Commercial Bill)和银行汇票(Banker's Bill)。

由工商企业开出的汇票为商业汇票,由银行开出的汇票为银行汇票。

(4)按承兑人不同分类,汇票可分为商业承兑汇票(Commercial Acceptance Bill)和银行承兑汇票(Banker's Acceptance Bill)。

在远期汇票付款之前,需经过付款人承兑,由工商企业承兑的汇票为商业承兑汇票,由银行承兑的汇票为银行承兑汇票。

3. 汇票的使用 通常汇票的使用要经过出票、提示、承兑和付款等环节,如有转让,则有背书环节,如遭拒付,则还有追索环节。

(1)出票(Draw)。出票是指出票人按规定制作汇票并将其交给受款人的行为。出票(to draw)包括两个行为:一是制作汇票,在汇票上填写受票人(付款人)、付款金额、受款人等事项,并签名;二是将汇票交给受款人。出票人签发汇票后,对持票人保证该汇票承兑和付款担保责任。收款人为持票人,并享有票据权利。

制作汇票时对"受款人"一栏的填制方法不同,会导致汇票的性质完全不同,由此产生三种形式的汇票:限制性抬头,如做成"仅付某某公司(Pay... Co. Only)",该种汇票不能转让;指示式抬头,如做成"付某某公司或其指定人(Pay... Co. or Order)",该种汇票经过背书可以转让;持票人或来人抬头,如做成"付来人"或"付持票人(Pay Bearer)",该种汇票无须背书就可以自由转让。

(2)提示(Presentation)。提示是指持票人将汇票提交付款人,要求承兑(承兑提示)或付款(付款提示)的行为。汇票提示后,付款人见票,如是即期汇票则应立即付款;如是远期汇票,付款人应办理承兑手续,在汇票到期日付款。

(3)承兑(Acceptance)。承兑指付款人对远期汇票表示承担到期付款责任的承诺行为。由付款人在汇票上写上"承兑"并签名,承兑人要承担在远期汇票到期时付款的责任。承兑前后,汇票上的主债务人身份发生变化,承兑前是出票人,承兑后是承兑人。

(4)付款(Payment)。对即期汇票,当持票人提示后,付款人就应付款;对远期汇票,则要经过提示、承兑之后,于汇票到期日履行付款。付款过程包括三步,持票人提示付款,付款人审查,付款人付款(或拒绝付款)。付款人在付款后收回票据,汇票上的一切债务责任即告结束。

(5)背书(Endorsement)。背书是指汇票的持票人(背书人)将收款的权利转让给他人的行为。背书时持票人或受款人在汇票的背面签上自己的名字,签字人就是背书人(Endorser)(又称前手),或写上被转让对象的名字,转让对象就是此汇票的受让人或被背书人(Endorsee),然后将汇票交给被背书人(又称后手)。背书是转让票据的权利,背书人将票据权利转移至被背书人，被背书人成为票据权利人。

背书有两种方式，即记名背书和空白背书。记名背书由背书人在汇票上签名，并加上被背书人的名称；空白背书只签背书人，不写被背书人的名称。一张汇票可以经过多次背书转让，转让次数越多，收款风险也相应越大。

(6)拒付(Dishonour)与追索(Recourse)。如果付款人拒绝付款或拒绝承兑，则此汇票被拒付。此时持票人有权向其前手直至出票人进行追索。持票人行使追索权前，应该取得拒绝证明、退票理由书和其他合法证明。

(二)本票

本票(Promissory Note)是出票人约定于见票时或于一定日期向受款人或其指定人支付一定金额的无条件书面承诺。有时也称本票为“对己汇票”。

本票的基本当事人只有两个，即出票人和受款人。本票一般也无须经过承兑，它如同一份经过承兑的汇票，始终都是出票人作为付款人。本票的基本内容与汇票大致相似，其必备项目有：写明“本票”字样；无条件支付承诺；受款人；出票人签字；出票日期和地点；付款期限(未载明付款期限者，则该本票应视为见票即付)；一定金额；付款地点(未载明付款地点，则出票地视为付款地)。

同汇票相比，本票具有以下特征：

本票的性质是无条件的付款承诺，允诺由自己付款；而汇票的性质是无条件的付款命令，是命令他人付款。

本票只有出票人与收款人两个基本当事人；而汇票包括出票人、受款人与受票人(付款人)三个基本当事人。

由于本票的出票人与付款人是同一人，所以远期本票无须承兑。

本票只能开出一张而不是一套；而汇票通常开出一套一式两份。

本票的出票人始终是本票的主债务人，承担在规定期限内付款的责任；而远期汇票在开出时主债务人是出票人，在付款人承兑了汇票后，主债务人就变为付款人。

(三)支票

支票(Check;Cheque)也是国际贸易中常见的票据，简单地讲，它是以银行为付款人的即期汇票。即支票是存款人向其开户银行开出的，要求该银行即期支付一定金额的货币给特定人或其指定人或持票人的无条件的付款命令。《中华人民共和国票据法》第 82 条规定，“支票是出票人签发，委托办理支票存款业务的银行或其他金融机构在见票时无条件支付确定金额给收款人或持票人的票据。”

支票的出票人必定是在付款银行设有往来存款账户的存款户，付款人必定是银行。支票必备的主要项目有：写明“支票”字样；无条件支付命令；付款银行名称；出票人签字；出票日期和地点；付款地点(未载明付款地点，则出票地视为付款地)；一定金额；受款人或其指示人。

虽然支票实际上是以银行为付款人的即期汇票，但同一般的汇票相比，它仍具有以下特点：

支票的出票人与付款人有相对固定的关系，即出票人一定是银行存款客户，付款人一定是其开户银行。

支票都是即期的，即支票的有效期都相当短，因此不存在“承兑”这一票据行为。例如《中华人民共和国票据法》就规定，自支票开出之日起，若超过 10 天持票人才向付款银行提示，则付款银行就可以不予付款。

支票的主债务人是出票人，他一方面要保证收款人可以凭支票得到特定的金额，另一方面也要保证自己在付款银行的存款足以支付票面金额。一旦他在银行的存款余额不足，支票便成为空头支票，出票人要相应的承担法律责任。

支票可以保付。银行可以按照出票人的要求，在支票上注明“保付（Certified）”字样并签字，这时银行成为支票的主债务人，保证在收款人提示支票时一定付款。

出票人由于种种原因，可以向付款银行发出书面通知，办理支票的止付手续，此时银行应按出票人的要求对该支票停止支付。

支票只能开出一张而不是一套。

（四）汇票、本票、支票的异同点

（1）定义不同：定义各有侧重和特点。

（2）性质不同：汇票与支票是“支付命令”；而本票是“支付承诺”。

（3）当事人不同：汇票与支票的基本当事人有三个；而本票的基本当事人只有两个。

（4）主债务人不同：汇票主债务人在承兑前是出票人，承兑后是承兑人；本票的主债务人始终是出票人；支票的主债务人是银行。

（5）付款人的身份不同：支票付款人肯定是银行，而本票与汇票的付款人可能是银行也可能不是银行。

（6）是否需要承兑不同：支票都是即期的不需要承兑；本票是支付承诺故不需要承兑；即期汇票不需承兑，但远期汇票必须经过承兑。

（7）份数：本票只能一式一份，不能多开；支票一般只需开一式一份；汇票能开成一式多份（银行汇票除外）。

（8）使用范围不同：汇票既可用于国内结算又可用于国际结算，使用范围较广；本票一般多用于国内结算；支票一般多用于同城结算，使用范围较小。

第二节　结算方式的选择

在纺织品外贸的货款结算中，交易双方除要利用一定的支付工具外，还要采取一定的支付方式才能实现资金从债务人向债权人的转移。国际货款结算的基本方式有汇付、托收和信用证三种。

一、汇付

（一）汇付及种类

汇付（Remittance）是指进口商（或付款人）委托一家银行，由这家银行通过其业务渠道，将款项交给出口商(或收款人),即付款人通过银行将货款汇交收款人的结算方式,简称为汇款。国际贸易中,汇付方式常用于预付货款、支付定金和佣金、代垫费用、索赔款和欠款等。

汇付有电汇、信汇和票汇三种形式。

1. 电汇(Telegraphic Transfer,T/T) 电汇是汇出行应进口商的要求,用加押电传或SWIFT指示另一国家或地区的汇入行向出口商付款。以此方式汇付出口商能快速收汇。

2. 信汇(Mail Transfer,M/T) 信汇是汇出行应进口商的要求,以信件邮寄或快邮方式,委托国外汇入行向出口商付款。以此方式汇付出口商收汇比电汇慢,但费用较电汇低。

3. 票汇(Demand Draft,D/D) 票汇是进口商在本地银行购买银行汇票,自行寄给出口商,出口商凭此向汇票上指定的银行收取货款的结算方式。

(二)汇付的当事人

汇付业务一般有四个当事人,即付款人、收款人、汇出行和汇入行:

(1)付款人(Remitter)。付款人又称债务人,通常是进口商,委托银行办理汇付的人。

(2)收款人(Payee;Beneficiary)。收款人又称债权人,通常是出口商,是汇付业务的受益人。

(3)汇出银行(Remitting Bank)。汇出银行是接受汇付人委托办理汇出款项的银行。

(4)汇入银行(Paying Bank)。汇入银行是接受汇出行委托,办理解付汇款给收款人的银行。

(三)汇付的业务程序

三种汇付业务方式的流程基本相同。图10-1是票汇业务的流程图。如果将图中第3步改为"航空邮寄汇款通知",则该图即是信汇业务流程图;如果将图中第3步改为"电报/电传寄送汇款通知",则该图即是电汇业务流程图。

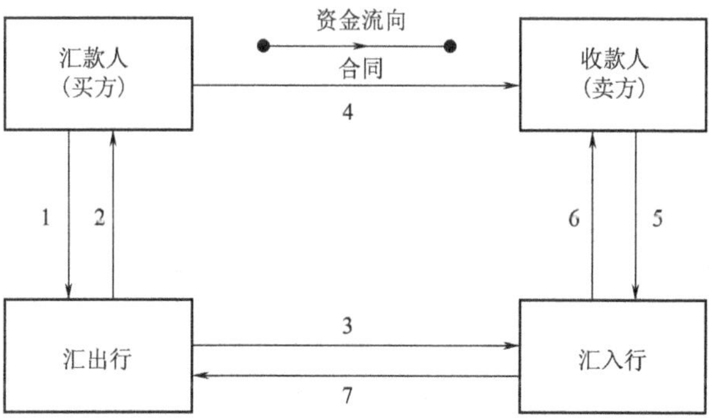

图10-1 票汇业务流程图

1—汇款人提交汇付申请(D/D)、交款、付费 2—汇出行开立汇票

3—寄汇票通知书(票根) 4—寄交银行汇票 5—背书后交汇票

6—经核对与票根无误后付款 7—付讫借记通知

(四)汇付结算方式的特点

1. 汇付属于商业信用 在汇付结算方式中,银行只提供服务不提供信用。对出口方收款来说承担的风险较大,是否能收回货款,完全取决于进口方的资信,银行不保证绝对付款。

2. 单纯支付 汇付是单纯支付,有关银行不经手单据,银行不审单、不受单。出口商自行向进口商寄交货运单据,因此寄单过程不甚规范与安全。

3. 有关汇款是可以被撤销的(在受款人支取之前) 汇款人有权随时通知银行将汇款退回。

4. 融资不便 一般情况下,有关银行均不会为当事人提供押汇便利。

5. 汇付属于顺汇法 在汇付结算业务流程中,资金的流向与汇票的走向是一致的,因此属于顺汇法。

6. 适用范围 汇付的适用范围主要包括:分期付款、延期付款、定金、尾款、佣金及其附属用的支付与结算等。

(五)采用汇付结算方式应注意的问题

1. 要选择适当的汇付方式 在纺织品进出口业务中,买卖双方应根据不同汇付方式的特点和交易的具体情况,选择合理的汇付方式。在三种汇付方式下,电汇的交款速度最快,可以使收款人及时收回货款,有利于其资金周转,也在一定程度上避免了汇率变动的风险。但由于在电汇方式下,汇款人要承担较高的银行电报费用,并经常以压低货价的方法将这笔费用转嫁给收款人,因此一般只有在收款人急需资金、汇款金额较大或使用的货币汇率下跌风险很大时才选用电汇方式。在一般的交易中,虽然信汇方式的速度较慢,但它却有费用较低的优点,因此对交易双方都比较理想。另外,应特别注意的是,票汇方式的索偿路线比较复杂,汇票又可能经过多次转让,所以票汇方式收取货款的速度最慢,并可能使收款人遭受某种意外的损失,在业务中应慎用。

2. 对汇款退汇的办理 退汇是指汇款人或收款人因种种原因,向汇出行或汇入行提出中止汇付的要求。在电汇与信汇方式下,若收款人提出退汇,汇入行就会将收款人拒收汇款的情况通知汇出行,汇出行再通知汇款人办理退汇手续。若汇款人提出退汇,汇出行应立即通知汇入行停止对收款人付款;若汇入行在收到退汇通知时已将汇款付出,汇款人就不能再通过银行办理退汇,而只能直接向收款人要求退款。

在票汇方式下,若收款人提出退汇,可以将汇票返还汇款人,由后者持汇票到银行办理退汇手续。若汇款人要求退汇,也要持汇票在汇出行办理有关手续;如果汇款人提出退汇是在其寄出汇票之后,而收款人也未将汇票退还,则汇出行一般不予办理。

3. 汇付结算风险的防范 汇付结算的风险取决于先交货还是先收汇。如果进口商以汇付方式预付借款和随订单付现,则出口商先收款,后交货,出口商占用进口商资金,风险小,进口商风险大。如果进口商要求出口商先交货,后汇付,则出口商向进口商提供融资,风险大,进口商风险小。进出口业务中宜采用“凭单付汇(Remittance Against Documents)”以防范风险。

二、托收

托收(Collection)是指出口商完成货物装运后,开具以进口商为付款人的汇票,连同有关交易单据(提单、发票和保险单等)委托当地银行通过它的国外分支行或代理行向进口商收取货款的方式。随着纺织服装进出口贸易竞争的加剧,为扩大出口,越来越多的出口商采用托收方式来办理结算。

(一)托收中的当事人

托收结算一般有委托人、托收行、代收行和付款人四个当事人。

委托人(Principal):委托银行代收货款的出口商。

托收行(Remitting Bank):接受委托人(出口商)的委托代为收款的银行,通常在出口商所在地。

代收行(Collecting Bank):接受托收行的委托,向付款人(进口商)收款的银行,通常在进口商所在地。

付款人(Payer):向委托人(出口商)支付款项的人,即合同项下的进口商。

(二)托收的种类

国际贸易中托收主要有四种形式:光票托收、跟单托收、付款交单和承兑交单。

1. 根据是否随附货运单据分类

(1)光票托收。指金融单据不随附商业单据的托收。

(2)跟单托收。指金融单据随附商业单据的托收或商业单据不随附金融单据的托收。

2. 根据交单条件分类

(1)付款交单。包括即期付款交单和远期付款交单。

①即期付款交单(Documents against Payment at Sight, D/P Sight)指出口商装运之后,开具即期汇票,连同货运单据交给银行托收,进口商见票后须立即付款,付清货款后,领取装运单据。银行只有在进口商付清货款,方可将装运单据交与进口商。即通常所说的"一手交钱,一手交单"。

②远期付款交单(Documents against Payment after Sight, D/P after Sight)指出口商装运之后,开具远期汇票,连同货运单据交给银行托收,通过银行向进口商提示,由进口商承兑远期汇票,于汇票到期日付清货款后领取装运单据。

(2)承兑交单(Documents against Acceptance, D/A),指出口人装运货物之后,开具远期汇票连同货运单据交给当地托收行通过它向进口商提示,由进口商承兑远期汇票之后,即可取得装运单据,提取货物,等汇票到期日再付清货款。

(三)托收业务的流程

以下仅以 D/P Sight 托收的业务程序(图 10 - 2)为例介绍托收业务的流程。D/P after Sight 托收和 D/A 托收业务的流程从略。

(四)托收结算的特点

1. 托收属于商业信用　在托收业务中,银行只提供服务不提供信用。对出口方收款来说承担的风险较大,是否能收回货款,完全取决于进口方的资信,银行不保证绝对付款。

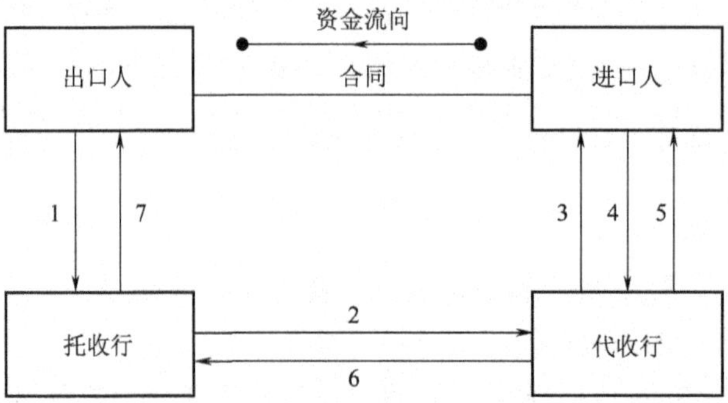

图 10－2　D/P Sight 托收业务的流程

1—出口人发货后，填写托收申请书，开立即期汇票，连同货运单据交托收行委托代收货款并付费

2—缮制托收委托书，并连同汇票、货运单据寄交代收行　3—提示汇票及全套单据

4—审单、付款　5—交单　6—贷记通知　7—交款

2. 托收是进口商付款　托收结算中委托人(出口商)与银行之间是委托代理关系，银行不负责保证付款。银行办理托收业务时，无检查装运单据是否齐全和正确的义务，也无承担付款的责任。如果没有特别规定，在付款人借故拒绝付款赎单提货时，银行无代为保管货物的义务。因此，有关银行不审单、不受单。

3. 融资相对便利　与汇付相比，托收业务中融资相对便利。一般情况下，有关银行可通过叙做押汇为当事人提供资金融通便利。

4. 托收属于逆汇法　在托收结算业务流程中，资金的流向与汇票的走向是相反的，因此属于逆汇法。

5. 托收结算的风险较大　托收业务中没有第三者做出付款承诺，出口商是否能收汇完全取决于收款人与付款人之间的商业信用。对国内出口企业而言，如果进口商拒付，虽然出口商可转卖货物，但会承担额外风险，支出仓储保管费、损耗、手续费用等。承兑交单的风险更大，因为进口商只要在汇票上履行承兑手续，就能取得装运单据，凭此提货。如果汇票到期日，进口商拒绝付款，出口商可能会货款两空。

6. 托收方式能扩大出口　与信用证结算相比，托收结算时进口商可以免交开证押金和手续费，还有预借单据提货之便利。这种支付方式给进口商带来许多便利，且风险较低。出口企业可利用此种方式开拓、扩大市场。

(五)采用托收方式时出口方应注意的问题

由于国际市场上的竞争日趋激烈，出口方为吸引进口方与自己成交，往往允许进口方以托收方式向自己付款。但在采用托收方式时，应注意以下问题：

(1)在决定以托收方式收取出口货款之前，应对进口国的外汇管制情况及有关进出口贸易的其他法律规定有充分的了解，避免对外汇及进口管制较严的国家以托收方式收取货款，以防出现货物不能进口或进口后不能对外付汇的问题,使出口方蒙受损失。

(2)采用托收方式之前,应对进口国的"习惯做法"或"商业惯例"有足够的了解。例如,拉美地区的一些国家通常将远期付款交单等同于承兑交单,进口方在承兑了远期汇票后便能够得到全套货运单据提取货物,这无疑使出口方的风险大大增加。

(3)采用托收方式之前,出口方一定要了解进口方的资信状况、经营能力与经营作风,对资信状况不良、商誉欠佳的进口商应尽量以信用证而避免采用托收方式收取货款。

(4)在决定以托收方式结算货款后,出口商应尽量采用付款交单的托收方式,并争取在合同中规定进口方在出口方交货前预付一部分订金,一旦日后进口方拒付货款,便可以以此在一定程度上弥补出口方遭受的损失或付出的额外费用。

(5)采用托收方式收取货款时,出口方应争取按 CIF 或 CIP 条件成交,自办保险。否则就要向保险公司投保卖方利益险,以便在货物于运输途中遇险、而进口方又拒绝付款的情况下,从保险公司得到部分补偿。

(6)在托收方式下,出口方可以通过保理业务(Factoring)来转移风险。

(六)托收方式下,进出口双方都可以从银行得到资金融通的便利

出口商在以跟单托收方式收取货款时,可以通过托收出口押汇,从银行得到资金融通的便利。即出口方在货物出运后,可以凭跟单汇票向托收行申请抵押贷款,由托收行根据出口商的资信状况与经营作风,将一定比例的票款扣除利息和手续费后贷给出口商。在货款收妥后,要先归还贷款,再由托收行将货款余额付给出口商。若进口商拒收货物、拒付票款,托收行有权要求出口商偿还贷款,否则就可以处理货运单据下的货物。

资信较好的进口商也有可能在托收方式下得到银行提供的资金融通的便利。例如,在进口商出现暂时性的资金周转困难,或者是在远期付款交单的托收方式下,汇票的付款日期晚于货到日期,则他就可以向代收行申请,在付款之前提前凭信托收据(Trust Receipt,T/R)向代收行借单提货,然后在汇票到期时将票款偿还代收行,换回自己的信托收据。这里所谓的信托收据是一种书面信用担保文件,说明进口商是以代收行的受托人的身份来办理进口货物的提货、报关、存仓、保险、出售等事项,而货物的所有权仍属于银行,进口商出售货物所得的货款要在汇票到期时交给银行。如果进口商在汇票到期时不能付款,则除非代收行是按出口商的指示对进口商借单,否则,一切责任要由代收行承担。这种做法通常被称为"付款交单、凭信托收据借单(D/P、T/R)",它可以帮助进口商及时提货出售,加快其资金周转或使其得到较高的售价。但由于代收行要承担一定的风险,所以它一般只对少数资信可靠的进口商提供这种便利。

三、信用证

信用证(Letter of Credit, L/C)是开证银行根据开证申请人的请求和指示向受益人开立的在一定金额和一定期限内凭规定的单据承诺付款的书面文件。信用证是出口商最希望利用的结算方式,它能为贸易活动提供融资,提供银行信用和保障交易的安全。

(一)信用证的内容

信用证的内容就是买卖合同的有关内容、议付时需要的单据和银行付款保证。具体说来,主要有以下各项:

(1)信用证的当事人:包括开证人、开证行、受益人、付款行、议付行等。

(2)对信用证本身的说明:如信用证的编号、种类、开证日期等。

(3)信用证金额与汇票条款:金额或汇票金额、出票人、付款期限及其确定办法和出票条款等。

(4)装运期限、交单期限、有效期限和到期地点等。

(5)单据条款:主要规定应提交哪些单据,如发票、提单、保险单、装箱单、重量单、产地证、商品检验证书等;各种单据的份数;单据应表明的货物的名称、品质规格、数量、包装、单价、总金额、运输方式、装卸地点等。

(6)特殊条款:根据进口国政治、经济和贸易情况的变化或每一笔具体交易的需要,做出的特殊规定。

(7)开证行保证条款:开证行对受益人及汇票持有人保证付款的责任文句。

(二)信用证的主要当事人

一张信用证的当事人至少要有两个,即开证行和受益人,信用证体现的就是开证行和受益人之间的契约关系。但一般情况下有六位当事人:开证申请人、开证行、通知行、议付行、付款行和受益人。除此之外还会有保兑行、转让行、承兑行等。

(1)开证申请人(Applicant)是指向银行提出申请开立信用证的进口商。

(2)开证银行(Opening Bank;Issuing Bank)是指接受开证申请人的委托,向出口商开立信用证并承担付款责任的银行。开证行一般在进口商所在地。

(3)通知银行(Advising Bank;Notifying Bank) 指受开证银行委托,将信用证转交给出口商的银行。通知行一般在出口商所在地。

(4)受益人(Beneficiary)指信用证中指定的有权开具汇票向开证行或其指定的付款行收取货款的出口商,是信用证利益的享用者或信用证权利的使用者。

(5)议付银行(Negotiating Bank)指愿意接受受益人跟单汇票,办理押汇业务的银行。议付银行可以是信用证指定的银行,也可以是非指定的银行。

(6)付款银行(Paying Bank;Drawee Bank) 是指信用证上指定的付款银行。如果信用证上没有指定银行,开证银行应承担付款责任。

(三)信用证结算流程

信用证结算流程如图 10-3 所示。

(四)信用证的种类

信用证可以根据其用途、性质、付款期限、可否转让、使用时间等情况分为九类。下面主要介绍贸易中较常见的九种信用证类型。

1. 跟单信用证(Documentary L/C)　受益人根据信用证的规定,在付款、承兑和议付时除开具汇票以外,还要随附商业单据。国际贸易结算中使用的信用证绝大多数是跟单信

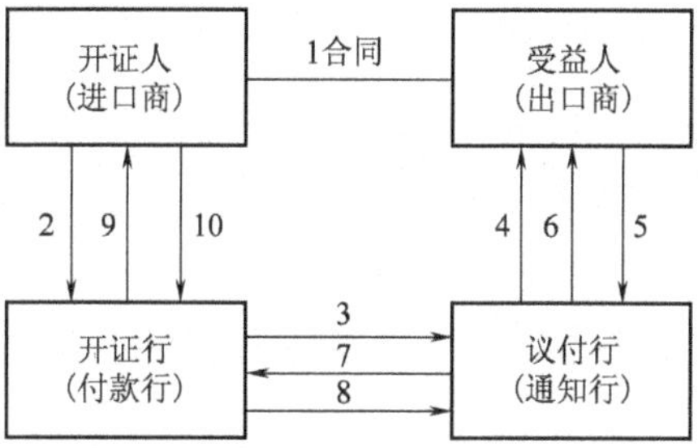

图10－3　信用证结算流程

1—进出口商签订贸易合同　2—进口商申请开立信用证　3—开证行接受申请开出信用证
4—通知行向受益人通知信用证　5—出口商按信用证规定发货后，受益人向指定议付行（一般为出口地银行）交单
6—议付行根据自己的义务，审单后付款、承兑或议付　7—议付行向开证行寄单索汇或向开证行寄单并向偿付行索偿
8—开证行审单无误后向交单行或偿付行付款　9—开证行通知申请人赎单
10—申请人审单无误后向开证行（或偿付行）付款赎单，持单向承运人提货

用证。

2. 不可撤销信用证（Irrevocable L/C）　开证行开出信用证后，在信用证有效期间内，未经受益人或有关当事人（通知行、议付行）的同意，开证行不得随意修改或撤销信用证。与此相对的是可撤销信用证，因为是可撤销信用证，所以开证行可以修改或撤销信用证，可撤销信用证对受益人而言，交易安全性较差，因此多数出口商都要求开立不可撤销信用证。

3. 保兑信用证（Confirmed L/C）　开证行开出信用证后，请另一银行对其开出的信用证承担保证兑付的义务。对信用证承担保证兑付义务的银行称为保兑行。保兑行承担第一付款责任。保兑行在信用证上加具保兑后，未经一切有关方同意，不能自行修改或撤销保兑。保兑信用证有双重付款保证，对出口商最为有利。但是保兑行要收较高的保兑费，而且开证行一般不希望被另一家银行对其信用证保兑，因此只有在对开证行缺乏信任等情况下才使用这类信用证。

4. 可转让信用证（Transferable L/C）　受益人有权把议付的全部或部分金额转让给另一个或两个以上的人（第二受益人）使用。可转让信用证的第一受益人通常是中间商，而信用证所规定部分利益的让予者往往是第二受益人（实际的供货商）。开立可转让信用证实际上是开证申请人同意另一个供货人向其供货。

5. 循环信用证（Revolving L/C）　循环信用证是指可一次开证循环使用的信用证。受益人全部或部分使用完信用证的金额以后，其信用金额又恢复到原金额再被受益人使用，直至达到规定次数或累计总金额为止。此信用证适用于长期供货，开证申请人为避免多次开证费用和节省开证押金，可使用此信用证。

6. 对开信用证（Reciprocal L/C）　在对等贸易中（如进料加工贸易），交易双方互为买卖双方，双方对其进口部分向对方开出信用证，这两个信用证称为对开信用证。此种信用证有同时生效的对开信用证和分别生效的对开信用证两种。前者指两张信用证的生效时间相同,即相互结算时间相同,后者指受益人接受信用证可立即使用,无须等待另一方开出回头信用证。

7. 背对背信用证(Back to Back L/C) 背对背信用证是指出口商以进口商开立的信用证作为抵押,要求出口地银行再向出口商开出信用证。两个信用证在出口地银行是"背对背"信用证。此种信用证与可转让信用证一样,主要用于中间商经营进出口业务。

8. 承兑信用证(Acceptance L/C) 承兑信用证即指使用远期汇票的信用证。此信用证要求开证行或指定银行在收到信用证规定的汇票(均为远期)和单据时,先承兑,待汇票到期再付款。承兑信用证必须注明付款到期日。汇票期限一般是见单或出票或装船后若干天。

9. 议付信用证(Negotiation L/C) 议付信用证是规定由某一银行或任何银行都可议付的信用证。议付信用证均要求即期汇票,汇票的付款人可以是开证行、付款行、保兑行、通知行,但不能是申请人。

(五)信用证结算的特点

信用证结算最主要的特点是银行在结算中扮演着重要的角色,它规定了银行在买卖双方中的第一付款责任,即将商业信用转变成了银行信用。尤其对出口商而言,这种结算方式大大增加了交易的安全性。信用证结算有如下特点:

(1)信用证是开证银行有条件的付款承诺,银行负第一性的付款责任。因此,信用证属于银行信用。银行既提供服务又提供信用,对出口方收款来说承担的风险较小,银行保证绝对付款。

(2)信用证是自足文件,信用证的基础主要是买卖合同,但信用证一旦开立,则不受合同的约束。

(3)信用证业务是纯单据买卖,开证行只凭正确单据付款。有关银行必须严格审单。

(4)融资相对便利。与汇付、托收结算相比,信用证业务中融资更加便利。任何情况下,有关银行均可通过叙做押汇为当事人提供资金融通便利。通过议付方式,出口商能更快地收回资金。

(5)信用证属于逆汇法。在信用证结算业务流程中,资金的流向与汇票的走向是相反的,因此属于逆汇法。

(6)信用证的业务手续复杂,费用较高。

(7)信用证结算也存在一些风险,如提交单据与信用证规定不符将遇拒付等。

对于信用证结算方式的特点可归纳为图 10-4 所示的内容。

四、支付方式的选择

在纺织品的国际贸易业务中,一笔交易的货款结算,一般只使用一种结算方式,但也可根据需要,如根据不同的交易商品、不同的交易对象、不同的交易做法,将两种以上的结算方式结合使用,或有利于促成交易,或有利于安全及时收汇,或有利于妥善处理付汇。这就要求外贸跟单员熟悉各种结算方式,并根据具体情况,灵活运用结算方式,顺利完成货款结算。

- 一个“原则”——表面上严格相符的原则
  - 单单相符
  - 单证相符
- 两个“只凭”
  - 只凭 L/C 办事
  - 只凭单据付款
- 四个“不管”
  - 不管合同内容
  - 不管履约情况
  - 不管货物状况
  - 不管单据真假

图 10－4　信用证结算方式的特点

通常在出口业务中，出口商一般要求即期信用证的方式，收汇比较快，且安全。但信用证支付方式给进口商造成一定的压力，进口商要承担开证费用，若修改信用证也要支付额外费用，如果进口商是一家小企业，开证行更可能要求其支付百分之百的开证保证金。因此，进口商一般都不太愿意接受信用证结算。为扩大出口，出口企业通常对一些信誉较好的进口商采用付款交单（D/P）的托收方式。

在我国纺织品的进口业务中，企业作为进口商可选择多种支付方式，包括汇付、托收和信用证等。但考虑到信用证结算的成本，进口商应该尽量少用此种方式。

实际上，企业可以利用各种支付方式完成结算，在合同中，还可以依据实际情况，将汇付、托收、信用证等几种方式结合并用，具体做法如下：

（1）汇付与信用证结合使用。此结算以信用证方式支付大部分货款，待货到目的地经检验计算出真实重量及确切的货款总额，或者经安装调试证明货物品质完全合格后，再以汇付方式支付余额。例如纺织原料的进出口业务中，在合同中确定以不可撤销信用证凭提单支付发票金额的 80%，余额 20% 部分待货物到达目的地，经检验合格后以汇付方式支付。

（2）汇付和托收相结合。进口方以汇付方式支付订金，以付款交单的方式支付大部分货款。

（3）信用证与托收结合使用。这种方法是指出口方的部分款项以信用证方式收取，部分货款通过托收方式来收取。应该注意的是：出口方的全套货运单据要随附在托收项下的汇票下，进行付款交单的跟单托收，而信用证部分则由开证行凭出口方开出的光票付款。

第三节　结算跟单

以下以信用证为例，说明纺织品外贸中的结算流程。

一、进口信用证结算流程

（一）申请开立信用证

买卖双方签订合同以后，进口方首先应向银行申请开立信用证，填写开证申请书（Documentary Credit Application),银行再根据申请书的内容开出正式信用证。

开证申请书是申请人与开证行之间的书面契约,也是申请人对开证行的委托。开证申请书主要是根据合同中的有关条款填写,申请人最好将合同副本一并提交银行供参考和核对。但值得注意的是,尽管信用证是根据合同内容开立的,但一经开立,它与合同是相互独立的,因而应认真审查合同的主要条款,将其列入申请书中。在信用证业务中,开证行是第一性的付款人。只要出口商通过其银行交来完全符合信用证规定的单据,开证行就必须履行付款责任。因此,开证行必须依据进口商递交的开证申请书,完整、准确、及时地开出信用证。

开证申请书的正面内容是客户对开证行的法律有效文件,其正本一般由银行印发,其内容由申请人填写。

申请人除了填写信用证申请书内容外,还应注意其背面条款。这些条款是开证申请人与开证行之间协议的组成部分,一般是由开证行在印制申请书时就已根据其习惯做法和国际惯例确定下来的内容。

开证行根据进口商提供开证申请书开立信用证时,必须对它进行认真审核。审核要点如下:

(1)开证所使用的货币币别应与成交合同所规定的币别相同。

(2)开证金额大小写必须一致。

(3)价格条件在进口企业对外成交时已经确定,银行在审核价格条件时,必须注意与价格条件相适应的运输单据和保险单据,以使信用证条款前后吻合。

(4)付款条件均为不可撤销信用证,无须国外银行加具保兑。除特殊要求外,一般不开可转让信用证,因为可转让信用证第二受益人的资信可能不了解。付款期限有即期付款、远期付款等。

(5)到达港或目的港应为进口国口岸。

(6)开证申请书中所列的各项开证条款前后不得有矛盾之处。

开证的方法一般有信开本和电开本两种。信开即以邮寄方式开证,分为平邮、航空挂号和特快专递等;电开即以电报、电传或 SWIFT 等电讯方式开证。分详电(或称全电)和简电开证以及引用旧证的套证和约定格式的套打方式。

(二)修改信用证

开证行应开证申请人请求开出信用证后,开证申请人认为或者应受益人的要求,需要对原信用证的内容或条款进行修改时,可向开证行提出申请,银行凭修改申请书办理。

1. 申请人提交信用证修改申请书 修改申请书的内容应包括需修改的信用证号码及修改内容。

2. 审查修改申请书的内容 银行接到信用证修改申请书后,应根据申请书所列证号,调出存档的原信用证副本对照审核如下内容:

(1)修改申请书所列证号、申请人名称必须与银行存档的原证相符,以免串证或重复修改。

(2)修改后的条款之间相互有无抵触之处。

(3)修改后的条款对我方有无不利之处。

(4)修改的内容与原证有关的条款应作相应的修改,使修改后的信用证各条款之间相互吻合、衔接。

(5)凡是增加金额的修改,需补足增额部分的资金。

3. 缮制信用证修改通知书　银行审核修改申请书后,可缮打修改通知书,一般用电讯方式通知国外转递行,经修改加列密押后发出,然后将修改通知书副本按修改日期依次附贴于信用证留底备查,同时,将另一副本送交申请人。

(三)审单、付款和进口结汇

1. 审单　开证行接到国外议付行寄来的单据,应根据信用证规定的条款全面、逐项地审核单证之间、单单之间是否相符,并根据国外议付行的寄单索偿通知书,核对单据的种类、份数以及汇票、发票与索偿通知书所列金额是否正确。审核无误后,凭议付行的寄单索偿通知,填制进口单据发送清单,附上全部单据送公司签收,经公司全面审核无误、在七个工作日内办理付款。索偿通知书、汇票及一份清单,连同信用证留底归入代办卷内,以待办理对外付款。

对于审单付款的问题,银贸双方都应当在思想上明确,若按正常做法,审核进口单据应当是开证银行的职责。开证行在审核单据无误以后,就应当直接对外办理付款,不必事先征得开证申请人的同意。在我国开证行在接到国外寄来单据以后,未经详细审核就先交开证申请人审核,这是一种变通的做法,是属于暂借单据的性质。之所以采用这种做法,主要是为了节省手续,因为开证行如先审核单据,然后再转交申请人,申请人仍须再审一遍,况且开证申请人对货物规格等较开证行熟悉,申请人又都是国内企业,所以才把这两道手续合二为一,正因为这样,申请人接到单据在办理对外付款之前,要对单据妥善保管,以便在单证不符欲拒付时可以对外退单。

在审单过程中,如发现单证不符,一般可采取全部拒付、部分拒付或扣减货款的办法来处理。但应在合理的时间内(一般在三个工作日),立即以最迅速的方法向议付行提出,在对方尚未答复之前,由开证行代议付行保存全部单据,归存拒付案卷单独保管,等待处理。如是电信拒付,所发生的电报或电传费用,于付款时扣收或另函收取。

拒收单据和拒付货款,须以开证行名义,根据单据不符的问题提出,不应涉及货物及申请人名义。例如不能以"申请人声称货物经检验与规定不符"为理由对外拒付。

2. 承兑或付款　进口商收到开证行转去的单据经核验无误后向开证行办理付款或承兑手续。银行则应立即根据信用证规定,结合国外议付行索汇通知书的要求,对外办理付款或承兑。如果信用证规定为即期付款,则应对外办理付款手续;如为远期付款,则应办理承兑手续,确定付款到期日,发出承兑通知书,到期日付款转账。对于总的付款或承兑时间,应掌握在银行接到单据后三个工作日内对外办理。

银行收到进口公司交来加章后确认付款的发送清单,对照证号以"待付款"卷内调出原"进口单据发送清单"、索偿证明书及信用证留底,经核查,证明手续齐备、内容正确、本币与外币折算无误后,同时在信用证留底背批付汇日期、金额、余额及有关事宜后办理付款手续。

为了做到在合理的时间内，对外办理或承兑，银行应建立检查制度，即每日检查待付款卷内的到期付款或承兑情况，如有到期应付而未付或未承兑，应及时办理手续，对外付款或承兑。如因申请人迟付而引起国外议付行索赔，其迟付利息应由申请人负担，如属银行责任则应由银行负责。

(四)进口结汇

开证银行根据信用证的付款条件规定，对外履行付款，同时，对进口公司办理进口结汇，由进口公司填写"购买外汇申请书"和"进口付汇核销单"，然后由银行根据中国银行外汇牌价表的汇率，以人民币兑换信用证上所规定的外币及各项费用。

二、出口信用证结算流程

(一)审核信用证

出口方收到进口方申请银行开来的信用证后，必须核对印鉴和密押，以鉴别来证的表面真实性。同时，银行与出口商双方应分工合作，既要共同认真审核信用证内容，又要对审核重点各有所侧重。银行应侧重于议讨、收汇方面，如对开证行、偿讨行或保兑行的资信、态度和作风的审查以及对付款办法、使用货币、汇率、利率等条款的审核；出口商外贸跟单员应侧重于交货、履约方面，如对货运单据、价格条件、运输方式、装运期等条款进行审查，并特别要与有关的合同函电进行核对，以确保货物如期出运与安全收汇。审核信用证时，除参照"第四章第三节"有关内容审核外，还必须对信用证以下内容进行审核。

1. 来证背景 来证背景主要是对来证的政治背景、资信能力进行了解，审核是否加具保兑或由偿付银行确认偿付等内容：如开证行是资信欠佳的银行，则应要求由另一银行加以保兑；如其资力与来证金额不相适应，应要求加列电汇索偿条款(T/T Reimbursement Clause)；如无保证付款的文句或索汇方式和索偿路线欠妥应不予接受。

2. 信用证的类型 根据"跟单信用证统一惯例(国际商会第600号出版物)"的规定，如信用证上未注明可撤销，则应视为不可撤销信用证。我国出口要求国外来证是不可撤销的，而且要注明"Irrevocable"字样。

3. 有效期、议付地点和交单期限 信用证上必须规定有效期，否则必须要求开证行予以明确：信用证上的有效期一般应与装运期有一定的合理间隔(一般是15天)，以便在货物装运后有足够的时间做好制单、交单工作。如未具体规定运输单据签发日期若干天内交单，根据UCP600第43条规定"银行将不接受迟于装运日后21天提交的单据"(Bank will not accept documents presented to them later than 21 days after the date of shipment.)。当然，也不能超过信用证的有效期。

如来证规定在国外到期，应当提出修改为在国内到期，否则，须提前交单，留出单据寄达议付地的邮程时间，但仍有单据不能及时寄到的风险。

4. 装运条款

(1)日期。信用证的装运期一般应有"Latest(最迟)、Not later than(不迟于)、Until(截至……)，Before(在……之前)"等字样以便发货人有一定的时间装运，如"shipment date April 30th,2006”,这种具体日期的句子应要求修改,因为装船签单日期下可能正好与此吻合。

(2)分批装运和转船。

①根据 UCP600 的规定,信用证如果没有规定是否可以分批和可否转船的,应理解为允许分批装运和允许转船。

②若信用证规定在指定的时间内分期支付及/或装运,而其中有一期的数量未按期出运的,以后各期均告失效,不能再发运,要等待买方同意并通过开证行发出修改书后才能发运。

③装运港(地)和目的港(地)应根据不同贸易术语加以审核。

另外,需要注意的是,如果信用证指定某个等级的船或限装 15 年以上的船龄的船或限装公会班轮(Conference Line Vessel),一般不应接受,应要求修改。

5. 保险　目前,我国进出口货物一般是由中国人民保险公司承保。凭 FOB、CFR 条件成交时,应于货物出运时由卖方出具保险声明(Declaration of Insurance)通知买方保险。

如来证规定要求提供投保声明的回执办理结汇时,应理解为国外保险公司对我保险通知的确认书,它需要在保险通知书发出后,经过一段时间才能从国外寄回,把它作为结汇单证之一,将影响及时结汇,对我方很不利,此种条款不宜接受,应修改为船舶公司的保险通知书副本。

6. 币值和金额　首先,要核对来证币值与合同是否一致;其次,要核对来证金额与合同是否一致。如有佣金或折扣,还应核对是按减除佣金或折扣后的净值开证,还是按不扣佣金或折扣的毛值开证。另外,有的国家开出的信用证,订明部分金额以信用证付款,余额以无证托收付款。这种部分信用证付款部分托收的信用证,其信用证金额仅是部分的金额,如是全部货款的 70%,其余的 30% 就属于托收业务,但这种信用证应订明:30% 货款付讫后,银行方可放单(Documents to be released only after payment of the balance 30%)。

7. 来证所需的各种单据　对来证所需的各种单据应审核有关文字,查看有无特殊要求,我方能否办理。

8. 货物的描述　来证的品名、货号、规格、包装和合同号码必须与合同一致,应逐条逐字审核。如有错误,都应提出修改。

9. 银行费用　银行费用一般包括通知费、保兑费、承兑费、议付费、修改费、邮费等。这些费用大约占货款总值的 0.25% ~0.3%。该费用一般认为由开证申请人支付。如果信用证规定由受益人负担,可以要求开证申请人修改为由受益人负担。

10. 特殊条款　对信用证的特别条款或补充内容,要多加注意,以免发生差错,如信用证的提单条款为“Full set of clean on board ocean bills of lading...”,只要求全套,而不规定份数,但在该信用证的特别条款规定“Two signed original B/L must be forwarded to us in the first mail and the third signed original copy to be forwarded in the second mail”,如不注意就可能按一般惯例只提供两份正本。

(二)修改信用证

受益人在收到进口人开来的信用证后,在审核信用证时,如发现我方不能接受的条款和要求,应及时向对方提出修改要求。修改信用证,既应持慎重态度,又应对一些问题权衡轻重、灵活掌握。信用证的修改应注意以下问题：

(1)信用证修改书必须经原通知行传递方为有效。

(2)需要修改的内容，应一次向开证人提出，尽量避免多次改证。如果修改通知书涉及两处以上的条款，要么全部接受，要么全部拒绝，即不能只接受部分修改内容。

(3)只有开证申请人、开证行和受益人都同意，修改才有效。如果当事人一方不同意修改，则修改不能成立，信用证仍以原条款为准。

(4)受益人必须在收到通知银行的"修改通知书"后，才能办理装运事宜，绝不可仅凭买方通知"证已改妥"或其他类似的通知就发货装船。

(5)修改手续费一般由提出修改的一方负担。国内银行按修改次数计算修改费用，不按信用证金额的大小计算。

(三)投保、报关、出运、制单

在货物托运以后，受益人应按信用证的各项要求缮制各种单据，做到单证一致、单单一致，使单据从格式到内容合乎规范，做到正确、完整、及时、简明、整洁地制作各种单据。因为在信用证方式下，银行只凭单据付款，而不问货物如何，所以即使实际所交货物同信用证及合同的要求一致，但如果单据所列与信用证规定不相符，银行仍可拒付；反之，若货物与信用证的规定不尽相同，但只要单据所列与信用证一致，银行仍将付款。至于所交货物与合同不符的争议，纯属买卖双方事务，银行不予介入。因此，出口公司外贸跟单员必须完整、准确地制作各种单据，并及时送交银行，以确保安全迅速收汇。

在实际业务中，外贸跟单员制单一般是按以下的程序来操作的：

核：首先应将货物的原始资料，如出仓单或装箱单等与信用证或合同核对，查清证、货是否相符。

算：单据有很多数据需要计算，如发票金额、佣金、保险金额、海关发票、运费及 FOB 价、货物的尺码、毛重、净重等，都必须在制单前算好。

配：根据信用证要求把本批出口货物所需的各种单据的空白格式按需要的份数(包括送交银行结汇所需的份数、留底及其他所需要的份数)逐一配妥备用。

制：制单可以先从发票着手，因为发票是一切单据的中心，发票制妥后，再参照其内容缮制其他单据。

审：单据制好后，制单人员应自审，如有差错应立即更正，再将单据交有关人员进一步审核。

出口单证一般以发票、装箱单为基础单据。发票制妥后就可缮制运输单据、保险单据、检验证书、产地证书等单据。

(四)审单

在跟单信用证方式下，银行必须严格审核受益人所提交的各项单据，看其是否符合信用证条款的规定，这就是银行对单据必须执行的"严格符合原则(The Doctrine of Strict Compliance)"，即所谓的"单证一致"和"单单一致"的原则。该原则是指受益人交来的单据必须与信用证条款的要求一致，单据与单据之间的内容亦要相互一致。

各种单据的内容千变万化，但审单有其基本原则，单据的基本项目分述如下。

1. 汇票

(1)大、小写金额及货币名称必须一致。

(2)付款期限应符合信用证规定。

(3)汇票金额不得超过信用证金额。

(4)出票人、受款人、付款人都必须符合信用证的规定。

(5)出票人印章或签字。

2. 商业发票

(1)抬头人必须符合信用证规定。“抬头人”一般应写进口商的名称和地址。

(2)签署人必须是出口商。在信用证支付方式下，发票的签发单位必须是信用证的受益人。

(3)商品的描述必须完全符合信用证的规定。

(4)单价和价格条件必须符合信用证规定。发票的金额不得超过信用证的金额，如数量、金额均有“大约”或类似字样的，可允许增减10%。

(5)包装、重量和尺码。在发票中应列明商品的包装、毛重、净重及尺码，这些数据是运输环节订舱配船的依据，必须准确无误。

3. 海运提单

(1)必须是清洁已装船提单(Clean on Board B/L)，以表明货物已经装船。

(2)航运路线、装货港、卸货港、提单日期、抬头(或收货人)或被通知人等均应符合信用证规定。

(3)提单上必须注明“运费预付(Freight Prepaid)”或“运费到付(Freight Collect)”字样，并符合信用证规定。

(4)送交银行的提单应有船舶公司签字，凡须背书者，背书不能遗漏。

(5)交到银行的日期应在提单日期后的21天以内或符合信用证的有关规定。

(6)交到银行的提单一般是全套正本提单(Full set of Original B/L)，交来的张数应与提单上注明的张数一致(一般为三份)，并与信用证要求相符。如信用证要求提供副本提单(Non-negotiable B/L)，也应照交。

(7)在运输单据中关于货物的描述与商业发票的要求不同，根据UCP600的规定，除商业发票外，在一切其他单据中，货物的描述可使用统称，即主要的商品名称，如茶叶、棉花，不需要详列具体规格。

4. 保险单据

(1)保险单的被保险人名称应与信用证规定的相符。如未规定，通常以出口商名义投保，然后再做成空白背书。

(2)保险金额(Insured Value)要符合信用证的规定，通常为发票金额的110%。

(3)保险单的日期不得迟于提单上的装船日期。

(4)保险单应载明赔偿时的支取地点，支取代理行和支付的货币(一般为保险币种)。如信用证未规定，则货物运抵之目的地为支取地点。

(5)除非信用证有特别规定,否则保险凭证(Insurance Certificate)和暂保单(Cover Note)不得代替保险单(Insurance Policy),但保险单可以代替保险证明书。

其他单据如产地证、检验证书、装箱单、重量单、尺码单等一般应与信用证有关条款核对,然后再与发票核对其共有项目是否一致。

(五)交单结汇

1. 交单 交单是指出口单位在规定时间内向银行提交信用证项下的全套单据,这些单据经过银行审核,根据信用证条款的不同汇付方式,由银行办理结汇。

交单的要求有三条:第一是备齐单据,所谓“备齐”有两个含义,其一是信用证规定的单据全都备齐,其二是每种单据的份数都符合信用证要求;第二是内容正确,即单据内容与信用证规定严格一致;第三是提交及时,既不能超过信用证有效期,也不能超过运输单据签发日期后21天。

2. 结汇 结汇是指出口商将所收取的外汇按照银行牌价卖给国家外汇银行。目前,我国银行所采用的出口结汇方式主要有以下三种。

(1)出口押汇。押汇是指信用证项下的全套单据,经议付银行审核无误后,银行以单据为质押品,在按票据金额扣除利息后,将余额垫付给受益人的议付方式。但银行买入光票(一般只买入支票及银行汇票)与买入跟单汇票(包括无汇票的全套单据)的业务处理却不一样。买入光票时,银行扣除利息并付款后,即使收款天数超过预定的计息天数,也不再要求收款人补利息。但在买入跟单票据时,却可向收益人追补超过预定贴现天数的利息。

出口单据叙做押汇,议付银行仍保留汇票或发票金额的追索权,如开证银行拒付,议付银行将会向出口商追还已垫付之款。议付银行与出口商之间在叙做押汇时一般都由出口商提供“质押书(Letter of Hypothecation)”之类的书面文件。对垫付款项的追索往往作了有利于银行的规定。

①计息天数。从理论上讲,即期单据的计息天数是邮程加开证行处理单据的工作日。目前中国的银行是根据各个地区的平均收汇大数制订各地区的计息天数的。凡远期单据,如属出票后一定时期付款或运输单据签发日后一定时期付款的,其计息天数就按议付日至到期日计算;如属见票后一定时期付款的,则按一定时期的天数加上即期计息的天数(即邮程加开证行处理单据的工作日)计息。

②利率。目前对美元、英镑、日元等货币均参照伦敦银行同业拆放利率(LIBOR)计息。港元则以中国香港银行同业拆放利率(HIBOR)计息。其他货币均采用设定的固定利率。

③收息货币。考虑到国内出口商的具体情况,目前中国银行对即期信用证项下的押汇息一般以人民币计收,一般不直接以外币扣息而是将外汇全数付给受益人,再向其收取人民币押汇息。

以上为信用证项下的押汇。此外,中国银行也办理无证托收的押汇业务,但只限于进口商资信良好、进口商外汇情况较好的业务,而且扣息天数要比信用证项下的押汇多一些。

(2)定期结汇。这是银行收单后,过一定天数向受益人付款的方式。由于规定的天数就是押汇的计息天数,对受益人来说融资上没有什么区别,但对于资金宽裕的受益人来说,可免除计息和扣息的问题。

(3)收妥结汇。收妥结汇是当出口地银行在收到货款贷记其账户的通知时向受益人付款的方式。目前中国银行对可用电报索汇的信用证业务都以这个方法向受益人付款。此外,对单证不符的单据及大部分的托收业务,中国银行均作收妥结汇。

3. 处理单证不符情况的几种办法

(1)表提又称表盖提出,即信用证受益人在提交单据时如存在单证不符,则向议付行主动书面提出单、证不符点。通常议付行要求受益人出具担保书,如担保日后遭到开证行拒付,则由受益人承担一切后果。在这种情况下,议付行为受益人议付货款,因此,这种做法也称"凭保议付"。表提的情况一般是单证不符情况并不严重,或虽然是实质性不符,但事先已经开证申请人(进口商)确认可以接受。

(2)电提又称电报提出,即在单、证不符的情况下,议付行先向国外开证行拍发电报或电传,列明单、证不符点,待开证行复电同意,再将单据寄出。电提的情况一般是单、证不符属实质性问题,金额较大。用电提方式可以在较短的时间内由开证行征求开证申请人的意见。若获同意,则可以立即寄单收汇;若不获同意,则受益人可以及时采取必要措施,对运输中的货物进行处理。

(3)跟单托收。如出现单、证不符,议付行不愿用表提或电提方式征询开证行的意见,信用证就会彻底失效。出口企业只能采用托收方式,委托银行寄单代收货款。

无论是采用表提、电提,还是跟单托收方式,信用证受益人都失去了开证行在信用证中所做的付款保证,从而使出口收汇从银行信用变成商业信用。

4. 出口收汇核销管理　外汇管理局为出口企业办理完核销手续后,在"出口收汇核销单"的"出口退税专用联"上签注净收汇额、币种、日期,并加盖"已核销单",并将"出口退税专用联"等凭证退出口企业办理退税。

(六)出口退税

出口退税是指有出口经营权的企业和代理出口货物的企业,除另有规定外,可在货物报关出口并在企业财务账册做销售处理后,凭有关凭证按月报送税务机关批准退还或免征增值税和消费税。

出口企业申请出口退税时,应向国家税务机关提交出口货物报关单(出口退税专用联)、出口销售发票、购货发票以及出口收汇核销单(出口退税专用联)、税收缴款书等单据,经国家税务机关审核无误后才予以办理。

如属于委托代理出口,委托方在申办退税时还须提供"代理出口货物证明"和"代理出口协议副本"。"代理出口证明"由省、自治区、直辖市国家税务局印制,由受托方开具并经主管其退税的税务机关签章后,由受托方交委托方。代理出日协议约定由受托方收汇核销的,税务机关须在外汇管理局办理完外汇核销手续后,方能签发"代理出口货物证明",并注明“收汇已核销”的字样。

思考题

1. 解释下列名词:

票据、汇票、本票、支票、汇付、托收、信用证、顺汇、逆汇、流通性、出票、提示、承兑、背书、拒付、追索、贴现、议付、拒绝证书、空白抬头、空白背书、空头支票、分期付款、延期付款、D/A、D/P、D/D、T/T、M/T、T/R、O/A、商业信用、银行信用。

2. 比较汇票、本票与支票的异同。

3. 支票能用于远期付款的交易吗?

4. 有关结算的国际惯例主要有哪些?

5. 为什么说汇付与托收分属顺汇和逆汇,但又都属于商业信用?

6. “议付”与“付款”有何异同点?

7. 在 L/C、D/P、D/A 与 M/T 四种支付方式中,就卖方的风险而言,何种最大、何种最小?为什么?

8. 纺织服装进出口业务中,常用的结算工具有哪些? 各有什么特点?

9. 在纺织服装进出口业务中,常用的结算方式分别是什么? 并说明各自的优缺点。

10. 以信用证为例,简述进口的结算流程。

11. 现有三份合同甲、乙、丙。甲合同中的支付条款规定:“D/P at sight...”;乙合同中的支付条款规定:“D/P 30 days after sight...”;丙合同中的支付条款规定:“D/A 30 days after sight...”。代收银行于6月1日首次提示汇票,按惯例,则下一个提示日、进口商承兑日、付款日、银行交单日应分别为何日(请将各日期填入下表中)?

合同	提示日		承兑日	付款日	交单日
	承兑提示日	付款提示日			
甲					
乙					
丙					

12. 某出口企业收到一份国外开来的不可撤销即期议付信用证,正准备按信用证规定发运货物时,突接开证银行通知,声称开证申请人已经倒闭。对此,出口企业应如何处理? 依据何在?

13. 我国出口公司与某外商订立一份出口合同,规定货物分两批装运,支付条件为即期不可撤销信用证。对方按约开来限定通知行议付的信用证,经审核无误,第一批货物随即装运,我国出口公司在规定交单期限内向通知银行交单议付,通知银行经审单认可后向出口公司议付了货款，接着，开证行也向议付行作了偿付。出口公司正准备发运第二批货物时，通知行忽然接到开证行发来的电传，声称申请人收到第一批货物后，发现品质不符合合同规定，要求拒付第二批货物的货款，并请通知行通知受益人停止发运第二批货物，如已发运，则不要再议付该项货款。通知银行在与出口公司联系后，立即回电拒绝。试分析通知行这样做是否合理？为什么？

第十一章　纺织服装贸易通关跟单

本章知识点

1. 纺织品报验的跟单流程。
2. 法定检验与《法定检验商品目录》。
3. 纺织品通关的跟单流程。
4. 报关单的格式与内容。
5. 关税计收标准、方法与滞报金制度。
6. 出口退税制度主要内容。

第一节　进出口报验跟单

开篇必须说明，本章节与第六章所述的质量检验跟单有所不同，第六章所述的内容侧重于跟单员的质量跟单，强调的是跟单员跟进时的内部质量控制与检验，跟单员的角色特点是"以我为主"；而本章所述的内容侧重的是跟单员的报验跟单，强调的是跟单员跟进时的外部质量监测，跟单员的角色特点是"去适应以它为主"，这个"它"是指国家商检机构或海关等部门。

进出口商品的检验是指检验检疫机构根据申请人的报验，依照进出口商品的有关检验标准和贸易合同、信用证，对进出口的商品的质量、规格、数量、重量、包装、安全性能、卫生、环保以及装运条件等方面的指标进行检验，以确定是否和贸易合同、有关标准规定相一致，是否符合进出口国有关法律行政法规的规定。

一、纺织品检验的范围

（一）法定检验的范围

按照《中华人民共和国进出口商品检验法》的规定：凡是列入《出入境检验检疫机构实施检验的进出境商品目录》（以下简称《目录》）的进出口商品以及其他法律法规规定须经商检机构检验的进出口商品都必须实施强制性检验；对于纺织服装进出口商品来说，《目录》中规定的商品是主要的法定检验商品。目录中"检验类别"项下"A"表示进口时应施法定检验，"B"表示出口时应施法定检验。《目录》中第十一类即第 50～第 63 章，列出了法定检验的纺织原料及纺织服装制品，共有 267 条。

根据我国《商检法》及商务部的有关规定，除了《目录》里规定的纺织品外，仍有部分纺织品及服装也必须经过我国的商检机构查验后方能出口。相关规定可参见表 11－1。

表 11－1 需经商检机构进行查验的出口纺织品目录

类别	商品名称	编码	备注
针织或钩编的衬衫	棉制针织或钩编的男衬衫	61051000	—
	化学纤维制针织或钩编的男衬衫	61052000	—
	其他纺织材料制针织或钩编的男衬衫	61059000	—
	棉制针织或钩编的女衬衫	61061000	—
	化学纤维制针织或钩编的女衬衫	61062000	—
	其他纺织材料制针织或钩编的女衬衫	61091000	—
针织或钩编的 T 恤	棉制针织或钩编的 T 恤、汗衫、背心	61009000	—
	其他纺织材料制针织或钩编的 T 恤、汗衫、背心	61099000	—
针织或钩编的套头衫、开襟衫、马甲及类似纺织品	羊绒针织或钩编的套头衫、开襟衫、马甲及类似品	61101010	在《目录》中
	羊毛针织或钩编的套头衫、开襟衫、马甲及类似品	61101020	在《目录》中
	兔毛制针织或钩编的套头衫、开襟衫、马甲及类似品	61101030	—
	其他动物细毛制针织或钩编的套头衫、开襟衫、马甲及类似品	61101090	—
	棉制针织或钩编的套头衫、开襟衫、马甲及类似品	61102000	—
	化学纤维制针织或钩编的套头衫、开襟衫、马甲及类似品	61103000	—
	其他纺织材料制针织或钩编的套头衫、开襟衫、马甲及类似品	61109000	—
机织上衣	羊毛和动物细毛制男式上衣	62033100	在《目录》中
	棉制男式上衣	62033200	在《目录》中
	合成纤维制男式上衣	62033300	在《目录》中
	丝及绢丝制男式上衣	62033910	在《目录》中
	其他纺织材料制男式上衣	62033990	在《目录》中
	羊毛和动物细毛制女式上衣	62043100	在《目录》中
	棉制女式上衣	62043200	在《目录》中
	合成纤维制女式上衣	62043300	在《目录》中
	丝及绢丝制女式上衣	62043910	在《目录》中
	其他纺织材料制女式上衣	62043990	在《目录》中
机织裤子	羊毛和动物细毛制男裤	62034100	在《目录》中
	棉制男裤	62034200	在《目录》中
	合成纤维制男裤	62034300	在《目录》中
	其他纺织材料制男裤	62034900	在《目录》中
	羊毛和动物细毛制女裤	62046100	在《目录》中
	棉制女裤	62046200	在《目录》中
	合成纤维制女裤	62046300	在《目录》中
	其他纺织材料制女裤	62046900	在《目录》中

续表

类别	商品名称	编码	备注
机织连衣裙及裙裤	羊毛和动物细毛制连衣裙	62044100	在《目录》中
	棉制连衣裙	62044200	在《目录》中
	合成纤维制连衣裙	62044300	在《目录》中
	人造纤维制连衣裙	62044400	—
	其他纺织材料制连衣裙	62044990	—
	羊毛和动物细毛制裙子及裙裤	62045100	在《目录》中
	棉制裙子及裙裤	62045200	在《目录》中
	合成纤维制裙子及裙裤	62045300	在《目录》中
	其他纺织材料制裙子及裙裤	62045990	—
机织衬衫	羊毛和动物细毛制男衬衫	62051000	在《目录》中
	棉制男衬衫	62052000	在《目录》中
	其他纺织材料制男衬衫	62053000	在《目录》中
	化学纤维制男衬衫	62059090	在《目录》中
	其他纺织材料制男衬衫	62062000	在《目录》中
	羊毛和动物细毛制女衬衫	62063000	在《目录》中
	棉制女衬衫	62064000	在《目录》中
	化学纤维制女衬衫	62064000	在《目录》中
	其他纺织材料制女衬衫	62069000	在《目录》中
机织睡衣	棉制男睡衣	62072100	—
	化学纤维制男睡衣	62072200	在《目录》中
	其他纺织材料制男睡衣	62072990	—
	棉制女睡衣	62082100	—
	化学纤维制女睡衣	62082200	在《目录》中
	其他纺织材料制女睡衣	62082990	—
婴儿服装	机织羊毛和动物细毛制婴儿服装	62091000	—
	机织棉制婴儿服装	62092090	—
	机织合成纤维制婴儿服装	62093000	—
	机织其他纺织材料制婴儿服装	62099000	—
	针织羊毛和动物细毛制婴儿服装	61111000	—
	针织棉制婴儿服装	61112000	—
	针织合成纤维制婴儿服装	61113000	—
	针织其他纺织材料制婴儿服装	61119000	—

（二）非法定检验的范围

商检机构的职能除了对法定检验的商品实施检验外，还可以接受对外贸易关系人或者外国检验机构的委托，办理进出口商品鉴定业务、签发鉴定证书。鉴定业务受理的范围包括以下几方面：

(1)进出口商品的质量、数量、重量、包装鉴定和货载鉴定。

(2)装载出口商品的监视装载和监视卸载。

(3)进出口商品的积载鉴定、残损鉴定、载损鉴定和海损鉴定。

(4)集装箱及集装箱货物鉴定。

(5)与进出口商品有关的外商投资财产的价值、品种、重量、数量和损失鉴定。

(6)抽取并签封各类样品。

(7)签发价值证书及其他鉴定证书。

(8)其他鉴定业务。

二、纺织品报验跟单

纺织品进出口报验跟单主要指进出口企业的跟单人员准备报验所需单据及填写报验申请单，并协助检验检疫局工作人员对进出口货物进行抽样检查，同时在报验结束后领取报验结果的过程。纺织品出口报验的跟单流程见图 11 -1。

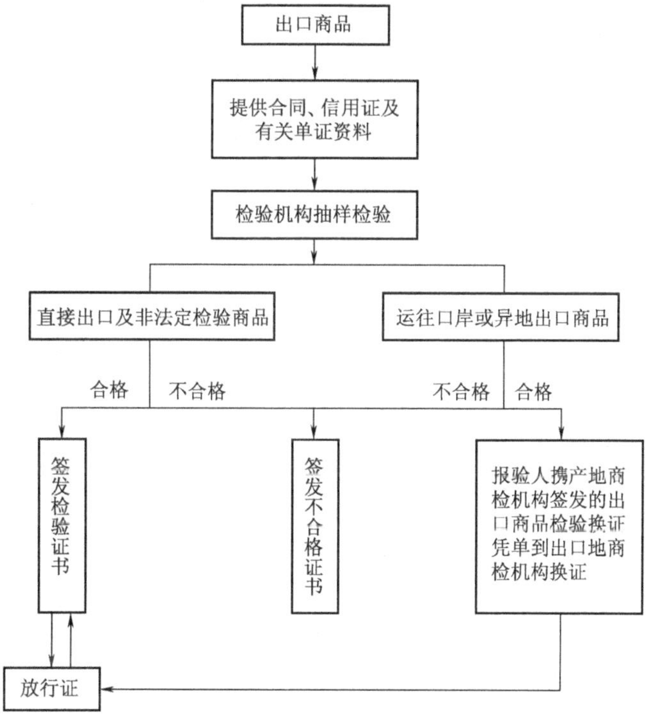

图 11 -1　出口商品报验跟单流程

(一) 报验前准备

进出口纺织品在报验前，报验员应备齐报验所需的各种单证，一般来说，进出口纺织品所需检验的项目不同，报验时应提供的单证也不同。

1. 出口纺织品检验应提供的单证

(1)出口商品在报验时,一般应提供外贸合同(或售货确认书及函电)、信用证原本的复印件或副本,必要时提供原本。合同如果有补充协议的要提供补充的协议书;合同、信用证有更改,要提供合同、信用证的修改书或更改的函电。对订有长期贸易合同而采取记账方式结算的,各外贸进出口公司每年一次将合同副本送交商检机构。申请检验时,只在申请单上填明合同号即可,不必每批附交合同副本。

(2)凭样品成交的商品,须提供经国外买方确认,双方签封或合同、信用证已明确须经商检机构签封的样品。临时看样成交的商品,申请人还必须将样品的编号,号码送交商检机构一份。报验时还应提交文字表达不了的样卡、色卡或实物样品。

(3)属于必须向商检机构办理卫生注册和出口商品质量许可证的商品,报验时必须提供商检机构签发的卫生注册证书或出口质量许可证编号和厂检合格单。

(4)经发运地商检机构检验合格的商品,需在口岸申请换证的,必须交付发运地商检机构签发的"出口商品检验换证凭单"正本。

(5)经生产经营部门检验的,应提交其检验结果单。

(6)第一次检验不合格,经返工整理后申请重新检验的,应交付原来的商检机构签发的不合格通知单和返工整理记录。

(7)申请重量/数量鉴定的,应交付重量明细单、装箱单等资料。

(8)申请出口商品包装使用鉴定的,应交付商检机构签发的包装性能检验合格单。

(9)申请委托检验时,报验人应填写"委托检验申请单"并提交检验样品、检验标准和方法。国外委托人在办理委托检验手续时还应提供有关函电、资料。

2. 进口纺织品报验应提供的单据 进口商品在报验时,一般应提供外贸合同、国外发票、提单、装箱单、进口货物到货通知单(也称货物流向单)等有关单证。

(1)申请品质、规格、安全检验的,还应提供国外的检验证书、使用说明书以及有关标准和技术资料。凭样成交的,应提交成交样品。

(2)申请重量鉴定的,应提交国外的重量、水分检验证书和重量明细单。

(3)在办理国内委托检验时,申请人除按要求填写"委托检验申请单"外,还应提供检验的样品、检验标准和方法。国外委托人在办理委托检验时,还应提供有关函电、资料。

(二)填写报验申请单

报验所需各种单证准备完毕,报验员应填写"出口商品检验申请单(表11-2)"。

1. 报验申请单填写要求

(1)每张申请单一般只填写一批商品。

(2)填写的字迹要清楚、工整,不能涂改,不许出现错别字、生造的简化字、缩写字或简称。

(3)申请单要有申请的经办人签字,申请人(单位)加盖印章。

(4)申请的日期、时间必须准确无误。

表 11－2 报验申请单

中华人民共和国出入境检验检疫

出境货物报检单

报检单位（加盖公章）： ＊编 号__________

报检单位登记号： 联系人： 电话： 报检日期：

发货人	（中文）	
	（外文）	
收货人	（中文）	
	（外文）	

货物名称(中/外文)	H. S. 编码	产 地	数/重量	货物总值	包装种类及数量

运输工具名称号码		贸易方式		货物存放地点	
合同号		信用证号		用途	
发货日期		输往国家(地区)		许可证/审批号	
起运地		到达口岸		生产单位注册号	
集装箱规格、数量及号码					

合同、信用证订立的检验检疫条款或特殊要求	标 记 及 号 码	随附单据(打“√”或补填)	
		□合同 □信用证 □发票 ◆换证凭单 □装箱单 ◆厂检单	◆包装性能结果单 ◆许可/审批文件

需要证单名称(打“√”或补填)				＊检验检疫费	
□品质证书	_正_副	□植物检疫证书	_正_副	总金额（人民币元）	
□重量证书	_正_副	□熏蒸/消毒证书	_正_副		
□数量证书	_正_副	□出境货物换证凭单	_正_副	计费人	
□兽医卫生证书	_正_副	□	_正_副		
□健康证书	_正_副	□		收费人	
□卫生证书	_正_副	□			
□动物卫生证书	_正_副	□			

报检人郑重声明：	领 取 证 单	
1. 本人被授权报检。	日期	
2. 上列填写内容正确属实，货物无伪造或冒用他人的厂名、标志、认证标志，并承担货物质量责任。		
签名：__________	签名	

注 ＊—号栏由出入境检验检疫机关填写；◆—国家出入境检验检疫局制［1－2（2000.1.1）］。

(5)所有应填写的项目应填写齐全、译文准确、中英文内容一致。

(6)收发货人、商品的名称等应与合同、信用证所列一致，并且要填写全称，不得随意简化。

(7)商品的名称要填写与合同、信用证一致的具体商品的名称，不得自行简化或更改。

(8)商品的数量、重量、规格，除合同、信用证有规定或有国际惯例者外，其余一律使用国际标准计量单位。

(9)货物总值，一律填写进出口成交价(单位为美元)。如无出口成交价(例如出口预检时)的，填国内收购价。

(10)包装情况，主要填写运输包装如木箱、瓦楞纸箱、麻袋、塑料编织袋、麻布等。如果合同、信用证对包装另有要求的，应按要求填写。

(11)证书类别，属于两个以上检验鉴定项目的，需分别单独出证还是合并出证，要在备注栏内说明。

(12)运输工具、装货港、目的港，需按提单或装运单填写。如有转船的，要把转船的地点、船名按运程填写清楚。

(13)批次号和标志，要按照商品包装上所铸的批次号填写，保证单、证相符。

(14)证书的文种、份数，如需要何种文种或中外文对照的，以及需要增加证书副本数量的，要注明清楚。

(15)报验人对所需检验证书的内容如有特殊要求的，应预先在检验申请单上申明。

2. 纺织品预验跟单 一般来说，商品检验应在报关前办理。但有时为了方便对外贸易，商检机构对某些经常出口的、商品品质较稳定的、非易腐烂变质、非易燃易爆的商品等予以接受预先检验，防止不合格商品运抵口岸。部分纺织品与服装就属于该类产品，可以申请预验。

(1)申请办理预验的范围。申请办理预验的商品包括：

①整批出口商品。对已生产的整批出口商品，生产厂家已检验合格或经营单位已验收合格，而且货已全部备齐，堆存于仓库，但此时尚未签订合同或虽已签订合同而信用证尚未到达，致使不能确定出运数量、运输工具、唛头等。为使商品在信用证到达后及时出运，可以办理预先检验。在检验后，将已验商品确定划分存放，及早出运。如超过规定时限，则须重新报验。

②分批出口的商品。需分批出运的商品，可以整批货物提前统一办理预验。出口商品预验合格后，商检机构签发“出口商品检验换证凭单”或“出口商品预验结果单”。正式装运出口时，可在检验有效期内逐批向商检机构申请办理换证或放行手续。换证或放行时，由商检机构于查检合格后在“出口商品检验换证凭单”或“出口商品预验结果单”的登记栏内对货物数量予以登记核销。

③运往口岸的出口商品。对于运往异地的出口货物，应在货物产地的商检机构办理预先检验。检验合格的产品，由商检机构签发“出口商品检验换证凭单”，出口公司凭此到口岸商检机构办理报验手续。否则口岸商检机构不予接受报验或因检验不合格而增加不必要的麻烦和费用。

(2)申请办理出口预验的报验程序。首先,填写"出口商品预验申请单",其内容详见表11－3。其次,货物经商检机构工作人员检验后,若检验检疫机构签发的检验结果单是"出口商品预验结果单",则此单(正本)于商品出口时,由申请人凭其向原商检机构换证或办理放行手续;若检验检疫机构签发的是"出境货物换证凭单",则出口货物经营单位在货物出口时,凭此在口岸的商检机构办理换证或放行。出境货物换证凭单的内容详见表11－4。

表11－3 出口商品预验申请单

中华人民共和国进出口商品检验局:

兹有下列商品申请检验,请照章办理。　　　　预验号:

申请单位:　　　　　　　　　　　　　　地址:

日期:　年　月　日　　　　联系人:　　　　电话:

<table>
<tr><td colspan="4">商品名称</td><td colspan="5"></td><td colspan="2">商品编号</td><td></td></tr>
<tr><td colspan="4">规格</td><td colspan="5"></td><td colspan="2">卫生注册/许可证号</td><td></td></tr>
<tr><td colspan="4">数量/重量</td><td colspan="5"></td><td colspan="2">商检批号</td><td></td></tr>
<tr><td colspan="4">商品总值</td><td colspan="5"></td><td colspan="2">生产日期/批号</td><td></td></tr>
<tr><td colspan="4">预约工作日期</td><td colspan="5"></td><td colspan="2">货物存放地点</td><td></td></tr>
<tr><td colspan="4">检验依据</td><td colspan="8"></td></tr>
<tr><td colspan="9">所附单证(打"√"或补填)</td><td rowspan="2">包装状况</td><td colspan="2">性能检验结果单号:</td></tr>
<tr><td>厂检结果单</td><td>购销合同</td><td>外销合同</td><td></td><td></td><td></td><td></td><td></td><td></td><td colspan="2">包装准状况:</td></tr>
<tr><td colspan="9">申请预验项目证单(打"√"或补填)</td><td rowspan="2">计收费</td><td colspan="2" rowspan="2"></td></tr>
<tr><td>质量规格</td><td>数量重量</td><td>包装</td><td>安全卫生</td><td></td><td></td><td></td><td></td><td></td></tr>
<tr><td colspan="3">检验处评定意见</td><td colspan="7"></td><td>检验员:</td><td>复核:</td></tr>
<tr><td colspan="12">备注:</td></tr>
</table>

(三)抽样及检验

检验检疫机构按有关规定审核报验资料,符合要求的,受理报验并计收费用,并由施检部门实施检验检疫。首先施检人员应根据纺织品的种类、质量特征,确定抽样方法和计算样本量。

抽样时一般以报验企业所报验申请数量为一批,从中抽取具有代表性样品进行检验。纺织品检验的依据为有关检验标准和贸易合同、信用证。纺织品的检验包括产品的外观质量和内在质量检验。对产品的外观质量检验时一般结合检查其包装情况,即检验产品的外包装是否完整,有无破损、污染、水渍等不正常情况,查对品名、标志、批号、件数;查验内包装

表 11－4　中华人民共和国出入境检验检疫
出境货物换证凭单

编号：

发货人				
收货人				
品 名		报验数/重量		
H. S. 编号		申报总值		
产 地		生产单位及注册号		
生产日期		生产批号		
包装种类		标记及号码		
包装性能检验结果单号				
检验依据				
检验检疫结果	签字：	日期：　年　月　日		
本单有效期	截止于　年　月　日			
备 注				
分批出境核销栏	日 期	出境数/重量	结存数/重量	核 销 人

注 1. 货物出境时，经口岸检验检疫机构查验货证相符，且符合检验检疫要求的予以签发通关单或换发检验检疫证书；

2. 本单不作为国内贸易的品质或其他证明；

3. 涂改无效。

塑料布包裹松紧程度和塑料袋封口质量，拆包后检验商标是否正确，品质规格的标签是否完整，字迹是否清楚。外观质量和包装检验在现场进行，而内在质量检验是在外观质量检验的同时抽样后带回检验室检验。

（四）签证放行

对出口纺织品来说，检验检疫机构的签证期限一般控制在 10～15 个工作日，对进口纺织品的签证期限一般控制在 20 个工作日。报验员在领取证书后，要立即校对证书份数、证书内容。证书日期应早于提单日期。证书内容与结汇有关单证一致,如有不一致应及时提出,查明原因,由检验机构予以配合解决。已取得商检证书的商品应在规定的期限内发运出口,超过期限的应将原发商检证书全部退回,重新申请报验。通常情况下,纺织品在证单签发之日起60天内装运出口。

第二节　进出口报关跟单

纺织品报关是指纺织品在进出口前自行或由其代理人向海关如实申报纺织品的情况,并交验规定的单据文件,请求办理查验放行手续的过程。纺织品报关跟单是指在纺织品的报关中,跟单员或报关员准备报关材料、正确填写报关单及协助财务人员缴清税费,配合海关工作人员查验货物,使进出口纺织品顺利进出境的过程。纺织品报关跟单的基本业务流程如图11－2所示。

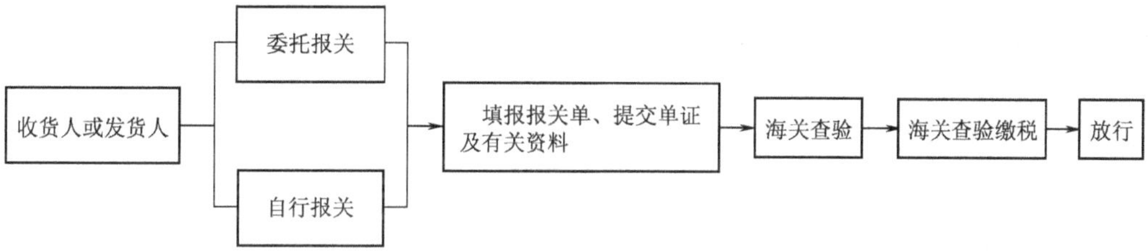

图11－2　纺织品报关跟单流程

一、报关准备

根据《中华人民共和国海关法》的规定,进口货物的收货人或其代理人应在货物的进境地向海关申报,申报期限为自装载货物的运输工具申报进境之日起14日内;出口货物的发货人或其代理人应在货物的出境地向海关申报,申报期限为货物运抵海关监管区后、装货的24小时以前。超过申报时限未向海关申报的,根据海关《中华人民共和国海关征收进口货物滞报金办法》征收滞报金,滞报金按日计征,其起征日为规定的申报日期的次日,截至收货人向海关申报,海关接受申报的日期。滞报金的日征金额为申报货物完税价格的5‰。以人民币"元"为计征单位,不足1元部分免予计征。

(一)单据的准备

为了做到如实申报,进出口纺织品的收发货人必须认真准备、检查申报必备的单证。并按不同的贸易方式和进出口商品的报关需要递交不同的单证,并使提交的单证齐全、有效、合法。

1. 进口货物报关时需要准备的单证

(1)由报关员自行填写或由报关预录入人员录入后打印的报关单。

(2)进口合同。

(3)进口货物的发票、装箱单。

(4)进口舱单。

(5)进口货物的提货单(或运单)。

(6)代理报关授权委托协议。

(7)进口货物属于国家限制或控制进口的,应交验对外经济管理部门签发的进口货物许可证或其他批准文件。

(8)商检部门签发的证明。

(9)海关要求的加工贸易手册以及减税、免税或免验的证明文件。

(10)其他海关监管条件所涉及的各类证件。

2. 出口货物报关时需要准备的单证

(1)由报关员自行填写或由报关预录入人员录入后打印的报关单。

(2)出口合同。

(3)货物的发票、装箱单。

(4)出口载货清单。

(5)装运单。

(6)代理报关授权委托协议。

(7)出口货物属于国家限制出口或配额出口的应提供许可证件或其他证明文件。

(8)商检部门签发的证明。

(9)出口收汇核销单。

(10)其他海关监管条件所涉及的各类证件。

(二)货物的准备

目前海关实行货到报关,因此提前将出口货物准备好是顺利通关的必要条件。如果是工厂送货,出口方可将货物发运到承运人指定的集装箱中转站,由中转站负责将货物依次装入集装箱。如果出口方要求厂装,则承运人可将空箱运至出口方的仓库,在将货物装箱之后,直接将集装箱运至堆场。出口方要到现场查看装货情况,并要求集装箱中转站按出口方的装箱方式装货。这样在一定基础上,能防止短装或装错,从而为顺利通关奠定基础。

进口货物的收货人可以在申报前向海关要求查看货物或者提取货样,以便对进口货物的情况有一个全面准确了解,避免在货物的收发时因双方信息沟通不畅或交付的单证不清楚造成申报不实。

二、填写报关单

报关单在对外经济贸易活动中具有十分重要的法律效力,既是海关对进出口货物进行监管、征税、统计、稽查的重要依据，又是进出口货物核销以及出口退税和外汇管理的重要凭证。因此申报人对报关单所填报的真实性和准确性要承担法律责任。表 11－5 为中华人民共和国海关出口货物报关单。

表 11－5　中华人民共和国海关出口货物报关单

预录入编号：　　　　海关编号：

<table>
<tr><td colspan="3">出口口岸</td><td colspan="2">备案号</td><td colspan="3">出口日期</td><td colspan="2">申报日期</td></tr>
<tr><td colspan="3">经营单位</td><td colspan="2">运输方式</td><td colspan="3">运输工具名称</td><td colspan="2">提运单号</td></tr>
<tr><td colspan="3">发货单位</td><td colspan="2">贸易方式
一般贸易</td><td colspan="3">征免性质
一般征免</td><td colspan="2">结汇方式</td></tr>
<tr><td colspan="3">许可证号</td><td colspan="2">运抵国（地区）</td><td colspan="3">指运港</td><td colspan="2">境内货源地</td></tr>
<tr><td colspan="2">批准文号</td><td colspan="2">成交方式</td><td colspan="2">运费</td><td colspan="2">保费</td><td colspan="2">杂费</td></tr>
<tr><td colspan="2">合同协议号</td><td colspan="2">件数</td><td colspan="2">包装种类</td><td colspan="2">毛重（千克）</td><td colspan="2">净重（千克）</td></tr>
<tr><td colspan="3">集装箱号</td><td colspan="3">随附单据</td><td colspan="4">生产厂家</td></tr>
<tr><td colspan="10">标记唛码及备注</td></tr>
<tr><td>项号</td><td>商品编号</td><td>商品名称、规格型号</td><td>数量及单位</td><td colspan="3">最终目的国（地区）单价</td><td>总价</td><td>币制</td><td>征免</td></tr>
<tr><td></td><td></td><td></td><td></td><td colspan="3"></td><td></td><td></td><td></td></tr>
<tr><td colspan="10">税费征收情况</td></tr>
<tr><td colspan="3">录入员　录入单位</td><td colspan="4">兹声明以上申报无讹并承担法律责任</td><td colspan="3">海关审单批注及放行日期（签章）</td></tr>
<tr><td colspan="3">报关员</td><td colspan="4"></td><td colspan="3">审单　　审价</td></tr>
<tr><td colspan="3">单位地址</td><td colspan="4">申报单位（签章）</td><td colspan="3">征税　　统计</td></tr>
<tr><td colspan="3">邮编　　电话</td><td colspan="4">填制日期</td><td colspan="3">查验　　放行</td></tr>
</table>

(一)填写报关单的基本要求

(1)报关单的填报必须真实,不能伪报、瞒报。要做到单证相符,单货相符。

(2)不同合同、不同运输工具、不同征免性质、不同许可证号的货物,不能填报在同一个报关单上。

(3)同一报关单上最多只能填报五项海关统计商品编号的货物。

(4)不同贸易方式的货物,应用不同颜色的报关单填报。

(5)报关单填写要准确、齐全,如有改动,应加盖校对章。

(6)对于海关放行后的出口货物,由于运输工具配载原因,全部或部分未能装载上原申报的运输工具的,出口货物发货人应向海关递交《出口货物报关更改申请》。

(二)报关单的填报内容

报关单的填报要规范,海关对进出口货物报关单的填制内容和规定要求非常具体和详细。

1. 预录入编号 预录入编号是指申报单位或预录入单位对该单位填制录入的报关单的编号,用于该单位与海关之间引用其申报后尚未批准放行的报关单。

报关单录入凭单的编号规则由申报单位自行决定。预录入报关单及EDI报关单的预录入编号由接受申报的海关决定编号规则,计算机自动打印。

2. 海关编号 海关编号指海关接受申报时给予报关单的顺序编号。海关编号由各海关在接受申报环节确定,应标志在报关单的每一联上。

报关单海关编号为9位数码,由各直属海关统一管理。各直属海关对进口报关单和出口报关单应分别编号,并确保在同一公历年度内,能按进口和出口唯一的标志本关区的每一份报关单。

各直属海关的统计、理单部门可以对归档的报关单另行编制理单归档编号。理单归档编号不得在部门以外用于报关单标志。

3. 进口口岸/出口口岸 进(出)口口岸指货物实际进(出)我国关境口岸海关的名称。本栏目应根据货物实际进(出)口的口岸海关选择填报《关区代码表》中相应的口岸海关名称及代码。

进口转关运输货物应填报货物进境地海关名称及代码,出口转关运输货物应填报货物出境地海关名称及代码。

无实际进出口的,填报接受申报的海关名称及代码。

4. 备案号 指进出口企业在海关办理加工贸易合同备案或征、减、免税审批备案等手续时,海关给予《进料加工登记手册》、《来料加工及中小型补偿贸易登记手册》、《外商投资企业履行产品出口合同进口料件及加工出口成品登记手册》(以下均简称《登记手册》)、《进出口货物征免税证明》(以下简称《征免税证明》)或其他有关备案审批的编号。

(1)加工贸易报关单本栏目填报《登记手册》编号;少量低价值辅料按规定不使用《登记手册》的,填报"C+关区代码+0000000",不得为空。

(2)凡涉及减免税备案审批的报关单,本栏目填报《征免税证明》编号,不得为空。

(3)无备案审批文件的报关单,本栏目免于填报。

备案号长度为12位,其中第1位是标记代码。备案号的标记代码必须与“贸易方式”及“征免性质”栏目相协调。例如贸易方式为来料加工,征免性质也应当是来料加工,备案号的标记代码应为“B”。

5.进口日期/出口日期 进口日期指运载所申报货物的运输工具申报进境的日期。本栏目填报的日期必须与相应的运输工具进境日期一致。

出口日期指运载所申报货物的运输工具办理出境手续的日期。本栏目供海关打印报关单证明联用,预录入报关单及EDI报关单均免于填报。

无实际进出口的报关单填报办理申报手续的日期。

本栏目为6位数,顺序为年、月、日各2位。

6.申报日期 申报日期指海关接受进(出)口货物的收、发货人或其代理人申请办理货物进(出)口手续的日期。

预录入及EDI报关单填报向海关申报的日期,与实际情况不符时,由审单员按实际日期修改批注。

本栏目为6位数,顺序为年、月、日各2位。

7.经营单位 经营单位指对外签订并执行进出口贸易合同的中国境内企业或单位。

本栏目应填报经营单位名称及经营单位编码。经营单位编码为十位数字,指进出口企业在所在地主管海关办理注册登记手续时,海关给企业设置的注册登记编码。

特殊情况下确定经营单位原则如下:

(1)签订和执行合同如为两个单位,填报执行合同的单位。

(2)援助、赠送、捐赠的货物,填报直接接受货物的单位。

(3)进出口企业之间相互代理进出口,或没有进出口经营权的企业委托有进出口经营权的企业代理进出口的,以代理方为经营单位。

8.运输方式 运输方式是指载运货物进出关境所使用的运输工具的分类。本栏目应根据实际运输方式按海关规定的《运输方式代码表》选择填报相应的运输方式。一般贸易方式下的运输方式通常为江河运输、铁路运输、汽车运输、航空运输和邮件运输。

9.运输工具名称 运输工具名称指载运货物进出境的运输工具的名称或运输工具编号。本栏目填制内容应与运输部门向海关申报的载货清单所列相应内容一致。

一份报关单只允许填报一个运输工具名称。一般贸易方式下的海运出口在本栏目填“船名/航次号”。

10.提运单号 提运单号是指进出口货物提单或运单的编号。本栏目填报的内容应与运输部门向海关申报的载货清单所列相应内容一致。

具体填报要求如下:

(1)江海运输填报进口提单号或出口运单号。

(2)铁路运输填报运单号。

(3)汽车运输免于填报。

(4)航空运输填报总运单号。

(5)邮政运输填报邮政包裹单号。

(6)无实际进出口的,本栏目为空。

(7)进口转关运输应填报货物进境时的提运单号,出口转关运输无法确定提运单号时,本栏目可以为空。

一票货物对应多个提运单时,应分单填报。

11. 发货单位 发货单位指出口货物在境内的生产或销售单位。本栏目应填报发货单位的中文名称或其海关注册编码。

12. 贸易方式 根据实际情况,按海关规定的《贸易方式代码表》选择填报相应的贸易方式简称或代码。一份报关单只允许填报一种贸易方式。

13. 征免性质 征免性质指海关对进出口货物实施征、减、免税管理的性质类别。本栏目应按照海关核发的《征免税证明》中批注的征免性质填报。或根据实际情况,按海关规定的《征免性质代码表》选择填报。一份报关单只允许填报一种征免性质。

14. 结汇方式 本栏填报出口货物的发货人或其代理人收结外汇的方式。应按海关规定的《结汇方式名称或代码》选择填报相应的结汇方式名称或代码。

15. 许可证号 应申领出口许可证的货物, 必须在许可号栏目填报发证机构签发的出口货物许可证的编号。

16. 运抵国 运抵国指出口货物按合同运输条款规定运抵的国家(地区)。

17. 指运港 指运港是指出口货物运往境外的最终目的港。

18. 境内货源地 境内货源地是指出口货物在国内的产地或原始发货地。

19. 批准文号 出口报关单本栏目用于填报《出口收汇核销单》的编号。

20. 成交方式 成交方式栏目应根据实际成交价格条款,按海关规定的《成交方式代码表》选择相应的成交方式代码。例如 FOB、CFR 和 CIF 的成交代码分别是“3”、“2”和“1”。

21. 运费 本栏目用于成交价格中含有运费的出口货物。可按运费单价、总价或运费率三种方式填报,同时注明运费标记,并按海关规定的《货币代码表》选择填报相应的币种代码。运费标记“1”、“2”和“3”分别代表运费率、运费单价、运费总价。填报方式分为三种:运费率/运费标记,币种代码/运费单价/运费标记,币种代码/运费总价/运费标记。

例如“5%的运费”应填写“5/1”,“30 美元的运费单价”应填写“502/30/2”,“9000 英镑的运费总价”应填报“303/9000/3”。

22. 保费 本栏目用于成交价格中含有保险费的出口货物。可按保险费率或保险总价填报,同时注明保险标记及相应的币制代码。保费标记“1”、“2”和“3”分别代表保险费率、保费单价和保险费总价。填报方式分为两种;保费率/保费标记,币种代码/保费总价/保费标记。

23. 杂费 杂费是指成交价格以外的、应计入完税价格或应从完税价格中扣除的费用,如手续费、佣金、折扣等,可按杂费总价或杂费率两种方式填报,同时注明杂费标记及相应的币制代码。应计入完税价格的杂费填报正值或正率,应从完税价格中扣除的杂费填报负值或负率。杂费标记“1”、“2”和“3”分别代表杂费率、杂费单价和杂费总价。填报方式分为两种:杂费率/杂费标记,币种代码/杂费总价/杂费标记。

24. 合同协议号　本栏目应填报出口货物合同协议的全部字头和号码。

25. 件数　本栏目应填报有外包装的出口货物的件数。

26. 包装种类　本栏目根据出口货物的实际外包装种类,按海关规定的《包装种类代码》选择相应的代码。

27. 毛重　毛重指货物及其包装材料的重量之和。计量单位为千克。不足1千克的填报1。

28. 净重　本栏目填报货物的实际重量,计量单位为千克。不足1千克的填报1。

29. 集装箱号　集装箱号指在每个集装箱箱体两侧标示的全球唯一的编号。本栏目填报集装箱号和数量。集装箱数四舍五入填报整数。

例如:TEXU3504614 * 1(1)表示1个标准集装箱。

30. 随附单据　随附单据指随出口货物报关一并向海关递交的单证或文件。合同、装箱单、发票、许可证等必备的随附单据不在本栏目填报。本栏目应按海关规定的《监管证件名称代码表》选择相应的代码。

31. 生产厂家　生产厂家指出口货物的境内生产企业。

32. 标记唛码及备注　本栏目填报标记唛码中除图形以外的文字、数字。

本栏目下部供填报随附单据栏中监管证件的编号,具体填报要求为:“监管证件代码:监管证件号码”。

33. 项号　项号分两行填报及打印。第一行打印报关单中的商品排列序号。第二行专用于加工贸易等已备案的货物,填报或打印该货物在《登记手册》中的项号。

34. 商品编号　商品编号指按海关规定的商品分类编码规则确定的商品编号。

35. 商品名称、规格型号　本栏目分两行填报及打印,第一行打印出口货物规范中文商品名称,第二行打印规格型号,必要时可加注原文。

36. 数量及单位　数量及单位是指出口商品的实际数量及计量单位。

本栏目分二行填报及打印。第一行按海关法定计量单位填报或打印;凡海关列明第二计量单位的,必须在第二行填报该商品第二计量单位和数量;无第二计量单位的,第二行空白;当成交计量单位与海关法定计量单位不一致时,还需在第三行填报成交计量单位及数量。

37. 最终目的国(地区)　本栏目根据货物的最终实际消费、使用或进一步加工制造国家(地区),按海关规定的《国别(地区)代码表》选择填报。

38. 单价　本栏目填报同一项号下出口货物实际成交的商品单价。无实际成交价格的,填报货值。

39. 总价　本栏目应填报同一项号下出口货物实际成交的商品总价。无实际成交价格的,填报货值。

40. 币制 币制是指出口货物实际成交价格的币种。按海关规定的《货币代码表》选择填报。

41. 征免 征免指海关对进出口货物进行征税、减税、免税或特案处理的实际操作方式。本栏目按海关规定的《征减免税方式代码表》选择填报。

42. 税费征收情况 本栏目供海关批注进出口货物税费征收及减免情况。

43. 录入员、录入单位 本栏目用于预录入和 EDI 报关单时，打印录入人员的姓名和录入单位的名称。

44. 申报单位 自理报关的，应填报货物的经营单位名称及代码；委托报关的，应填写经海关批准的专业或代理报关企业名称及代码。

45. 海关审单批注栏 供海关内部作业签注的总栏目。

三、配合查验

查验是海关对进出口货物实施监管的一种具体行为。即通过对进出口货物进行实地核查，确定单货、证货是否相符，有无瞒报、伪报和申报不实等走私违规行为，并为今后的征税、统计和后续管理提供可靠的监管依据。当海关决定查验时，将查验的决定以书面通知的形式通知进出口货物的收发货人或其委托人，约定查验的时间。查验的时间一般在海关正常工作时间内。查验的地点一般在海关的监管区。

海关查验货物时，进口货物的收货人、出口货物的发货人或其授权报关员应当到场，配合海关查验，并应做以下工作：

(1)负责协助搬移货物，开拆和重封货物的包装。

(2)了解和熟悉所申报货物的情况，回答海关查验人员的询问，提供海关查验所需要的单证和资料。

(3)协助海关提取认为需要作进一步化验、检验或鉴定的货样，收取海关出具的《取样清单》。

(4)查验结束后，应认真核对海关查验人员填写的《海关进出境货物查验记录单》，并在《查验记录单》上签名、确认。

四、缴纳税费

根据《中华人民共和国进出口关税条例》规定：纳税义务人应当自海关填发税款缴款书之日起 15 日内到海关指定银行缴纳税费，纳税义务人未按期缴纳税款的，自滞纳税款之日起，按日加收滞纳税款的万分之五的滞纳金。进出口货物的收发货人应及时缴纳税费，避免产生滞纳金。纳税人缴费后，应及时将盖有银行收讫章的税费缴款书(第一联)交至开具税费缴款书的海关以便及时核销税款。跟单员应妥善保管税费缴款书，防止税单遗失。

五、放行

放行是口岸海关监管现场作业的最后一个环节。口岸海关在接受进出口货物的申报后，经过审核报关单据、查验实际货物，并依法办理了征收货物税费手续或减免税手续后，在有关单据上签盖放行章，海关的监管行为结束，在这种情况下，放行即为结关。

进出口货物收发货人或其代理人签收海关加盖“海关放行章”戳记的进口提货或出口装货凭证，凭已到货物进出境地的港区、机场、车站、邮局等地的海关监管仓库提取进口货物或办理将货物装运上运输工具运离关境的手续。

对于保税加工贸易进口货物，经海关批准暂时进出口货物、转关运输货物以及其他口岸海关未缴纳税款的进口货物，口岸海关接受申报以后，经审核单证，符合规定的，即可以放行转为后续管理。

加工贸易进口货物的经营单位应在加工贸易合同规定的期限内接受海关对其进口、复出口及余料情况进行核对，若部分货物被批准可以内销，应办理补证、补税手续，并对备案的加工贸易手册予以销案。对于暂时进口货物复运出口或者暂时出口货物复运进口，应到海关及时办理有关纳税销案手续，结束海关的监管行为。

思考题

1. 简述纺织品报验的跟单流程。
2. 什么是法定检验？
3. 简述纺织品通关的跟单流程。
4. 进出口纺织品报验时应提供哪些单证？
5. 出口时向海关报关须提交哪些主要单证？
6. 简述纺织品预验的跟单流程？
7. 纺织品的报关单主要内容有哪些？各项内容应如何填报？
8. 海关计收关税时主要采用哪几种方法？
9. 我国海关关于滞报金的收取是如何规定的？
10. 结合当前实际，说说我国出口退税制度主要内容。

第十二章　纺织服装外包跟单

本章知识点

1. 外包业务的概念、分类及动因。
2. 外包业务的基本流程。
3. 跟单员外包跟单的控制重点。
4. 外包质量管理跟单的主要内容。
5. 外包企业管理的主要内容。

第一节　外包概述

一、外包的概念

外包(Outsourcing),直译为“(充分利用)外部资源”。简言之,是指企业根据样品、图纸、规格、技术标准或其他交易条件,将所需求的物料或货物委托给其他的企业承制。它是企业整合利用外部较优秀的、专业化的资源,加强外部经济技术合作,从而降低本企业生产成本和管理成本,有效提高生产效率、充分发挥自身核心竞争力和增强企业对环境的快速应变能力的一种管理模式。广义的采购应包括外包,但在实际工作中,外包与采购在实务操作中还是有许多差异的。

(一)外包的类型

1. 按外包加工程度分类

(1)成品外包。它指由本企业提供材料或半成品供外包制成成品,其外包加工产品交付后即可当作成品销售或可直接由外包厂商交运。在纺织企业里,成品外包体现为成衣、羊毛衫、羊绒衫或其他纺织成品的外包。

(2)半成品外包。它指由本企业提供材料、模具或半成品供外包企业生产,其外包加工的产品尚需送回本企业再经过加工才能完成成品者。在纺织外贸中,毛毯深加工等即属于半成品外包。

(3)材料外包。产品制造需要加工的材料,由于本企业无此种设备(或因设备不足)需要外包加工才能为本企业所使用者。在纺织企业里,诸如纽扣、外包装盒(含内衬)、商标、洗涤标等纺织用辅料,均可实施材料外包业务。

2. 按外包合同性质分类

(1)包工包料。也称成品外包(协),是将整个成品的生产任务外包(协)给其他生产企业,生产企业不仅负责采购原材料、辅料等生产资料,而且要按发包方的工艺要求组织生产加工,发包企业按事先商定的标准进行验收并支付货款。

(2)包工不包料。这是由发包企业提供原材料、辅料、模具等生产要素,外包(协)企业只负责生产加工,收取加工费(俗称工缴费)。

无论是包工包料还是包工不包料,发包企业都要派出跟单员到生产企业进行跟单,跟踪质量和交货期。

(二)外包的动因

(1)缺乏自制设备或产能不足。企业没有自制的能力或能力不足,或生产负荷大于实际产能,必须以外包来满足自己的需求。

(2)来源众多,成本合理。如果自制成本大于外包成本或者供应商很多,随时随地能以合理价格采购物品,企业则没有设厂自行生产的必要,应以采购或外包来满足其需求。

(3)临时性需求突然增加。在销售旺季,临时性需求增加,宜以外包来应付额外的数量;若设厂生产,在淡季时必然使得生产设备闲置。

(4)产品结构复杂。若产品是由许多的零部件组合而成,而各项零件的生产都有它独特的技术或材质,企业自然没有完全"自给自足"的能力,至少仍有部分需要向外订购。

(5)依法不得自制。供应商的产品依法享有专利权,或是政府限制生产的产品,而本企业没有获得专利许可权,买方不能设厂生产,只有向外界购入或委托生产。

(6)品质要求。外包(协)可以获得较佳的品质。

(7)技术原因。依本企业的现有技术条件和水平无法解决。

(8)能源因素的考虑。企业生产期间,突遇电力等能源动力的短缺。

在上述众多的原因中,有些是企业内部的原因(如产能、成本、设备、技术等),有些是企业外部的某些因素(如能源动力等)发生了意想不到的变化,导致生产时间耽搁,从而面临交货期限的延误。为了保证交货期,需要寻求其他生产企业的帮助,即将一部分生产任务外包外发至其他生产企业,在短时间内形成较大的生产能力,最终完成交货任务。

(三)不适宜开展外包业务的情形

尽管外包业务能体现出它应有的各方面优势,但在实际业务中,并不是所有的业务都适合于外包。有些情形应该避免开展外包业务,有些情形应该谨慎实施外包,有些情形甚至应该禁止开展外包业务。

1. 应该避免开展外包业务的情形

(1)原材料较为贵重,不宜进行外包(协)作业,如羊绒衫、羊绒大衣的生产等。

(2)原材料或成品在运输过程中,极易破损或变质。

(3)原材料或成品的体积(或重量)过大,会造成高额的运费。

(4)外包(协)数量太少,金额过小,而管理成本过高。

(5)外包(协)的成本与自制成本相差无几。

2. 应该禁止实施外包业务的情形

(1)有可能泄露本企业的生产技术或机密的,如女式时装(新款)的生产等。

(2)外包(协)的交货期不能符合本企业的要求的。

(3)外包(协)的品质达不到本企业的要求的。

(4)外包(协)的成本大于本企业生产成本的。

(5)成品无法进行检验的,如填充性的长毛绒玩具的生产等。

二、外包业务流程

外包业务的基本流程如图 12-1 所示。

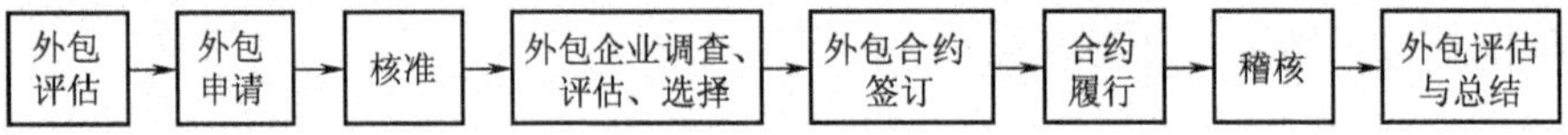

图 12-1　外包业务流程

(一)外包的评估

根据所需商品的生产工艺和本企业的生产现状,对候选承包企业进行比较分析,做出是否需要外包(协)的评估报告。如果外包比自制更为有利,跟单员可提出“外包申请单”呈报生产部主管审批。

(二)外包申请

根据上述的评估报告,确需外包(协)的生产订单,应该及时提出申请,同时为选择外包(协)加工企业做好前期准备工作。

(三)外包企业调查、评估、选择

选择外包(协)生产企业除了加工生产能力、加工生产设备、员工素质、质量意识和控制手段、信用度外,还需考虑以下因素:

(1)价格。外包(协)价格高低对本企业的利润影响很大,在“包工包料”和“包工不包料”的价格中,在不影响成本的前提下,尽可能采用“包工不包料”的价格为妥,这是因为“包工包料”会涉及需要花费时间确认原材料的问题,因此会影响交货的时间。

(2)交期。在确定交期时,要有适当的提前时间,预留的时间主要是考虑到办许可证/配额、商检(客检)、报关等所需的时间。

(3)数量。要视外包(协)生产企业的生产能力,决定给予相当(或略低)的生产数量。

(4)交易条件。如交货地点、运输方式、包装方式、付款方式、违约责任等。

(四)外包合同的签订

在确定外包(协)加工企业后,需要依外包(协)的方式不同而与外包(协)加工企业签订不同内容的合同。并对违约责任予以明确。

(五)合同的履行与跟单

如果将签订外包(协)合同看成完成生产任务的基础,那么合同的履行是完成生产任务的保障。在合同的履行期间,委托加工方要派出跟单员跟踪生产任务完成情况。

(六)外包评估与总结

在完成本次外包(协)的跟单任务后,跟单员必须整理资料,交公司归档,同时要对本次外包(协)进行总结,以利于再有类似订单时,迅速选择外包(协)加工企业。

三、跟单员在外包跟单业务中的控制重点

外包业务中,跟单员的跟进是必要的,而且是重要的。跟单员在跟进外包业务过程中,应注意的控制重点主要有以下几个方面:

(1)经比较外包确实比自制有利。

(2)外包应依"外包作业程序"办理,经确定后应与外包企业订立加工合约,合约中应明确质量标准、交货期、收料规定等。

(3)对外包企业的设备能力与容量、财力状况、质量及交货期等资料必须经调查后建立。

(4)应由质检部门或生产跟单员不定期往外包加工企业处提验质量或盘点。

(5)外包的余料、废料等的回收规定必须合理,超额使用应依合约规定赔偿。

(6)外包企业应按期交货,经质检部门验收合格后由仓库办理收料,对于质量不良者,除退回返工外,超过允许损耗率应于加工款中扣除。

(7)外包企业所发生余废料应依合约规定缴回。

(8)查核财务对外包企业的支付应与合约规定相符,如付款条件、收款人等必须一致。

(9)外包的供料应依所需加工计划量逐批供料,不可一次全部交运。外包量与外包合约以及外包申请与期限必须相符。

(10)对外包的物料周转日数应控制在60天之内。

(11)生产跟单员应经常与外包企业保持联系,并给予指导,加强其管理能力,以符合公司的标准要求。

(12)生产跟单员应将外包企业的有关资料,依其类别归档追踪管理控制。

第二节　外包质量管理

外包质量管理是生产跟单员在外包跟单中的重要作业之一,包括外包质量检验、控制、辅导与提升等内容。

一、外包质量检验

外包企业送部件时,生产跟单员及质量检验人员必须通过抽样的方式对质量进行检验,并最后做出该批产品是接收还是拒收判断。它是任何一个实施外包的企业都应具有的基本步骤。

外包质量检验是在生产前第一个控制质量的关卡。如将不合格品放在生产过程中,则会导致生产过程或最终产品的不合格,造成企业更大的损失;如把合格品拒收,则使外包企

业蒙受损失，同时也影响到本企业生产进度，间接影响本企业成本。

外包质量检验的要点如下：

(1)外包质量检验并不意味着必然对产品进行实物检查，有时仅仅是对供应方提供的附属检验项目的验证。

(2)外包质量检验的宽严程度与外包企业的质量保证程度有一定的关联。对于一家刚刚供货的新外包企业的产品，一般按正常抽样标准来检验，甚至对一些关键物料进行100%全数检验；对于供货历史很长，极少出现质量问题的外包企业，则会放宽检验，直至免检。

(3)绝大多数货物是依据质量检验报告来接收的。

①如果进货符合质量检验标准，则进行标记后转入货仓或进入正常生产程序。

②如果发现来料不符合质量检验标准，应对货物进行隔离。

③如果时间紧迫，来不及对进料质量判定就必须下线生产时，则必须加以明确标记并具有可追溯性；一旦发现来料质量不合格时，应隔离用此批物料加工的产品，并采取补救措施。

二、外包质量控制

在选择外包企业过程中，质量控制显得尤为突出和重要。

(一)选择合格外包企业

跟单员在选择合格外包企业时，其评判标准可参考以下几方面因素：供应优质的产品、发货准时、发货数量准确、价格合理、服务良好等。

(二)合约控制

1. 质量保证协议　企业应与外包企业达成明确的质量保证协议，以明确规定外包企业应负的质量保证责任。协议可包括下列一项或多项内容：

(1)信任外包企业的质量体系。

(2)随发运的货物提交规定的检验/试验数据以及过程控制记录。

(3)由外包企业进行100%的检验/试验。

(4)由外包企业进行批次接收后抽样检验/试验。

(5)实施本企业规定的正式质量体系。

(6)对本企业或第三方外包企业的质量体系进行定期评价。

(7)内部接收检验或筛选。

2. 验证方法协议　与外包企业就验证方法达成明确的协议，以验证是否符合要求。

3. 解决争端协议　应制订有关制度和程序，以解决外包企业和本企业之间的质量争端或争议。

(三)验收

建立一个中心验收点，所有收货都应通过这个点办理。验收部门应独立于采购、发运、财务和存货控制等职能之外。所有产品收货都要有已经批准的购货订单副本作凭证，任何在购货订单内的来货应有适当高一级管理人员的书面批准为准。收货应由质量检验部门检查、点数、称量或度量，至少必须抽查试验或检验合格。在验收时，发生存货拒收，应清楚地持签表明，分隔储藏于仓库，并在财务报告中恰当记录。凡发生应由运输人或销售人员负责的材料短缺、材料损坏或退货等情况，应立即办理追索。

(四)检验

1. 明确标准 将技术标准和管理标准转化为明确的质量检验标准，使检验人员知道什么是合格、什么是不合格。

2. 度量 要对产品的一个或多个质量特性，通过物理的、化学的和其他科学技术手段和方法进行观察、测量、试验，取得产品质量的客观数据。

3. 对比 将实际度量结果与质量标准相对比，以检验质量特性是否符合要求。

4. 判定 根据对比结果，判断单件产品或一批产品是否合格。

5. 处理 对于不同的检验类型采用不同的处理方式；对单件产品经检验合格则放行，不合格的则做出标记后隔离存放；对工序检验不合格的，则决定停产或调整；对原材料检验不合格的，则不能入库，需退回。

6. 记录 每次检验，都要有记录，并出具"验货报告"，同时要求外包企业的负责人签字确认，以便在下一次复检中，作为凭据。

三、外包质量辅导

外包企业质量辅导，是指因外包企业质量不够好或必须提高，为使企业本身能够在较长时期内降低成本和提升质量，跟单员必须对提供质量和价格相对较低的中小型外包企业采取一定的辅导，使其质量得到提升。

在现代企业关系中，不管是下游的客户还是上游的外包企业，都是企业合作伙伴，都与企业有直接或间接的关系。外包企业的质量状况会直接影响发包企业的产品质量、成本、效率、市场形象等。因此，对外包企业实施扶持计划是有必要的。

外包企业质量扶持计划一个流程通常需要 3 ~ 6 个月时间。如若时间太短，则难以取得成效；如若时间太长，则企业本身成本会相对较大，且因时间太长，外包企业人员配合起来也较为困难。

外包企业质量扶持的启动是根据发包企业本身特点来决定。我国东部地区纺织企业多设立专门扶持外包企业的部门。对于纺织企业来说，通常在以下几种状况下启动该部门的相应工作计划。

(1)为使本企业产品走向更高端，计划在质量上要有较大的提升。

(2)企业在做策略转移时，以使成本下降。

(3)企业本身已有一批低价质量的外包企业，并且该外包企业都已有长期配合的强烈愿望和基本条件。

(4)一批长期配合且配合较好的外包企业在近一段时间内质量有大幅下降时。此时大部分原因都是外包企业管理体系出了问题，用通常的抱怨不能解决根本问题，而如果通过扶持去改善管理体系，会有很大正面的作用。

采取对外包企业质量扶持首先要由质检部门主管根据现已有的外包企业，从中选出合适的外包企业，制订合适的可行性方案交由高层主管核准，成立外包企业扶持项目小组，会同采购探讨，了解候选外包企业的各种背景，进一步筛选外包企业。之后得出最后扶持的外包企业，再制订扶持计划，由高层主管核准，具体启动流程见图 12－2。

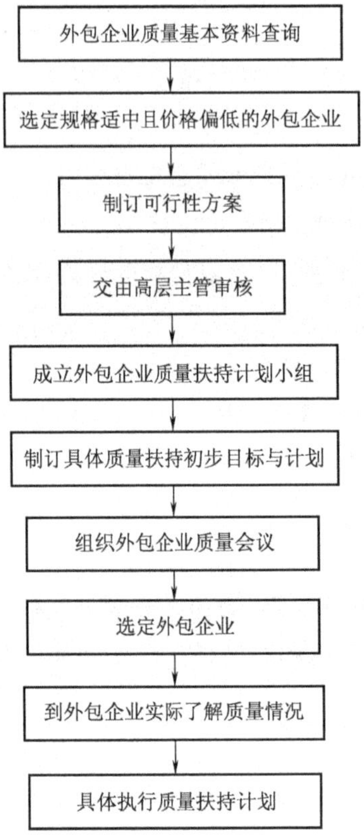

图 12－2　外包企业质量扶持启动流程图

四、外包质量提升

生产跟单员及进料质量检验员（IQC）是企业与外包企业打交道的窗口，同时也是控制外包企业质量的关口。生产跟单员及 IQC 的工作进行得如何，直接关系到本企业在外包企业中的形象、企业的成本、产品质量的风险等。因此，在对企业外包的质量检验中，应注意加强以下几个方面的工作，以全面提升外包的质量。

（一）抽样严谨

企业在进行外包质量检验时，由于受人力、物力、成本、时间、来料特性等影响，绝大部分需要或者必须做抽样检验，而抽样检验本身就是一个统计学概率的工作，存在着风险。这种风险可能会使不良品或不合格品由于漏检而进入生产线，也可能把合格品判退，给外包企业造成损失，从而间接造成企业的损失，所以在抽样时，一定要尽可能让样本反映母体质量状况，在抽样计划中，根据现行的国家标准或国际标准，在抽样数上可以控制在 5% 以下的风险率。

（二）“客观公正”地判定质量

进料质量检验过程中，进料检验员经常会同外包企业人员接触，容易被“情感氛围”所左右，在质量检验时容易形成主观意识，造成对外包企业的判定标准有所差异；有时候受跟单员个人情绪影响，检验和判定可能出现波动或误差，因此进料检验员和跟单员一定要注意公正客观评判。

（三）尊重外包企业

IQC 代表本企业行使质量检验的权力，从大局上说，任何一个外包企业均是本企业的合作伙伴，IQC 应在客观判定质量和平等心态的基础上与外包企业人员有一个良好的沟通，也可加以指引，这样不仅能让本企业和外包企业获得“双赢”，同时又能体现个人的价值和魅力。

（四）以综合因素全面判定

在进料质量检验中，可能会遇到一些质量与时间、成本、效率上的冲突。如原物料需要紧急上生产线，而检验来料发现有一些“小问题”，按原有标准不能收下；但考虑到公司的采购策略是采用较低价格的原材料，虽然与原定质量目标有差异，但还是有可能收下等状况。

(五)尽量不要特采

特采在制造业一般是遇到以下四种状况时才会采用：

(1)来料检验而需紧急上线。

(2)已检验出为不合格品，但问题不是很严重，而完全退货时间又不够，且可以经过全检和挑选使用，并经双方协商达成协议。

(3)采用低价采购策略，而质检部门的质量要求标准还未及时得到更改。

(4)与外包企业在下订单时就达成某项协议，当有不合格品时其所有相关责任则由外包企业承担，但这种状况并不多见。

这些均表明，特采不符合产品质量的零缺点目标，而是被形势所"逼"，但对一个严谨的企业，应避免这些状况，否则会给以后的质量带来更多的问题和损失。

(六)在检验过程中完善标志

在实际工作中，容易出现在同一个时间段内相同或不同外包企业送来多个批次或多个品种的原材料。在抽样的作业过程中，也可能出现同时抽取多个多种原材料，如没有区分好，很容易出现在企业内部的混料，甚至将合格品、不合格品和待检品区分不清，这样也就无法判定了。因此可用标签标记区分待检品、不良品、合格品等，最好是用贴有颜色的标签以示区分(图 12－3)。

合格标签

××公司检验不合格品			
编　号		品　名	
规　格		数　量	
外包企业		检验日期	年　月　日
检验人员：			
跟单员：			

注　可使用蓝白字。

不合格标签

××公司检验不合格品			
编　号		品　名	
规　格		数　量	
外包企业		检验日期	年　月　日
检验人员：			
跟单员：			

注　可使用红底黄字或黄底红字。

图 12－3　颜色标签

第三节　外包企业管理

生产跟单员要做好外包跟单工作，必须加强外包企业管理。合适的外包企业能提供合适质量、足够数量、合理价格的外包产品，并能准时地交货以及提供良好的售后服务。

一、外包企业调查

为了做好外包企业管理，生产跟单员应先期介入外包活动，即进行外包企业的调查。外包企业调查是外包工作的第一步。生产跟单员对外包企业了解越多，就越有利于对外包企业的管理，从而也就越有利于跟单工作的顺利进行。

（一）外包企业调查的内容

外包企业调查主要包括：企业管理水平、专业技术能力及水平、机器设备情况、材料供应状况、质量控制体系及能力、财务及信用状况及管理规范制度等。

（二）外包企业调查的方法

对外包企业的调查可以采取发放问卷、面谈、要求外包企业提供相关资料、对外包企业工厂进行实地考察等方式。在实际操作中，往往把这些方法结合起来使用。

1. 问卷调查法　在设计调查问卷表时，跟单员应注意设计的问题的相关性、问题的形式、问题的用词表达和问题的次序等。表 12－1 为某纺织集团公司外包企业调查问卷表，仅供跟单员调查研究过程中参考。

表 12－1　外包企业调查问卷

外包企业：______ 代码：______ 公司名称：______ 地　　址：______ 电　　话：______ 传真：______ 成立日期：______ 资 本 额：______ 负 责 人：______ 姓　　名：______ 职称：______		
主要客户：______ 代码：______ 公司名称：______ 地　　址：______ 电　　话：______ 传真：______ 联 络 人：______ 地　　址：______		
填表人：	职称：	日期：

续表

附件：			
请外包企业回答下列有关贵公司的诸事宜	是 YES	否 NO	其他 N/A
1. 对本公司所购物料是否有专人负责检验、测试及改进？（如有，请告知其姓名及职称） 姓名：　　　　　　　　　　职称：			
2. 此人是否有权停止出货，以改进本公司所购物料？			
3. 贵公司是否切实了解并接受本公司所订规格，且须严格控制质量以符合规格？			
4. 贵公司是否有审核原物料外包企业的正式程序？			
5. 贵公司是否留有物料接收检验记录及外包企业审核记录？必要时可否提供本公司参阅？			
6. 贵公司出货前是否做最后总检验？			
7. 贵公司是否有足够的检验量具及测试设备用以检验本公司所购产品是否符合规定？			
8. 贵公司是否对定期调整量具及测试设备留有记录？			
9. 贵公司是否订有作业程序的检验方法？当物料、工具、作业程序或设计有重大改变时，此检核方法是否对作业程序重新检核？			
10. 贵公司物料、工具、作业程序或设计有重大改变时，是否会先行通知本公司？			
11. 贵公司检验和测试记录是否会详尽载于产品上或随附文件上？			
12. 贵公司是否遵循所订的程序执行检验和测试？			
13. 贵公司是否随货附有检验结果、检核单或核准单？			
14. 贵公司凡产品设计变更或版本更新，是否均能将第一批样品的检验报告交本公司？			
15. 贵公司检验报告是否均留有记录？如有必要是否可供本公司参阅？			
16. 贵公司检验及测试程序及日后的程序变更，是否可通知本公司查询？			
17. 贵公司开发中心是否有常设的控制系统，以封锁方式来掌握产品质量？			
一般评论：			

注　可使用红底黄字或黄底红字。

2. 实地考察法　生产跟单员在实地考察时主要通过“望”、“闻”、“问”、“阅”等方法获取相关资料和信息，需收集和观察的信息主要包括：设施和关键设备的使用年限、研发系统及设施、员工水平和经验、技术流程与控制、全面质量管理原则及贯彻情况、进度安排和优先排序系统的自动化程度、工厂作业管理、订单处理流程和进度安排、环保设施、质量检测手段等。

3. 其他调查方法 对外包企业的调查方法还有很多，如同行交流获取信息；问询客户或客户自我介绍；客户自行上门寻求合作时及时了解相关信息；国内外展览会、展销会、订货会等收集信息；案头调研，包括查阅国内外贸易指南、浏览国内外新闻媒体（财经媒体）、查阅行业协会的会员名录或产业公报和查阅有关统计年鉴或调研报告等。

二、外包企业评审

生产跟单员调查收集了外包企业的资料之后，就必须对这些外包企业进行评审，以利于对外包企业的管理。

（一）成立评审小组

外包企业的评审，第一步应该是成立评审小组，对合格外包企业的各项资格或条件进行分析及审议。小组的成员可以由采购部门、工程部门、生产部门、质量保证部门、财务部门及公共关系等部门的人员组成，必要时还可以成立外包企业评审委员会。各类评审表见表12－2～表12－5。

表12－2　外包企业表现考核评分表

部　　门：________________　编　　号：________________　共______页第______页

外包企业：________________　外包企业编号：________________

供应商品：________________

序号	外包企业交货期表现			外包企业交货质量表现
	计划交货日期	实际交货日期	扣　分	
1				□合格接收　□让步接收　□批退拒收
2				□合格接收　□让步接收　□批退拒收
3				□合格接收　□让步接收　□批退拒收
4				□合格接收　□让步接收　□批退拒收
5				□合格接收　□让步接收　□批退拒收
6				□合格接收　□让步接收　□批退拒收
7				□合格接收　□让步接收　□批退拒收
8				□合格接收　□让步接收　□批退拒收
9				□合格接收　□让步接收　□批退拒收
10				□合格接收　□让步接收　□批退拒收
11				□合格接收　□让步接收　□批退拒收
合计	累计扣分：			一次检验合格率＝（累计合格接收批次/合计交货批次）×100%
交货期表现分数＝100－累计扣分＝　　（分）				
交货质量分数＝（一次检验合格率×200）－100 ＝　　（分）				

续表

综合表现分数 = 交货期表现分数 ×40% + 交货质量分数 ×60% =　　（分）	
单员：	日期：

表 12－3 外包企业交货考核表

交货期情况	扣分标准	总分数(月度或季度)
交货期延迟 3 天以内	每延迟一天扣 1 分	100
交货期延迟 5 天以内	每延迟一天扣 2 分	
交货期延迟 5 天以上	每延迟一天扣 3 分	
实际交货延迟________天	扣分：　　分	得分：　　分

表 12－4 外包企业分级管理表

综合分数	评价	级别	措施
>95	优秀	A	与可靠的外包企业来往，建立长期伙伴关系，必要时可在价格、付款等方面采取优惠政策
85～95	优良		
75～84	良好	B	督导改善，限量采购
60～74	及格	C	督导改善，改善前仅在紧急采购时采用，选择后备外包企业
<60	差	D	取消外包企业资格，选择新的外包企业
考核评审结果： 1. 对定为 A、B、C 级的外包企业继续采用，保留合格外包企业资格 2. 对 B、C 级外包企业，采购主管及质检部主管共同负责对其提出改善要求，并督导及追踪、查核 3. 对 D 级外包企业，取消合格外包企业资格，由外包企业评审委员会负责将其从“合格外包企业资格”中删除 4. 对多次要求改善而没回复、没行动的外包企业，外包企业评审委员会可考虑取消其合格外包企业资格			
跟单员：			日期：

表 12－5 外包企业条件比较表

材料名称：________________________________

外包企业 项　目			
规　格			
单　价			
交货期			
交货地点			
付款地点			
包装方式			
不良品处理			

续表

项目 \ 外包企业			
品质保证能力			
工艺水平			
服务质量			
财务状况			
技术水平			
总评	□采用 □列入考虑 □不予采用	□采用 □列入考虑 □不予采用	□采用 □列入考虑 □不予采用
备注			

批准人	审核人	报告人
跟单员：	日期：	

(二)决定评审的项目

由于外包企业之间的条件可能互有雷同,因此,必须有客观的评审项目作为选拔合格外包企业的依据。评审项目通常包括:一般经营情况、供应能力与协调、技术水平、物料质量与价格情况、管理制度、质量保障与控制能力、后续服务能力,等等。

(三)设定评审项目的权数

针对每个评审项目,权衡彼此的重要性,分别给予不同的权数。不过,无论评审项目多少,各项目权数的总和必定是1(100%)。

然而每个评审项目的权数在评选小组各组员之间,仍必须按其专业程度加以分配。譬如以技术能力而言,生产人员所占的该项权数的分配比率应该比其他组员高。

评选小组决定了外包企业的评审项目及权数后,可将外包企业调查问卷送交相关外包企业填写。然后进行访谈或实地调查,并定期召开评选会议,按照外包企业资格评分表进行评定工作。

(四)合格外包企业的分类分级

合格外包企业分类是按各供应的专业程度予以归类,分级是将各类的合格外包企业按其能力划分等级。分类的目的是避免外包企业包办各种采购物件,预防外行人做内行事;分级的目的是防止外包企业大小通吃,便于配合采购的需求,选择适当的外包企业。

通常,生产跟单员最不欢迎"什么都能交,什么都做"的外包企业。因为他们通常并非专业外包企业,对物品的性质或施工技术并不十分熟悉,且多在拿到订单后,才寻找来源。一旦交货有问题或质量出错,一般缺乏能力解决,且极力逃避责任。换言之,在高度分工专业化的时代,每一个外包企业应有其"定位"——最专精的产品或服务。因此,外包企业的分类及分级可以避免"鱼目混珠",达到寻求最适当供应源的目的。

三、外包企业关系的开发与维护

外包企业关系的开发是指与外包企业建立合作伙伴关系，把外包企业纳入企业的供应链管理中来。

许多企业正在逐渐认识到建立好的外包企业关系的重要性。过去，许多企业把自己的外包企业看成对手，并在此基础上与他共事。其实好的外包企业关系可以带来许多好处，使外包企业能够接受交付时间、质量、数量的改变，有利于发包企业的发展。另外，外包企业还总能帮助发现问题，提出解决建议。因此，单纯依据价格选择和变换外包企业，不能满足不断变化的需求。

保持好的外包企业关系已经作为维持竞争优势的重要因素日渐为人所知、所用。许多企业正在采纳视外包企业为伙伴关系的观点。这种观点强调的是和少数可靠外包企业维持稳定关系，这些外包企业能够进行高质量供应，严格按照交付时间运作，并保持生产规格变化、交付时间等相关柔性。两种相反的外包企业观点对比见表 12－6。

通常，成为“伙伴关系”的外包企业往往会与本企业充分合作，甚至完全融入企业系统管理中来，成为本企业外设的加工车间或职能小组。外包企业会不断为企业提出建议、加强合作，以帮助企业降低购买成本、运输成本、生产成本、提高产品质量、改进产品设计。同时，企业也会慷慨地接纳外包企业的意见和建议，共同提升竞争优势。

表 12－6　外包企业作为伙伴与对手的对比表

对比项目	伙　　伴	对　　手
外包企业数量	一个或几个	许多；使他们互相争斗
关系长短	长期	也许短暂
低价格	适度重要	主要考虑因素
可靠性	高	可能不高
公开程度	高	低
质量	确保供应源；外包企业认证	买方观点；可能不可靠
业务量	大	也许小，因为外包企业多
位置	由于供应与服务必须及时而强调亲近	非常分散
柔性	比较高	比较低

四、外包企业的监控

实际外包作业的企业，其工作效率往往受外包企业绩效的影响。并不是所有外包企业的绩效都令人满意，也不是所有外包企业都十分合作。作为外包企业的直接监控人员——生产跟单员就要根据外包企业的不同表现对他们施以不同力度的监控。

一般来说，根据外包企业的不同表现可以采取下列方法去监控外包企业：

（1）安排合适的质检或工程技术人员常驻外包企业工厂，以监控外包企业的生产与检验，并可在一定程度上作为企业的代表及时处理部分业务及品质事务。

（2）对外包企业的关键工序进行重点关注，要求外包企业提供重点工序的工艺参数和

(或)关键工序的检验记录。

(3)采购人员和(或)其他相关人员定期或不定期到外包企业工厂进行监督检查。

(4)要求外包企业对原材料、设备、重点生产工艺、生产场所等有可能影响零部件的外观、尺寸、性能的方面在变更前须征得企业相关人士的许可。

(5)与客户相关人员一起对外包企业进行审核与检查。

(6)由企业资深质检或工程技术人员对外包企业相关人员进行辅导,以提高外包企业的生产水平及品质管理能力。

思考题

1. 什么是外包？外包业务有哪些优势和好处？

2. 外包业务可分为哪几种方式？

3. 外包业务的基本流程如何？

4. 哪些情况下不适宜开展外包业务？

5. 哪些情况下应该禁止开展外包业务？

6. 跟单员外包跟单的控制重点主要有哪些？

7. 简述外包质量管理跟单的主要内容。

8. 简述对外包企业管理的主要内容。

9. 外包企业评审时可采用哪些方法？应注意什么问题？

10. “丰田从来不生产汽车”,你对这句话是如何理解的？请结合纺织行业的实际谈谈你对外包业务的认识。

附　录

附录一　纺织品检验标准一览

1. GB(Guobiao)
   中华人民共和国国家标准
2. AATCC(American Association of Textile Chemists and Colorists)
   美国纺织化学家和染色家协会
3. ASTM(American Society for Testing and Materials)
   美国测试和材料学会
4. JSA/JIS(Japanese Standards Association/Japanese Industrial Standard Committee)
   日本规格协会/日本工业标准调查会
5. ISO(International Organization for Standardization)
   国际标准化组织
6. DIN(Deutsches Institut fur Nor - mung)
   德国工业标准
7. BSI(British Standards Institution)
   英国标准学会
8. IWS(International Wool Secretariat)
   国际羊毛局
9. AS(Australia Standard)
   澳大利亚标准
10. CAN/CGSB(Canadian General Standards Board)
    加拿大标准委员会
11. AFNOR(Association Francaise de Normalisation)
    法国标准化协会
12. CPSC(Consumer Product Safety Commission)
    美国消费品安全委员会
13. ANSI(American National Standards Institute)
    美国标准学会
14. SATRA(Shoe and Allied Trades Research Association)
    鞋类和联合贸易研究协会

附录二　洗涤标志图样及说明

一、国际通用服装洗涤标志					
序　号	标　志	标　志　说　明	序　号	标　志	标　志　说　明
1		不得熨烫	9		可以干洗，圆圈中的字母表示干洗剂的符号，“A”表示可用任何溶剂干洗
2		最高熨烫温度不得超过200℃	10		可以干洗，圆圈中的字母表示干洗剂的符号，“F”表示可用白色酒精和11号洗衣粉干洗
3		最高熨烫温度不得超过150℃	11		可以干洗，圆圈中的字母表示干洗剂的符号，“P”表示可用过氯乙烯或白酒精干洗
4	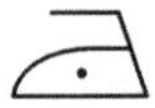	最高熨烫温度不得超过110℃	12		专业干洗或干洗时需倍加小心
5		不可水洗	13		不得用烘干机干燥
6		可手洗，不可机洗	14	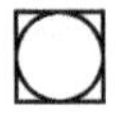	可以用烘干机干燥
7		波纹曲线上的数字表示洗衣机的运转速度（强、中、弱），波纹曲线下的数字表示最高水温	15		不可氯漂
8		不可干洗	16		可以氯漂

二、我国规定的服装洗涤标志					
序号	标　志	标　志　说　明	序号	标　志	标　志　说　明
1		高温熨烫，熨斗温度最高至200℃	5		蒸气熨烫
2		中温熨烫，熨斗温度最高至150℃	6		不可熨烫
3	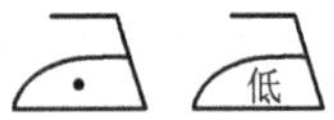	低温熨烫，熨斗温度最高至110℃	7	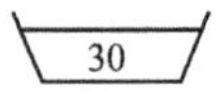	可以水洗，“30”表示最高洗涤水温
4		垫布熨烫	8		不可干洗

续表

二、我国规定的服装洗涤标志					
序号	标 志	标 志 说 明	序号	标 志	标 志 说 明
9	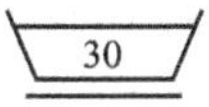	可以水洗，但要充分注意水温	17		可以转笼翻转干燥
10	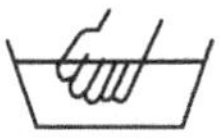	只可手洗，不得机洗	18		不可以转笼翻转干燥
11		不可水洗	19	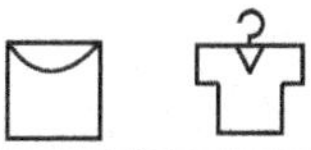	可以悬挂晾干
12		洗后不可拧绞	20		洗后滴干
13	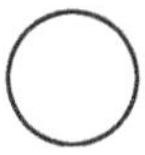	可以干洗	21		洗后平摊晾干
14		可以干洗，但需缓和小心	22		洗后阴干，不得晾晒
15		可以氯漂	23		不可机洗
16	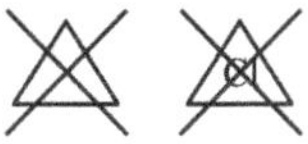	不可氯漂			

参考文献

[1]童宏祥.外贸跟单实务[M].上海:上海财经大学出版社,2006.

[2]吴百福.进出口贸易实务教程[M].5版.上海:上海人民出版社,2006.

[3]李东.外贸与业务跟单实操细节[M].广州:广东经济出版社,2007.

[4]卓乃坚.服装出口实务[M].上海:东华大学出版社,2006.

[5]李元旭,吴国新.国际贸易单证实务[M].北京:清华大学出版社,2005.

[6]张神勇.纺织品及服装外贸[M].北京:中国纺织出版社,2002.

[7]余建春,王家馨.服装贸易实务[M].北京:中国纺织出版社,2002.

[8]贾建华.新编国际贸易理论与实务[M].北京:对外经济贸易大学出版社,2003.

[9]黄立新.服装国际贸易实务[M].杭州:浙江大学出版社,2005.

[10]张彦欣,卓小苏,李晓慧.国际纺织品贸易实务[M].北京:中国纺织出版社,2005.

[11]张芝萍.服装贸易理论与实务[M].北京:中国纺织出版社,2005.

[12]吴军,刘庆.织造跟单[M].北京:中国纺织出版社,2005.

[13]文放怀.优秀生产跟单员[M].广州:广东经济出版社,2005.

[14]文放怀.优秀外贸跟单员[M].广州:广东经济出版社,2005.

[15]李泽尧.跟单员工作手册[M].广州:广东经济出版社,2002.

[16]中国国际贸易学会商务培训认证考试办公室.外贸跟单理论与实务[M].北京:中国商务出版社,2006.

[17]毛益挺.服装企业理单跟单[M].北京:中国纺织出版社,2005.